Julius Upmann

Das Schießpulver

Salzwasser

Julius Upmann

Das Schießpulver

1. Auflage | ISBN: 978-3-84608-310-9

Erscheinungsort: Paderborn, Deutschland

Erscheinungsjahr: 2015

Salzwasser Verlag GmbH, Paderborn.

Nachdruck des Originals von 1874

Das Schießpulver,

dessen

Geschichte, Fabrikation, Eigenschaften und Proben.

Bearbeitet

von

Dr. J. Upmann.

Mit in den Text eingedruckten Holzstichen.

Braunschweig,
Druck und Verlag von Friedrich Vieweg und Sohn.
1874.

Vorwort.

Nachfolgende Bearbeitung des Schießpulvers habe ich auf Veranlassung meines Freundes des Herrn Professor Dr. Birnbaum zu Carlsruhe unternommen.

Bei der Beschreibung der einzelnen Apparate und der Schilderung des einschlagenden Verfahrens habe ich unter Anlehnung an gute Abhandlungen oder auf eigene Anschauung gestützt mich bestrebt, den thatsächlich bestehenden Verhältnissen so nahe als möglich zu kommen. Der Darstellung des prismatischen Pulvers, wie solches in Spandau seit einigen Jahren angefertigt wird, kann man allerdings den Vorwurf machen, daß dieselbe etwas sehr kurz, um nicht zu sagen, dunkel gehalten ist. Ich habe aber absichtlich diese Form gewählt, da die ganze Einrichtung dieses neuen Fabrikationszweiges „auf confidentiellen Angaben von anderer Seite" beruht und deshalb das königlich preußische Kriegsministerium eine allgemeine Veröffentlichung vorläufig vermieden wissen will.

Hinsichtlich der chemischen Nomenclatur habe ich die nach der jetzt herrschenden wissenschaftlichen Richtung üblichen Ausdrucksweisen gewählt.

Bei der am Schlusse des Werkes verzeichneten Literatur ist überall da, wo mir ein Einblick in die Orginalabhandlung möglich war, diese vorangestellt und darauf diejenige unter den gelesensten deutschen Zeitschriften, welche zuerst oder am ausführlichsten den fraglichen Artikel brachte, angeführt.

Zum Schlusse kann ich nicht unterlassen, dem Inspector der königlich sächsischen Pulverfabrik zu Dresden, Herrn Lieutenant Rudowsky, auch an dieser Stelle meinen aufrichtigsten Dank auszusprechen für die mannigfache Unterstützung, welche mir derselbe bei technischen Fragen zu Theil werden ließ.

Riehl bei Cöln, im November 1873.

J. Upmann.

Inhalt.

	Seite
Geschichte	1
Die Materialien	12
1. Der Salpeter	—
a. Die Salpeterproben	—
b. Das Läuterungsverfahren	24
c. Prüfung des Salpeters	26
2. Der Schwefel	27
3. Die Kohlen	29
Die Mischungsverhältnisse	60
Die Bereitung des Schießpulvers	63
I. Das Kleinen, Mengen und Dichten	—
1. Das Kleinen, Mengen und Dichten in einer Operation	—
a. Durch Stampfmühlen	—
b. Durch Hämmer	66
c. Durch Walzmühlen (Kollermühlen)	—
2. Das Kleinen der einzelnen Bestandtheile für sich	69
a. In Stampfmühlen	70
b. Auf Walzmühlen	—
c. In Trommeln	—
3. Das Mengen und Dichten in einer Operation	74
a. In Stampfmühlen	—
b. In Walzmühlen	75
4. Das Mengen der gekleinten Substanzen	76
a. Das Mengen in Trommeln	77
b. Das Mengen auf Walzmühlen	78
5. Das Dichten oder Pressen des Pulversatzes	79
a. Das Dichten unter Mühlsteinen	81
b. Das Dichten unter Pressen	82
II. Das Körnen	85
III. Das vorläufige Lufttrocknen	92
IV. Das vorläufige Sortiren und Ausstäuben	94
V. Das Abrunden oder Poliren	—
VI. Das Trocknen	98
1. Das natürliche Trocknen	—
2. Das künstliche Trocknen	99
VII. Das Ausstäuben	101
VIII. Das Sortiren	103
IX. Das Vermengen	—
X. Die gepreßten Pulversorten	104
XI. Das Verpacken	111
XII. Die Pulvermagazine	115
XIII. Das Umrütteln	116
XIV. Der Transport	117
1. Der Transport zu Land	—
2. Der Transport zu Wasser	119

Inhalt.

	Seite
Die Eigenschaften des Schießpulvers	120
I. Die physikalischen Eigenschaften des Pulvers	—
1. Die Farbe	—
2. Der Staubgehalt	121
3. Die Körnergröße	—
4. Die Kornfestigkeit	—
5. Die Dichtigkeit	—
6. Der Feuchtigkeitsgehalt	141
II. Die chemischen Eigenschaften des Pulvers	142
Die Bestimmung des Salpeters, Analyse	144
Die Bestimmung des Schwefels, „	147
Die Bestimmung der Kohle, „	150
1. Die Entzündlichkeit	154
2. Die Verbrennung	157
3. Die Verbrennungsgeschwindigkeit	158
4. Die Verbrennungsproducte	159
5. Die Verbrennungstemperatur	170
6. Die Gasspannung	172
7. Die Triebkraft des Pulvers	175
Die Pulverproben	179
A. Die Eprouvetten	—
α. Der Probemörser	—
β. Das Infanteriegewehr	182
α. Die Eprouvette mit gezahnter Stange	184
β. Die Colson'sche Eprouvette	185
γ. Die Eprouvette von Dupont	186
δ. Der Meier'sche Mörser	187
α. Die Probe von Hoër	—
β. Die Hebelprobe	—
γ. Die Eprouvette von Hutton	188
δ. Das Flintenpendel und das ballistische Pendel	—
ε. Die hydrostatische Eprouvette von Regnier	189
ζ. Die dynamometrische Probe von Melsens	191
B. Die elektroballistischen Apparate	—
a. Proben, bei welchen die Zeit unmittelbar durch den Apparat angegeben wird	192
α. Das elektromagnetische Chronoskop von Wheatstone	—
β. Der elektrische Chronograph von Martin de Brettes	—
b. Proben, bei welchen die Zeit aus der bekannten Dauer einer anderen Erscheinung berechnet wird	193
α. Das Galvanometer von Pouillet	—
β. Das elektro-ballistische Pendel von Navez	—
γ. Der elektro-ballistische Chronograph von Le Boulengé	194
δ. Die elektrische Klepsyder von Le Boulengé	199
ε. Der Chronograph von Bashforth	205
ζ. Der Chronograph von Noble	207
Der calorimetrische Apparat von Melsens	210
Allgemeines	211
Literatur	214
Ausführliche Schilderungen der Schießpulverbereitung	—
Geschichte	—
Materialien	215
Die Bereitung des Schießpulvers	216
Die Eigenschaften des Schießpulvers	217
Die Pulverproben	218
Allgemeines	219

Geschichte.

Unter den explodirenden Körpern ist die Entdeckung des Schießpulvers gewiß als die bedeutendste zu nennen, da die Anwendung desselben im Vereine mit den Feuerwaffen in den meisten Staaten einen ebenso gewaltigen Einfluß auf die Umgestaltung aller bürgerlichen und staatlichen Verhältnisse ausübte, als die Buchdruckerkunst auf den Humanismus des menschlichen Geschlechtes. Grund genug also, daß eine Reihe von Nationen den Rang dieser Erfindung für sich in Anspruch nehmen. Die Beweisstücke indeß, welche man zur Begründung vorführte, sind nicht überall überzeugender Natur gewesen, denn einerseits begnügte man sich damit, auf sagenhafte Erzählungen sich zu berufen oder Schriftsteller anzuführen, die nicht aus eigener Anschauung schöpften, sondern nur die Traditionen, wie sie ihnen überkommen waren, wiedergaben, wobei sie noch in den Fehler verfielen, die Anschauungen ihrer Zeit in die früherer Jahrhunderte hineinzutragen, andererseits aber ging man von unklaren Begriffen über die Natur des Schießpulvers aus. Man glaubte genug gethan zu haben, wenn man nur annähernd nachwies, daß dieses oder jenes Volk ein Gemisch von Salpeter, Schwefel und Kohle kannte, welches unserem heutigen beinahe gleichkommt, ohne auch nur im entferntesten jenes für das Schießpulver so charakteristische Merkmal, seine treibende Kraft, d. h. die Wurfkraft zum Fortschleudern von Geschossen u. s. w., in das Auge zu fassen, ein Umstand, der für die Beurtheilung ebenso bedeutend in die Wagschale fällt, wie bei der Buchdruckerkunst die Beweglichkeit der Lettern. Schon lange vor Guttenberg kannten die Chinesen, wie Marco Polo erzählt, ein Verfahren, auf schwarzem Grunde rothe Typen und Schriftzeichen aufzutragen, wurde doch auf diese Weise das Papiergeld von Tschingiskahn angefertigt, allein gerade dasjenige Moment, welches die Buchdruckerkunst so wesentlich kennzeichnet, war ihnen vollkommen unbekannt.

Nach dieser Vorbemerkung sei es gestattet, etwas näher auf die Geschichte des Schießpulvers einzugehen, soweit es die Grenzen dieses Handbuches erlauben.

Wie bekannt und wie auch in allen Schulen noch gelehrt und gelernt wird, sollen die Chinesen die Erfinder des Schießpulvers gewesen sein.

Diese Behauptung findet sich bei fast allen älteren Schriftstellern, welche über diese Materie geschrieben haben und hat auch noch bis in die neueste Zeit hinein ihre Vertreter gefunden. Wie Vossius in seinem Liber Observationum erzählt, soll im Jahre 85 n. Chr. der chinesische König Vi-Tey sich im Kriege gegen die Tartaren zuerst der Feuerwaffen und des Schießpulvers bedient haben, welches letztere in diesem Jahre von dem genannten Könige erfunden worden sei. Hiergegen ist nun zu bemerken, daß der um jene Zeit lebende Kaiser Cham-Ti geheißen und Vi-Tey lange vor Christus gelebt hat. Dann ist aber noch besonders hervorzuheben, daß bei den Chinesen erst in der zweiten Hälfte des zehnten Jahrhunderts, im Jahre 969 n. Chr., die Rakete, der Vorläufer des Schießpulvers, erfunden worden ist. Die Chinesen befestigten die Rakete an ihrem Pfeil, um dessen Flugweite zu vergrößern, und erhielten dadurch ein Zündungsmittel, welches selbst bei raschem Fluge des Pfeiles nicht erlosch.

Solche Brandpfeile, wenigstens ähnlicher Construction, findet man bereits bei den Römern. So erwähnt z. B. Vegetius in seinen Epitoma rei militaris cap. 18 die malleoli und falarica, wovon er sagt: intra tubum etiam et hastile sulphure, resina, bitumine stuppisque convoluitur infusa oleo, quod incendiarium vocant. Eine gleiche Beschreibung giebt Ammianus Marcellinus lib. 23, cap. 4. — Statt Schwefel, Pech, Werg u. s. w. hatten die Chinesen eine Gemenge von Salpeter, Schwefel und Kohle, dessen treibende Kraft sie aber erst durch die Europäer kennen lernten. Denn die weitere Behauptung, daß die Chinesen im Jahre 1232 bei der Belagerung der Stadt Kai-foung-fu, später Piang-king genannt, Schießpulver in Anwendung brachten, beruht lediglich auf einem Mißverständnisse der angezogenen Quelle. Gaubil erzählt nämlich, daß bei der genannten Belagerung die Mongolen ho-pao benutzten, dessen Feuer sich mit solcher Schnelligkeit verbreitete, daß es kaum zu löschen gewesen. In der belagerten Stadt habe man ebenfalls ho-pao angewandt, welche Eisenstücke in Form von Schröpfköpfen (ventouse) geworfen hätten. Beim Entzünden sei ein donnerähnlicher Knall entstanden, den man auf 10 Meilen gehört, der Ort, wo sie niederfielen, sei verbrannt worden, und das Feuer habe sich auf 2000 Fuß im Umkreise verbreitet. Ein davon getroffener eiserner Küraß sei vollständig durchbohrt worden.

Man übersetzte nun die Worte ho-pao mit Feuerwaffen und schloß daraus, daß die Chinesen bereits im dreizehnten Jahrhundert Kanonen besaßen und dabei das Schießpulver anwandten.

Wie man zu dieser Auslegung gekommen, ist geradezu unbegreiflich, denn bald nach der soeben angeführten Stelle sagt der Jesuit Gaubil, er habe nicht gewagt, die Worte pao und ho-pao mit Kanone zu übersetzen, denn pao bedeute eine Maschine, mit welcher Steine geworfen würden, und ho komme dem Worte Feuer gleich. Und Gaubil hatte ganz Recht, wenn er die Worte nicht mit Kanone übersetzte, denn was ho-pao bedeutet, ersieht man deutlich aus den chinesischen Schriftstellern, welche erzählen, daß die brennenden Substanzen, welche in den Projectilen enthalten waren, angezündet und sodann mit einer Schleudermaschine nach dem Orte geworfen wurden, wo sie Brand und Verwüstung erzeugen sollten.

Von der Anwendung des Schießpulvers ist hier also auch nicht im entferntesten die Rede. Daß die Chinesen gegen Ende des dreizehnten Jahrhunderts das Schießpulver noch nicht kannten, ergiebt sich auch ganz unbestritten aus den äußerst zuverlässigen Berichten von Marco Polo. Derselbe erwähnt nämlich das Schießpulver mit keinem Worte, obgleich er bei Schlachten, Waffen, Jagden der Völker alles bis in das Kleinste hinein beschreibt. Ueber die große Schlacht zwischen Kublai und Nayan 1268 heißt es, die Luft war erfüllt von einer Wolke von Pfeilen, die auf jeder Seite niederschossen. Bei der Beschreibung der kaiserlichen Kriegsgeräthe werden nur Bogen, Sehnen, Köcher und Pfeile erwähnt. In Betreff der Belagerung von Sian-fu erzählt Marco Polo: als letztere Stadt vergeblich belagert wurde, meldeten sich die Brüder Nicolo und Maffio und baten den Kaiser, er möge ihnen gestatten, Maschinen zu bauen der Art, wie man sie im Abendlande gebrauche, die Steine werfen könnten von 300 Pfund Gewicht. Da der erste Stein, der von ihnen geschleudert wurde, ein ganzes Gebäude fast auf einmal zerstörte, so erschraken die Einwohner über dieses Unheil, welches ihnen ein Donnerkeil vom Himmel schien. Diese Erzählung wird auch von chinesischen Schriftstellern bestätigt. Von der Anwendung des Schießpulvers geschieht auch nirgends eine Erwähnung.

Ueber die Feuerwerkskünste der Chinesen giebt Marco Polo nur eine einzige Andeutung bei der Beschreibung von Thibet, wo er von den Einwohnern sagt: diese Leute sind Schwarzkünstler und vermöge ihrer höllischen Kunst verrichten sie die außerordentlichsten und trüglichsten Verzauberungen, die man je gesehen und gehört hat. Sie lassen Ungewitter aufsteigen mit zuckenden Blitzen und Donnerschlägen und bringen viele andere wunderbare Dinge hervor.

Wäre wirklich den Chinesen die Erfindung des Schießpulvers zuzuschreiben, so ließe es sich gar nicht erklären, wie nach Du Halde die chinesischen Mandarinen, als die Stadt Macao im Jahre 1621 n. Chr. drei Geschütze mit Bedienungsmannschaft dem Kaiser der Chinesen schenkte, bei den Schießversuchen zu Pecking über die Wirkung der Kanonen in so große Bestürzung geriethen. Es wäre nicht zu begreifen, wie nach demselben Schriftsteller der Kaiser den Jesuiten Adam Schaal ersuchen konnte, den Chinesen Unterweisung in der Anfertigung von Feuerwaffen zu geben.

So viel steht fest, den Chinesen gebührt die Entdeckung des Salpeters und seiner Anwendung in den Feuerwerken. Sie haben zuerst diesen Körper mit Schwefel und Kohle gemischt und die aus der Verbrennung dieses Gemisches entstehende, bewegende Kraft erkannt und bei ihren Brandpfeilen benutzt. Dies gab ihnen die Veranlassung zur Rakete.

Ebensowenig wie den Chinesen kommt den Indiern die Entdeckung des Schießpulvers zu. Denn jenes Mährchen, wonach Alexander der Große von den Indiern mit Feuergeschütz beschossen worden sei, darf man wohl mit Stillschweigen übergehen, und die Erzählung von Apollonius von Thyane, welcher in dem dritten Kapitel seines zweiten Buches berichtet, daß die Bramanen $τρησῆρας\ καὶ\ βρόντας$, Blitz und Donner, auf ihre Feinde geschleudert haben, beweist für die Existenz des Schießpulvers gar nichts, da in diesen Worten der Auslegung ein zu großer Spielraum gelassen wird. Ein viel gewichtigeres Beweisstück hat man in zwei Stellen zu finden geglaubt, welche den indischen Gesetzbüchern entnommen sind, wovon ein Auszug in englischer Sprache unter dem Namen: a Code of Gentow laws bekannt ist. In den siebziger Jahren des vorigen Jahrhunderts nämlich ließ der damalige General-Gouverneur in Bengalen, Warren Hasting, aus den heiligen Büchern der Bramanen von indischen Gelehrten einen Auszug veranstalten und denselben von Halhed in das Englische übersetzen. In diesem Codex findet sich nun unter dem Titel: „Ueber die erforderliche Eigenschaft der Obrigkeit" folgender Passus:

Die Obrigkeit soll keinen Krieg führen mit irgend einer hinterlistigen Maschine oder mit vergifteten Waffen oder mit Kanonen und Feuergewehren oder irgend einer Art von Feuerwaffen.

In dem Titel über das Interesse heißt es:

Wenn getrocknetes Gras, Brennholz, Ziegelsteine oder Blätter oder aus Leder verfertigte Gegenstände oder Knochen oder Säbel, Speere, Dolche, Musketen oder diese Art von kriegerischen Instrumenten geborgt, und nicht in fünfzig Monaten zurückbezahlt werden, so sind darauf keine Zinsen zu geben, es müßte denn besonders verabredet sein.

Für das Wort Kanone findet sich im Sanskrittexte çata-ghna und für Feuergewehr, Muskete, agni-astra. Nach einer dem Verfasser von Professor Windisch gewordenen Mittheilung sind nun allerdings die eben erwähnten Worte Sanskritwörter, aber künstlich geschaffen für Dinge, welche in der eigentlichen, ächten Sanskritliteratur nie erwähnt werden. Agni-s, lat. igni-s, bedeutet Feuer, und astra Wurfwaffe, Geschoß, Pfeil, so daß also agni-astra buchstäblich Feuergeschoß, Feuerpfeil bedeutet. In den Worten çata-ghna ist çata soviel wie hundert, gr. ἕ-κατον, lat. centum; ghna heißt tödtend, so daß çata-ghna wörtlich bedeutet hunderttödtend.

Nach dieser Erklärung verlieren also die angezogenen Stellen ihre volle Beweiskraft, denn es hieße in der That dem Verstande doch ein bischen zu viel zumuthen, um aus den Worten hunderttödtend und Feuerpfeil den Sinn für Kanone bzw. Feuergewehr herauszulesen. — Hätten die Indier wirklich das Schießpulver erfunden, so würden sich die Einwohner von Mozambique nicht so sehr über den Knall der Geschütze entsetzt haben, wie es 1497 geschah, als Vasco de Gama ihr Ufer betrat. Um jene Zeit standen nämlich diese Landestheile in regem Verkehre mit Indien, ja die ganze östliche Küste von Afrika, von Madagascar an bis hinauf nach Aden, war mit Malayen bevölkert. Es beweist dies das Vorkommen von ficus religiosa, jenes Baumes, dessen Heimath Indien ist, welcher aber von den Buddhisten überall da angepflanzt wurde, wohin sie ihre Religion trugen; es beweisen dies die malayischen Laute, welche in der Sprache der Bewohner Ostafrikas noch heute vorkommen, wie jüngst Livingstone nachgewiesen hat.

Das zunächst für die Geschichte des Schießpulvers bedeutende Land ist, wenn man einen Schritt weiter von Indien nach Westen geht, Arabien. Auch hier findet man, wenn man auf die älteren Schriften dieses Volkes zurückgreift, entzündbare Mischungen, allein bis zum dreizehnten Jahrhundert ohne alle Zuthat von Salpeter, wie Renaud nachgewiesen hat. Erst um diese Zeit werden bei den Arabern Gemische von Salpeter, Schwefel und Kohle bekannt, welche aller Wahrscheinlichkeit nach den Chinesen entlehnt wurden, wie aus dem Namen Pfeil von China hervorgeht. Mit dem ihnen Ueberlieferten begnügten sich indeß die Araber nicht, sie beobachteten das Gemisch bei seiner Entzündung und kamen so auf die treibende Kraft desselben, mit anderen Worten, sie erfanden das Schießpulver.

Der Beleg hierfür findet sich in einem arabischen Manuscripte, welches Renaud und Favé in der Petersburger Bibliothek entdeckten. Die fragliche Stelle ist abgedruckt in dem 14. Bande des Journal asiatique, 4. Serie, S. 310 *). Die von Renaud gegebene Uebersetzung entspricht indessen nicht dem Wortlaute des Originals und soll daher eine richtige Uebersetzung folgen, wie sie Verfasser der Güte des Professors Fleischer verdankt.

Beschreibung der Mischung, welche man in den Medfaa thut. Normalverhältniß davon:

   10 Drachmen Salpeter,
    2 „ Kohle,
    1½ „ Schwefel.

Diese Mischung zerreibt man zu feinem Pulver und füllt damit ein Drittel des Medfaa an, aber nicht mehr, sonst zersprengt es (den Medfaa). Dazu läßt man beim Drechsler einen (zweiten) Medfaa von Holz nach dem Maße der Mündungsweite des (ersten) Medfaa machen, treibt ihn (den zweiten) mit kräftigem Stoße dahinein, legt die Kugel (bondoc) oder den Bolzen darauf und bringt dann Feuer an den Zünder. Dem (zweiten) Medfaa giebt man das rechte Maß bis unter das Loch (d. h. man läßt den durch die Mündung des Rohres in dieses hineingetriebenen Holzpfropf gerade bis unter das Zündloch reichen); geht er tiefer herab, so ist er fehlerhaft und versetzt den Schützen einen Stoß vor die Brust. Das nehme man wohl in Acht.

Als weiteren Beleg führt Renaud aus derselben Handschrift noch eine zweite Stelle an, allein letztere ist geradezu von ihm mißverstanden worden, da auch das Schießpulver mit keinem Worte darin erwähnt wird. Um etwa späteren Irrthümern vorzubeugen, sei diese Stelle, welche im Eingange die Anfertigung des Medfaa beschreibt und so die soeben gegebene Stelle erklärt, in richtiger Uebersetzung nach Fleischer hier vorgeführt.

Kapitel von einer Lanze, aus der man, wenn man sie gerade auf den Feind gerichtet hält, einen Bolzen heraustreibt, der ihm die Brust durchbohrt.

Dies wird so gemacht: Man nimmt einen Lanzenschaft und höhlt ihn, so lang er ist, mit Ausnahme von 4 Zoll (am unteren Ende) aus, indem man mit einem starken Bohrer ein Loch (der Länge nach) hineinbohrt und ihn so zu einem Medfaa herrichtet. Dann läßt man nach Maßgabe der Weite jenes hineingebohrten Loches einen Bolzen-Medfaa dazu machen; dieser muß aber von Eisen sein.

---

*) Als Alexander von Humboldt den zweiten Theil des Kosmos herausgab, war diese Abhandlung noch nicht erschienen, und daraus erklärt sich denn auch, daß Humboldt auf S. 257 des zweiten Bandes seines eben erwähnten Werkes den Arabern die Erfindung des Schießpulvers abspricht.

Hierauf bohrt man in die Seite des Lanzenschaftes ein feines Loch und ein anderes ebensolches in den Bolzen-Medfaa, verschafft sich einen Seidenfaden und bindet diesen, indem man ihn durch das Loch an der Seite des Schaftes steckt, an dem Loche des Bolzen-Medfaa fest. Zuletzt bringt man an dem Lanzenschafte eine von unten bis oben ausgehöhlte Spitze an. Führt man nun mit der Lanze einen Stoß, so treibt der Bolzen-Medfaa durch die Gewalt des geführten Stoßes den Bolzen vorwärts: der Medfaa zieht den Faden nach sich, dieser aber hält den Medfaa fest, daß er nicht zugleich mit dem Bolzen aus dem Schafte herausfährt. Wenn man zu Pferde sitzt, so lasse man die Lanze immer auf dem (hohen) Sattelbogen ruhen, damit der Bolzen nicht herausfallen kann.

Das Wort medfaa hat seine allgemeine etymologische Bedeutung: propulsorium, projectorium. Daß der Seidenfaden, um den Bolzenmedfaa zurückzuhalten, nur eine bestimmte Länge haben kann, und mit dem hinteren Ende am Schafte befestigt sein muß, versteht sich von selbst.

Da das Wort medfaa später im Arabischen die Bedeutung von Kanone annahm, so hat man geglaubt, daß die Araber schon gleich nach Erfindung des Schießpulvers die Kanonen in Anwendung brachten. Dies ist aber keineswegs der Fall, da das in dem Manuscripte beschriebene Instrument ein gewöhnliches Feuergewehr ist, welches hier in seinen Anfängen lediglich aus einem Rohre mit einem Zündloche besteht, wie aus dem Eingange der zweiten Stelle ersichtlich ist. Ueber die Weite der Rohrmündung erhält man einen Aufschluß durch das Wort bondoc, welches seine Verwandtschaft mit nux pontica (Haselnuß) bekundet. Die auf den zweiten Holzmedfaa aufgesetzte Kugel hatte also die Größe einer großen Haselnuß und ist dadurch der Begriff von Kanone vollkommen ausgeschlossen.

Was nun den Ort und die Zeit der Erfindung angeht, so sagt darüber das Manuscript nichts, allein aus der ganzen Behandlungsweise und den höchst unvollkommenen Zeichnungen schließen Renaud und Favé, daß die Entdeckung zu Aegypten oder Syrien in den ersten Jahren des 14. Jahrhunderts geschah.

Soviel von den Arabern, welchen die Erfindung des Schießpulvers nicht abgesprochen werden kann, sowie man in die Begriffsbestimmung des Schießpulvers dessen treibende Kraft hineinzieht.

Aber wie war es wohl im Abendlande, wird jetzt die nächste Frage sein? Denn wenn auch den Arabern im 14. Jahrhundert die Wurfkraft des Schießpulvers bekannt war, so schließt dies doch nicht aus, daß man gleichzeitig oder doch unabhängig von diesen in Europa dieselbe ebenfalls erkannte und auszunutzen wußte. Erfanden doch fast zu derselben Zeit Priestley und Scheele den Sauerstoff, ohne daß der eine von des anderen Entdeckung etwas wußte. Die oben aufgeworfene Frage ist sonach berechtigt, um so mehr, als die in der Geschichte des Schießpulvers vorkommenden Namen wie Marcus Graecus, Albertus Magnus, Roger Baco und Berthold Schwarz so ohne Weiteres nicht aus derselben gestrichen werden können. Eine Prüfung dessen, was sie geleistet haben oder geleistet haben sollen, muß erfolgen. — Der Anfang sei daher mit Marcus Graecus gemacht, welcher das bekannte Liber ignium ad comburendos hostes geschrieben hat. In diesem Buche heißt es nun S. 6 folgendermaßen:

Re. Acc. li. I sulfuris vivi; li. II carbonum tilliae vel salicis; VI li. salis petrosi, quae tria sublilissime terantur in lapide marmoreo. Postea pulverem ad libitum in tunica reponatis volatili vel tonitruum facientem. Nota, tunica ad volandum debet esse gracilis et longa et cum praedicto pulvere optime conculcata repleta. Tunica vero tonitruum faciens debet esse brevis et grossa et praedicto pulvere semiplena et ab utraque parte fortissime filo ferreo bene ligata.

An der angegebenen Stelle wird eine tunica ad volandum und eine tunica tonitruum faciens erwähnt, welche beide mit einem Satze angefüllt wurden, der hinsichtlich seiner Zusammensetzung unserem heutigen Schießpulver nahezu gleichkommt. Die beschriebene tunica ad volandum ist nichts weiter als eine höchst unvollkommene Rakete, deren Materialien nicht rein waren, denn sonst würde die Mischung viel zu schnell verbrannt sein, ihrem Zwecke danach nicht entsprochen haben.

Daß die tunica tonitruum faciens, welche man heutzutage wohl mit dem Namen Kanonenschlag bezeichnen würde, trotz alledem zerplatzte, rührt einfach daher, daß die Hülse, welche mit dem benannten Pulver nur zur Hälfte angefüllt wurde, sehr dick und mit Eisendraht an beiden Seiten zugebunden war, in Folge dessen die im Inneren der Hülse sich entwickelnden Gase einigen Widerstand fanden und so mit Gewalt die Umhüllung zersprengten, wodurch der donnerähnliche Knall entstehen mußte. — Der treibenden Kraft des Pulvers geschieht auch hier mit keinem Worte Erwähnung und ebensowenig in den übrigen Vorschriften, welche Marcus Graecus aufführt. Sämmtliche Angaben, soweit sie Mischungen verschiedener brennbarer Körper betreffen, laufen darauf hinaus, Schrecken und Brand unter dem Feinde zu erzeugen, wie auch schon aus dem Titel der Schrift Liber ignium ad comburendos hostes zur Genüge hervorgeht.

Für die Geschichte des Schießpulvers hat danach die Abhandlung des Marcus Graecus gar keinen Werth. Was ihr einige Bedeutung verleiht, ist der Streit über die Entstehung der Schrift, indem hier die verschiedensten Ansichten zu Tage treten. Da soll nach dem Einen das Buch in dem 8. Jahrhundert, nach dem Anderen im 9., ferner im 11. Jahrhundert u. s. w. geschrieben sein. Allein, wenn es sich um die Begründung der ausgesprochenen Ansicht handelt, erweist sich dieselbe durchgängig als mangelhaft, eben weil man nicht genügend auf den Inhalt der Schrift einging. Faßt man diesen in das Auge, so sieht man sofort, daß Marcus Graecus zu seiner Abhandlung arabische Quellen benutzte. Beredte Beispiele hierfür liefern das auf S. 1, 2, 4 vorkommende Wort alkitran (Theer), dann auf S. 7 zambax (weiße Lilie, von den Arabern aus dem Persischen entlehnt) und auf S. 12 alambic (Destillationsgefäß, ebenfalls aus dem Persischen entnommen). Danach kann also die Zeit der Entstehung nicht sehr zweifelhaft sein, wenn man bedenkt, daß, wie bereits früher erwähnt, die Araber in ihren verschiedenen, entzündbaren Mischungen den Salpeter vor dem Jahre 1225 nicht in Anwendung brachten. Vor diesem Jahre kann also die Abhandlung des Marcus Graecus nicht geschrieben worden sein, aber auch nicht geraume Zeit später, da Albertus Magnus, welcher nach Martin Crusius im Jahre 1280 starb, die Abhandlung das Marcus Graecus benutzte.

8 Geschichte.

So sagt nämlich Albertus Magnus de mirabilibus mundi i. f.

Ignis volans: accipe libram unam sulphuris, libras duas carbonum salicis, libras sex salis petrosi: quae tria subtilissime terantur in lapide marmoreo, postea aliquid posterius ad libitum in tunica de papyro volanti vel tonitruum faciente ponatur.

Tunica ad volandum debet esse longa, gracilis pulvere illo optime plena, ad faciendum vero tonitruum brevis, grossa et semiplena. — Der Anfang dieser Stelle stimmt genau überein mit demjenigen der oben erwähnten Vorschrift des Marcus Graecus, den übrigen Theil derselben hat Albertus Magnus, um, wie es scheint, die Originalität zu retten, etwas zusammengezogen und so z. B. die Vorschrift über die tunica tonitruum faciens geradezu verballhornisirt.

Auch die Angaben über das griechische Feuer, das bei ihm vorkommende Wort alambic u. s. w. weisen ganz bestimmt darauf hin, daß Albertus Magnus mit dem Liber ignium ad comburendos hostes bekannt war, und erscheint es danach gerechtfertigt, sofort auf Roger Baco überzugehen, der, wie Plot in seiner Natural history of Oxford behauptet, das Schießpulver in Oxford entdeckt haben soll.

Als Beweis hierfür beruft sich Plot auf zwei Stellen aus Baco's Schriften. Die eine Stelle findet sich in dem sechsten Kapitel de secretis operibus, wo es heißt: In der Luft können Donner und Blitz erzeugt werden, die viel heftiger seien, als die der Natur. Denn eine mäßige Menge von dem Umfange eines Daumens mache ein schreckliches Geräusch und bringe einen gewaltigen Blitz hervor. Man könne auf diese Weise eine Stadt und ein Heer zerstören. Dies sei wunderbar, wenn man nicht vollkommen die nöthige Menge und die Substanzen kenne.

Wie der Satz zusammengesetzt war, ist nirgends bemerkt, denn die in Kap. 8 verzeichnete Stelle: sed tamen salis petrae luru vopo vir can utri et sulphuris ist absichtlich anagrammatisch gehalten, da Baco im Eingange dieses Kapitels bemerkt, man müsse dem gewöhnlichen Volke die Wissenschaft verbergen, weil dasselbe die Weisen verlache.

Die andere Stelle befindet sich im Opus majus, wo Baco sagt, daß gewisse Dinge das Gehör so erschütterten, daß, wenn sie plötzlich zur Nachtzeit und mit hinreichender Kunst angewandt würden, weder Stadt noch Heer sie ertragen könnten. Kein Donnergepraffel könne damit verglichen werden, und der Schrecken, welchen es einjage, übertreffe bei weitem den Blitz der Wolken. In dem weit verbreiteten Kinderspiele habe man ein Beispiel, wo man ein Instrument aus mäßig dickem Pergament von der Dicke eines Daumens verfertige, welches durch die Gewalt des Salpeters, wenn derselbe die Hülse durchbreche, einen solchen Knall gebe, daß er das Brüllen des Donners übertreffe, und einen solchen Glanz, daß es heller als der stärkste Blitz leuchte.

Dies sind die beiden Stellen, aus denen man so vielerlei herauslesen wollte, und die doch, wenn man nur einigermaßen unbefangen an die Sache herantritt, so wenig enthalten.

Baco kannte verpuffende Mischungen, welche aus Salpeter und anderen Körpern zusammengesetzt waren. Die Wirkung, welche diese Mischungen beim Entzünden auf Gesicht und Gehör ausüben, beschreibt er in Worten, aus welchen Staunen und Bewunderung hervorleuchten, aus welchen ganz deutlich hervorgeht, daß die von ihm geschilderten Erscheinungen damals noch vollkommen neu waren. Drückt sich doch in ganz ähnlichen Wendungen sein Zeitgenosse Joinville aus, als derselbe im Feldzuge Ludwig's des Heiligen gegen die Mameluken zum ersten Male die Wirkungen des griechischen Feuers sah.

Auch die Erwähnung des gefährlichen Kinderspielzeuges, welches nichts weiter als die von Marcus Graecus beschriebene tunica tonitruum faciens ist, scheint darauf hinzuweisen, daß man die treibende Kraft des Schießpulvers noch nicht erkannt hatte. Baco erwähnt wenigstens nichts davon in seinen Schriften und gilt daher dasselbe von ihm, was früher oben von Marcus Graecus gesagt wurde.

Zum Schlusse sei dann noch Berthold Schwarz erwähnt, welcher nach den Angaben so vieler Schriftsteller der Erfinder des Schießpulvers sein soll.

Soweit dem Verfasser bekannt, konnte bis jetzt noch nichts Sicheres über die Person, den Geburtsort und die Zeit, worin dieser angebliche Franziskanermönch lebte, ermittelt werden. Der Name wechselt ganz außerordentlich. In den alten deutschen Chroniken wird allerdings vorzugsweise ein Berthold Schwarz oder Anklitzen aus Freiburg erwähnt, auch im Freiburger Schützenbuche von 1424 Berthold Schwarz als Entdecker des Schießpulvers bezeichnet, allein daneben wird in den Chroniken ein Jude Tibseles, ein Prager Altiral und in schlesischen Chroniken ein Mönch Severinus genannt. Ebenso verschieden sind die Angaben über die Zeit, da außer dem Jahre 1259 hauptsächlich das Jahr 1320 und dann noch 1354 genannt werden, und das Gleiche gilt in Betreff der Art und Weise der Entdeckung des Schießpulvers. So sagt Malleolotus (Hämmerlein), Kantor zu Zürich, welcher etwa um das Jahr 1450 ein Buch de nobilitate et rusticitate schrieb, in dem 30. Kapitel: Berthold Niger (Schwarz) hatte als Goldmacher die Absicht, das Quecksilber zu fixiren und demselben die Silberhärte zu geben. In dieser Absicht vermischte er das Quecksilber mit Schwefel und Salpeter, verschloß das Gemenge in einen kupfernen Topf, stellte diesen in ein heftiges Feuer und erschrak, als das Gefäß unter dem fürchterlichsten Krachen zersprengt wurde. Er änderte den Versuch ab und kam so auf die Pulverentdeckung. Hämmerlein erwähnt diese Entdeckung als eine um das Jahr 1259 geschehene Thatsache. Nach Anderen soll Schwarz eine Goldfarbe haben bereiten wollen aus Salpeter, Schwefel, Blei und Oel. Beim Glühen habe die Mischung das metallene Gefäß zersprengt, und da dies wiederholt geschehen sei, habe er Blei und Oel weggelassen und Kohle dafür zugesetzt und versucht, Steine mit der Mischung zu werfen.

Das erste Mischungsverhältniß soll aus gleichen Theilen Salpeter und Schwefel und etwas weniger Kohlen bestanden haben. — Mit diesen Daten läßt sich nun zu Gunsten von Berthold Schwarz nicht viel anfangen, obschon sie für die Geschichte des Schießpulvers nicht ohne Interesse sind, da man aus jenen Angaben, die doch nicht so ganz und gar aus der Luft gegriffen sein können, ersieht, daß in Deutschland allgemein das Gerücht verbreitet war, daß daselbst ein Mönch ungefähr im Anfange des 14. Jahrhunderts das Schießpulver entdeckte. Die Wahrheit dieses Gerüchtes findet eine Bestätigung in den Annalen der Stadt Gent, wo es zum Jahre 1313 heißt: Item, in dit jaer was aldereerst ghevonden in Duutschland het ghebrunk des bussen van einem mueninck. Hier ist die Rede von der Erfindung der Büchsen durch einen Mönch, die Bekanntschaft mit dem Schießpulver wird also vorausgesetzt. Aber, wird man wohl hier einwerfen, damit ist noch keineswegs bewiesen, daß der in den Annalen der Stadt Gent genannte Mönch auch wirklich das Schießpulver entdeckte, er konnte ja dessen Kenntniß anderswoher, also z. B. aus arabischen Quellen, entlehnt haben. Dieser Einwand ist vollkommen gerechtfertigt, es fragt sich nur, ob er sich nicht entkräften läßt, und dies scheint der Fall zu sein, wenn man die von der arabischen Vorschrift so sehr abweichenden Mischungsverhältnisse und die Art und Weise der Entdeckung ins Auge faßt, welche so schlagend das Wesen unserer früheren Alchymisten kennzeichnet. Man wollte etwas Neues, fand aber statt des Gewünschten etwas ganz Anderes, wie dies ja auch in der Chemie, wo man fast durchgängig über die meisten wichtigen Entdeckungen gestolpert ist, noch so häufig vorkommt. Will man also die in unseren Chroniken so vielfach verbreitete Erzählung über die Art der Erfindung nicht als eine absichtlich erfundene Lüge hinstellen, deren Zweck nur der sein konnte, den wahren Sachverhalt zu verdecken, so darf man wohl, ohne aus den Schranken der Objectivität herauszutreten, die Behauptung aufstellen, daß unabhängig von den Arabern zu Anfang des 14. Jahrhunderts in Deutschland das Schießpulver entdeckt wurde.

Was nun die Verbreitung des Schießpulvers in unserem Vaterlande angeht, so läßt sich nicht mit Gewißheit nachweisen, wann das Schießpulver zum ersten Male beim Ernstgebrauche angewandt wurde. Sicher ist, daß im Jahre 1340 in Augsburg, 1344 in Spandau und 1348 in Liegnitz eine Pulverfabrik bestand, und allgemein bekannt ist es, daß im Jahre 1360 das Rathhaus zu Lübeck nur durch die Nachlässigkeit derer, qui pulveres pro bombardis parabant, in Brand gerieth.

Daß in Deutschland das Schießpulver erst spät zu Kriegszwecken benutzt wurde, erklärt sich daraus, daß gerade in diesem Lande das alte Ritterwesen sich am längsten erhielt. Die Vorurtheile der Unwissenheit verbanden sich mit religiösen Ideen und ritterlichen Gefühlen, um den Gebrauch einer Kunst zurückzuweisen, welche, wie die schlesischen Chroniken sagen, den Heldenmuth zerstörte, ein Grund, um den Erfinder mit allen nur möglichen Schimpfnamen zu belegen.

Hinsichtlich Italiens steht durch ein authentisches Document vom 11. Februar 1326, welches vor etwa 30 Jahren durch Libri in Florenz entdeckt wurde, ganz fest, daß in dem erwähnten Jahre zu Florenz metallene Kanonen und schmiedeeiserne Kugeln gefertigt wurden.

Für Frankreich findet sich in den Registern der Rechnungskammer zu Paris ein Beleg, wonach im Jahre 1338 Schießpulver bei einer Belagerung gebraucht wurde, wie aus Rechnung des damaligen Kriegscommissars Barthelemy de Drach hervorgeht: pour avoir poudres et autres choses nécessaires aux canons qui étoient devant Puy Guillaume. Ob die Engländer im Jahre

1346 in der Schlacht bei Crefsy aus Kanonen mit eisernen Kugeln schossen, läßt sich nicht bestimmt sagen. Der Italiener Billani behauptet dies, während merkwürdigerweise die englischen und französischen Schriftsteller, welche die Schlacht beschreiben, jener angeblichen Thatsache auch mit keinem Worte gedenken.

In Rußland (Lithauen) wurde nach der Golizynschen Chronik, wie Karamsin in seiner Geschichte des russischen Reiches erzählt, der erste Gebrauch von Feuerwaffen im Jahre 1389 gemacht.

In Schweden soll erst im Jahre 1400 das Schießpulver bekannt geworden sein.

Die Materialien.

1. Der Salpeter.

Zur Anfertigung des gewöhnlichen Schießpulvers wird nur Kalisalpeter angewendet, da der Natronsalpeter zu viel Feuchtigkeit aus der Luft anzieht und auch einen größeren Rückstand in dem Laufe der Feuerwaffen zurückläßt, als der Kalisalpeter.

Der Rohsalpeter, wie er heut zu Tage von den Pulverfabriken aufgekauft wird, wird von den meisten Raffinerien ziemlich rein geliefert, trotzdem aber, wenigstens in den größeren Pulverfabriken, einer nochmaligen Läuterung unterworfen, um womöglich Alles, was sich nicht als salpetersaures Kalium erweist, daraus zu entfernen. — Ehe auf das Läuterungsverfahren näher eingegangen werden kann, sind zuvor noch die Salpeterproben zu erwähnen, durch welche der Gehalt an wirklichem Salpeter in dem Rohsalpeter festgestellt werden soll. Für den Pulverfabrikanten ist es nämlich bei dem Ankaufe des Rohsalpeters eine Frage von großer Bedeutung, wie viel reines salpetersaures Kalium in der Waare enthalten sei. Den Gehalt derselben auf eine rasche und zugleich sichere Weise zu ermitteln, hat bis auf den heutigen Tag zu großen Schwierigkeiten geführt. Denn einestheils ist der Weg, welchen man bei einer genauen, chemischen Analyse einschlagen muß, zu zeitraubend, anderentheils sind für den Techniker, der häufig die zureichende Geschicklichkeit in analytischen Arbeiten nicht besitzt, die Ergebnisse der Analysen in Bezug auf die Beimengungen außer den Chlormetallen und auf die Trennung des Kali vom Natron zweifelhaften Werthes. Seit geraumer Zeit haben daher in den verschiedenen Ländern die Pulverfabriken verschiedene Methoden angewandt, um sich von dem Werthe eines zu verarbeitenden Rohsalpeters zu überzeugen. Fast keine dieser Proben kann aber als zweckentsprechend angesehen werden.

a. Die Salpeterproben.

In der Mitte des vorigen Jahrhunderts begnügte man sich damit, eine gewisse Quantität Salpeter in einem eisernen Löffel zu glühen, um durch das Abbrennen und Verknistern die relativen Mengen von Salpeter und Kochsalz zu bestimmen.

Dieses Verfahren, welches eine wirkliche Methode nicht genannt werden kann, wurde im Jahre 1797 durch eine Probe von Bottée und Riffault verdrängt, welche alsbald nach ihrem Bekanntwerden in Frankreich eingeführt

Materialien. — Salpeter.

wurde. Sie beruht darauf, daß eine für eine bestimmte Temperatur gesättigte Auflösung reinen Salpeters bei dieser Temperatur keinen Salpeter mehr auflöst, wohl aber Kochsalz und andere Salze. Das Verfahren ist folgendes: 400 g des zu prüfenden Rohsalpeters werden mit einem halben Liter Wasser, welches mit reinem Salpeter für 12,5 ° C. gesättigt wurde, übergossen und mit einem Glasstabe eine Viertelstunde fleißig durch einander gerührt. Die Flüssigkeit wird, sobald der Salpeter sich gesetzt hat, durch ein Filter abgegossen. Diese Operation des Waschens wird sodann mit der Hälfte der vorigen gesättigten Lösung wiederholt, welches hinreichend wäre selbst bei 0,66 Verunreinigung. Um jedoch ganz sicher zu gehen und um nicht das in noch größerem Verhältnisse vorhandene Kochsalz, wenn hierdurch nicht alles gelöst worden wäre, als Salpeter zu betrachten, so ist vorgeschrieben, wenn der Verlust durch dieses Waschen auf mehr als 0,60 gehen würde, den Rückstand ein drittes Mal mit einem halben Liter gesättigter Flüssigkeit zu waschen, welches nun genug wäre, den ganzen Rest der Probe aufzulösen, angenommen, er bestehe aus Kochsalz. Die Flüssigkeit wird auf ein Filter gegossen und es muß das letzte Mal wohl Bedacht genommen werden, das Glas gut auszuspülen und mittelst eines Löffels die letzten, sichtbaren Partikelchen des Salpeters heraus und auf das Filter zu schaffen. Dieses Filter wird sodann nach dem Abtropfen mit Vorsicht vom Trichter genommen, auf ein doppeltes Blatt Löschpapier gelegt, unter welchem Filterschnitzel, ferner Kreide, Kalk, Asche u. dergl. Wasser absorbirende Stoffe in einem flachen Gefäße ausgebreitet sind. Nach 24 Stunden kratzt man den Salpeter von dem Filter, ohne das Papier zu verletzen, bringt denselben in das Glas, worin man ihn gewaschen hat, und trocknet ihn im Sandbade bei etwa 100 ° C. Der getrocknete Salpeter wird gewogen und das Gewicht desselben, um 2 Proc. vermindert, giebt den Gehalt an reinem Salpeter. Das Abziehen von 2 Proc. soll nach vorgenommenen Versuchen den Fehler berichtigen, welcher einerseits durch das unvermeidliche Anhaften der concentrirten Salpeterlösung, mit welcher das Waschen vorgenommen wurde, entsteht, und der andererseits durch das darauf folgende Zurückbleiben des darin gelöst gewesenen Salpeters beim Verdampfen des Wassers herbeigeführt wird.

Diese Methode leidet an mehreren erheblichen Fehlerquellen. Abgesehen nämlich von der Wasserverdunstung aus der gesättigten Salpeterlösung und der leicht möglichen Temperaturveränderung, wodurch der Sättigungspunkt der Salpeterlösung geändert wird, bleiben Gyps und andere dem Rohsalpeter beigemengten unlöslichen Substanzen, wie z. B. Thon und Eisenoxyd, in dem Rückstande, wodurch man einen zu hohen Gehalt an reinem Salpeter erhält. Ist viel Chlorkalium unter dem Salpeter, so verursacht dieses bei seiner Lösung eine Temperaturerniedrigung, also eine Ausscheidung von Salpeter aus der gesättigten Lösung, während das umgekehrte Verhalten eintritt, wenn viel Kochsalz zugegen ist, welches, wie bereits Lavoisier nachgewiesen hat, die Auflösung einer beträchtlichen Menge Salpeters in der Probe bewirkt. Man hat allerdings mit Rücksicht auf den letzteren Punkt eine Correctionstabelle zu entwerfen gesucht, ohne indeß zu einer gleichheitlichen Uebereinstimmung zu gelangen. Aus diesen Gründen, nicht zu gedenken der über 24 Stunden dauernden Untersuchungsmethode, ist denn auch außer Frankreich dieselbe nirgends in Anwendung gekommen.

Ehe hier weiter gegangen wird, sei bemerkt, daß vor der Prüfung auf salpetersaures Kalium stets eine Voruntersuchung auf Chlorverbindungen, Säuren und Basen stattfindet. Diese ist bei dem weiter unten folgenden Verfahren in Spandau genau beschrieben, und sei daher, um den Gesammtüberblick über diese Methode nicht zu stören, auf dieselbe verwiesen.

Ein ähnliches Schicksal wie das Riffault'sche Verfahren erlitt das in Schweden im Jahre 1813 von G. Schwartz eingeführte. In diesem Lande ist jeder Grundeigenthümer verpflichtet, als Abgabe eine bestimmte Quantität Salpeter an den Staat zu liefern. Um nun den Gehalt an reinem Salpeter zu controliren, wird der letztere geschmolzen und in dreilöthige Tafeln von einem Zoll Dicke gegossen. Nach dem Erkalten muß der Kuchen einen strahligen Bruch haben, widrigenfalls der Einnehmer des Staates zur Annahme nicht verpflichtet ist. Reiner Salpeter ist im Bruche grobstrahlig. Ein Zusatz von 1,235 Proc. Kochsalz macht diesen schon weniger grobstrahlig; eine Beimengung von 1,96 Proc. bildet in der Mitte des Salpeters einen Streifen, der nicht strahlig ist, und bei einem Zusatze von 2,6 Proc. Kochsalz ist derselbe nur noch an den Kanten von strahligem Bruche. — Diese Untersuchungsmethode ist zwar sehr kurz, da sie in einer Stunde an 30 Proben erlaubt, aber auch sehr ungenau, da die Beurtheilung des Werthes einer Lieferung ganz in der Willkür des Einnehmers liegt. —

In Oesterreich wurde im Jahre 1823 eine von dem österreichischen Artillerieobersten Huß angegebene Methode eingeführt. Dieselbe beruht auf der Erfahrung, daß die Menge des gelösten Salpeters mit der Menge und mit der Temperatur des Wassers im geraden Verhältnisse stehe, mithin bei gleichbleibender Menge Wasser nur von der Temperatur abhängig sei, und auf der Voraussetzung, daß die Chlorverbindungen auf die Lösungsfähigkeit des Wassers für den Salpeter keinen Einfluß haben, und daß folglich eine Lauge, welche Salpeter und Kochsalz aufgelöst enthält, erst bei jener Temperatur Krystalle abzusetzen anfängt, bei der eine Auflösung von derselben Menge reinen Salpeters in derselben Menge Wassers Krystalle absetzen würde.

Zu diesem Zwecke ist nach directen Versuchen eine Tabelle angefertigt, aus der zu ersehen ist, welches Quantum von Salpeter in 100 Thln. Wasser bei verschiedenen Temperaturen noch aufgelöst bleiben kann, oder was als dasselbe angesehen wird, gerade zu krystallisiren beginnt. Es werden daher 40 Gew.=Thle. Salpeter in 100 Gew.=Thln. auf ungefähr 45° R. erwärmten und dann gewogenen Brunnen= oder Flußwassers (nach der bestehenden Vorschrift 166,6 g Salpeter in 416,5 g Wasser) gelöst und unter beständigem Umrühren erkalten gelassen. Ein in Viertelgrade getheiltes Thermometer wird in die Lösung eingetaucht und sodann die Temperatur beobachtet; bei welcher in der Salpeterlösung die ersten Krystallnadeln sich zeigen, wonach der auf 100 Theile des untersuchten Salpeters berechnete Reingehalt genommen werden kann. Wäre z. B. derselbe ganz rein, so würde er bei $20^1/_4^\circ$ diese Krystallbildung bemerkbar werden lassen; es würden aber nur 35,81 reiner Salpeter in den zur Probe genommenen 40 enthalten sein, wenn die Krystallbildung bei 18° eingetreten wäre, was $89^1/_2$ Proc. reinen Salpeter ausmacht, denn $40 : 35,81 = 100 : x$; $x = 89^1/_2$ Proc.

Salpeter.

Zur Untersuchung des Salpeters auf seinen Gehalt an reinem salpetersaurem Kalium hat Huß eine Tabelle entworfen, welche hier folgen soll.

Bei folgenden Temperaturgraden in R.	sind 100 Gew.-Thle. Wasser mit folgenden Gew.-Thln. reinen Salpeters gesättigt	Folglich sind in 100 Gew.-Thln. des untersuchten Salpeters an reinem salpetersaurem Kalium enthalten	Bei folgenden Temperaturgraden in R.	sind 100 Gew.-Thle. Wasser mit folgenden Gew.-Thln. reinen Salpeters gesättigt	Folglich sind in 100 Gew.-Thln. des untersuchten Salpeters an reinem salpetersaurem Kalium enthalten
8	22,27	55,7	14¼	30	75
8¼	22,53	56,3	14½	30,36	75,9
8½	22,80	57	14¾	30,72	76,8
8¾	23,08	57,7	15	31,09	77,7
9	23,36	58,4	15¼	31,44	78,6
9¼	23,64	59,1	15½	31,83	79,6
9½	23,92	59,8	15¾	32,21	80,5
9¾	24,21	60,5	16	32,59	81,5
10	24,51	61,3	16¼	32,97	82,4
10¼	24,81	62	16½	33,36	83,4
10½	25,12	62,8	16¾	33,75	84,4
10¾	25,41	63,5	17	34,15	85,4
11	25,71	64,3	17¼	34,55	86,4
11¼	26,02	65	17½	34,9	87,4
11½	26,32	65,8	17¾	35,38	88,4
11¾	26,64	66,6	18	35,81	89,5
12	26,96	67,4	18¼	36,25	90,6
12¼	27,28	68,2	18½	36,70	91,7
12½	27,61	69	18¾	37,15	92,9
12¾	27,94	69,8	19	37,61	94
13	28,27	70,7	19¼	38,08	95,2
13¼	28,61	71,5	19½	38,55	96,4
13½	28,95	72,4	19¾	39,03	97,6
13¾	29,30	73,2	20	39,51	98,8
14	29,65	74,1	20¼	40	100

Sollte die Temperatur des Wassers zu tief gesunken sein, ehe noch aller Salpeter aufgelöst worden wäre, so dürfte man das Glas nur in warmes Wasser halten, um die Temperatur nochmals zu erhöhen und allen Salpeter aufzulösen, was auch geschehen müßte, wenn die Entstehung der ersten Krystalle unbeachtet geblieben wäre. Sollte aber umgekehrt in der heißen Jahreszeit bei einem sehr geringen Gehalte an reinem Salpeter die Temperatur nicht tief genug heruntersinken, so müßte das Glas mit der genommenen Probe in frisches Brunnenwasser gesenkt werden, dessen Temperatur noch überdies durch Hineinwerfen von etwas Salpeter herabgesetzt werden könnte. Würde gegen alle Wahrscheinlichkeit doch der Fall eintreten, daß ein mit mehr als 45 Proc. fremder Salze verunreinigter Salpeter zu untersuchen wäre, für welchen die Tabelle nicht mehr eingerichtet ist, indem sie nur bis 8° abwärts, einem Gehalte von 44,3 Proc. fremder Salze entsprechend, reicht, so hilft man sich durch Zusatz von reinem Salpeter, den man nach gemachter Untersuchung wieder abzieht. Wäre z. B. dieser Fall bei einem zu untersuchenden Salpeter wirklich eingetreten, oder könnte er aus gewissen Umständen vermuthet werden, so nehme man 80 Gew.-Thle. desselben, setze 20 Thle. reinen Salpeters zu und löse nun von dieser gut gemengten Portion 40 Thle. in 100 Thln. Wasser auf, wie oben.

Angenommen, die Lauge krystallisire nun bei $9^{3}/_{4}^{0}$, so würden $60^{1}/_{2}$ Proc. reiner Salpeter aus der Tabelle entnommen werden, wovon nach Abzug jener zugesetzten 20 nur $40^{1}/_{2}$ Proc. für den Reingehalt des untersuchten Salpeters bleiben.

Da die Richtigkeit der Resultate dieser Untersuchungsmethode von der genauen Bestimmung nicht nur der Temperatur, sondern auch der Menge des Wassers und des Salpeters abhängt, so ist leicht einzusehen, daß vollkommen trockner Salpeter genommen werden muß, damit nicht die Untersuchung mit einer größeren Menge Wassers und kleineren Menge Salpeters angestellt wird. Denn das im Salpeter befindliche Wasser würde bei der Temperatur des Krystallisationspunktes eine dieser Temperatur und seinem Gewichte entsprechende Quantität Salpeter aufgelöst behalten, welche aber der Beobachtung entgeht. Z. B. ein untersuchter Salpeter begann bei 18° R. zu krystallisiren und zeigt daher 89,5 Proc. an reinem Salpeter als seinen Gehalt. Hätte dieser Salpeter aber $2^{1}/_{2}$ Proc. Feuchtigkeit gehabt, so behalten diese $2^{1}/_{2}$ Theile Wasser 0,9 Salpeter bei dieser Temperatur aufgelöst, denn $100 : 2^{1}/_{2} = 35,81 : x$; $x = 0,88$. Diese 0,9 Salpeter gehen aber für die Beobachtung verloren, welche bei Berücksichtigung dieser Feuchtigkeit den Gehalt an Salpeter mit 90,4 gefunden hätte. In diesem Falle muß eine bestimmte Menge des zu untersuchenden Salpeters getrocknet werden, der Gewichtsverlust giebt den Wassergehalt in Procenten. Von diesem getrockneten Salpeter wird sodann die nöthige Menge zur weiteren Probe genommen.

Wie bereits oben bemerkt, beruht diese Methode auf der Voraussetzung, daß weder beigemengte Chlormetalle noch andere Salze den Sättigungspunkt reiner Salpeterlösung verändern. Diese Voraussetzung ist nun nicht begründet, da nach Longchamp's Versuchen Wasser nach Verhältniß des zugegebenen Kochsalzes mehr Salpeter auflöst, als in reinem Zustande. 100 g einer bei 18° C. gesättigten Salpeterlauge, welche 21,63 Proc. Salpeter enthält, nehmen bei Zusatz von 5 g Chlornatrium noch 0,744 g, bei Zusatz von 10 g Chlornatrium noch 1,267 g und (als Höchstes) bei Zusatz von 26,85 g Chlornatrium noch 3,22 g Salpeter auf.

Für die technische Anwendung der Huß'schen Methode würde dieses nicht sehr nachtheilig sein, denn bei der Raffination des untersuchten Salpeters geht ja doch die dem beigemengten Kochsalze entsprechende Quantität Salpeter größtentheils verloren. Wenn daher nur sonst die Methode leicht ausführbar und die Ergebnisse mit Ausnahme des eben erwähnten Umstandes zuverlässig wären, so

Salpeterproben. 17

würde sie die kürzeste und empfehlenswertheste sein. Nach den mit der größtne Sorgfalt von Werther angestellten Untersuchungen läßt sich indeß dies nicht behaupten, da bei ganz gleich angestellten Versuchen mit derselben Menge Salpeter Differenzen unter sich von 3,3 Proc. und Abweichungen vom wahren Gehalte der angewandten Probe von 0,35 bis 3,7 Proc. auftreten. Bestätigt werden diese Beobachtungen durch die sorgfältigen Untersuchungen von Kayser, worüber das Nähere im 32. Bande des Archivs für die Offiziere der Königl. Preuß. Artillerie u. s. w. nachzusehen ist.

Im Widerstreit hiermit steht die Behauptung von Toel, welcher ebenfalls die Huß'sche Methode geprüft hat und sie als vollkommen bewährt gefunden haben will. Nach Toel ist es besonders wichtig, das richtige Verhältniß zwischen Wasser und Salpeter zu nehmen, weshalb er den Salpeter in einem tarirten Becherglase mit der vorgeschriebenen Wassermenge und eingesenktem Thermometer in einem Wasserbade auf 45° bis 50° R. erwärmt und das während des Lösens verdampfte Wasser ersetzt. Sodann filtrirt er die Lösung, damit nicht durch Staub oder Unreinigkeiten die Krystallausscheidung befördert werde, und benutzt die zuerst durchgelaufene Hälfte zur Krystallisationsbestimmung.

Die Ungenauigkeit der Riffault'schen Methode veranlaßte Gay-Lussac, eine Bestimmung des Salpeters auf alkalimetrischem Wege vorzunehmen. Zu diesem Zwecke hat Gay-Lussac vorgeschlagen, 1 Thl. Salpeter mit der Hälfte seines Gewichtes an Kohle mit 4 Thln. Kochsalz gemischt zu glühen, damit sich das salpetersaure Salz in kohlensaures verwandle. Die geschmolzene Masse wird sodann in Wasser gelöst, filtrirt und durch verdünnte Schwefelsäure von bekanntem Gehalte volumetrisch bestimmt und hieraus die Menge Salpeter berechnet.

Diese Methode trifft, wie Werther ganz richtig bemerkt, der Vorwurf, daß man nicht eigentlich den Gehalt an salpetersaurem Kalium erfährt, sondern die den überhaupt vorhandenen Nitraten' äquivalente Menge derselben bezw. des salpetersauren Natrium.

Dasselbe gilt von der von Mayer in seiner Militair-Chemie vorgeschlagenen Methode, 100 Thle. Rohsalpeter mit 80 Thln. Schwefel und 400 Thln. Kochsalz zusammenzuschmelzen, um dadurch die salpetersauren Salze in schwefelsaure überzuführen. Auf je 115 Gew.-Thle. daraus gewonnenem schwefelsaurem Barium sollen 100 Gew.-Thle. salpetersaures Kalium im Rohsalpeter enthalten gewesen sein.

In Betreff des Gay-Lussac'schen Verfahrens ist noch zu bemerken, daß Abel und Bloxam diese Methode einer genauen Prüfung unterworfen und gefunden haben, daß stets etwas Salpeter unzersetzt bleibt und daneben sich oft eine nicht unbedeutende Menge von Cyankalium bildet, welches sich beim Glühen in cyansaures Kalium und nach dem Auflösen theilweise in Ammoniak verwandelt, weshalb die Verfasser vorschlugen, die Schmelze zur Zerstörung des cyansauren Kalium mit dem $1^{1}/_{5}$-fachen Gewichte an chlorsaurem Kalium noch einmal zu erhitzen. In einer späteren Mittheilung führen dieselben an, daß man befriedigende Resultate erhält, wenn man 20 Thle. Salpeter mit 5 Thln. geglühtem, sehr fein vertheiltem Graphit, wie man ihn nach Brodie's Verfahren erhält, und 80 Thln. Chlornatrium im Platintiegel bei mäßiger Rothglühhitze verpufft. Es soll sich hierbei kein cyansaures Kalium bilden und das von ihnen früher vorgeschlagene, weitere Erhitzen der Masse mit chlorsaurem Kalium nur dann nothwendig sein, wenn der zu prüfende Salpeter schwefelsaure Salze enthält. Sollte der Graphit Schwefeleisen enthalten, so muß dieses zuvor durch Behandeln mit Säuren ausgezogen werden. Das chlorsaure Kalium wird in dem angegebenen Falle erst nach Entfernung des Tiegels aus der Muffel auf die Oberfläche der Masse gestreut und am besten so lange über der Lampe erhitzt, als noch ein Aufbrausen bemerkbar ist.

So genau nun auch diese Methode sein mag, so ist dieselbe doch nur für salpetersaures Kalium, frei von allen übrigen Nitraten, anwendbar.

An das Gay-Lussac'sche Verfahren schließt sich das von Gossart und Pelouze an.

Gossart gründet seine Methode auf das Princip, welches Gay-Lussac zuerst für die Chlorometrie und Braunsteinprobe anwandte. Der zu untersuchende Salpeter wird in Schwefelsäure eingetragen und dazu eine titrirte Lösung von Eisenvitriol gesetzt, bis ein Tropfen der vorher erhitzten Flüssigkeit in einer Kaliumeisencyanidlösung gerade eben einen blauen Niederschlag hervorbringt. Aus der verbrauchten Menge des schwefelsauren Eisenoxyduls wird dann die Menge der Salpetersäure berechnet.

Diese Methode ist von Pelouze insofern verändert worden, als er eine bekannte Menge Eisenchlorür im Ueberschusse verwendet und das noch unveränderte Eisenchlorür mittelst übermangansaurem Kalium bestimmt.

Man löst 2 g Klaviersaiten in 80 bis 100 cbcm concentrirter Salzsäure unter gelindem Erwärmen in einem etwa 150 cbcm fassenden Kolben, der mit einem Korke verschlossen ist, durch welchen eine in eine Spitze ausgezogene Glasröhre geht. Sowie die Auflösung beendet ist, trägt man 1,2 g des zu prüfenden Salpeters ein und erhitzt, nachdem man den Kolben schnell wieder geschlossen hat, bis zum Sieden. Hat die Flüssigkeit ihre braune Farbe verloren und ist sie durchsichtig gelb geworden, was im Verlauf von 5 bis 6 Minuten geschieht, so gießt man den Inhalt des Kolbens in ein größeres Gefäß, spült mit Wasser nach und verdünnt das Ganze bis zum Raume von etwa 1 l. Sodann fügt man aus einer graduirten Bürette eine titrirte Lösung von übermangansaurem Kalium unter fortwährendem Umrühren der Eisenlösung so lange hinzu, bis letztere auf Zusatz eines einzelnen Tropfens eine Rosafärbung annimmt. Aus der verbrauchten Anzahl cbcm von übermangansaurem Kalium erfährt man die Menge an Eisen, welches noch nicht in Eisenchlorid umgewandelt ist. Zieht man dies von den ursprünglich angewandten 2 g Eisen ab, so läßt sich, wenn man erwägt, daß 1 g Eisen 0,608 g Salpeter entspricht, daraus leicht der Gehalt an Salpeter berechnen.

Diese Methode erfordert einen großen Zeitaufwand und giebt doch nie ganz zuverlässige Resultate, denn der Kohlengehalt in demselben Drahte ist, wie Pelouze selbst gezeigt hat, nicht constant, so daß sich hieraus schon eine Differenz von $1/2$ Proc. Salpeter ergeben kann. Kocht man zu rasch, so kann es leicht sich ereignen, daß Salpetersäure entweicht, ehe sie auf das Eisenchlorür eingewirkt hat. Wird das Stickoxyd nicht ganz aus der Flüssigkeit ausgetrieben, was insbesondere bei sehr verdünnten Lösungen zu befürchten ist, so wird durch die Bildung von

Untersalpetersäure mehr Chamäleonlösung reducirt, als ihrem Eisenoxydulgehalte entspricht. Hierzu kommt noch, wie Löwenthal und Lenssen nachgewiesen haben, daß bei Titrirung einer Salzsäure enthaltenden Eisenoxydullösung mit Chamäleon neben der eigentlichen Reaction ($10\,FeO + Mn_2O_7 = 5\,Fe_2O_3 + 2\,MnO$) noch eine Nebenreaction ($14\,HCl + Mn_2O_7 = 5\,Cl_2 + 2\,MnCl_2 + 7\,H_2O$) hergeht, in Folge dessen Chlor frei wird, welches zum Theil entweicht, ehe es auf die Eisenoxydullösung eingewirkt hat; bei Gegenwart von Salzsäure kann also Chamäleonlösung verbraucht werden, ohne daß sie oxydirend auf das Eisenoxydul einwirkte. Aus diesem Grunde erhielten denn auch Abel und Bloxam immer schwankende Resultate. Fresenius hat zwar alle diese Fehlerquellen zu vermeiden gesucht, allein ein näheres Eingehen auf dessen Methode scheint hier nicht zweckentsprechend zu sein, da die Probe nur die Quantität von vorhandener Salpetersäure anzeigt, der Rohsalpeter aber häufig neben Kalisalpeter noch salpetersaures Natrium, Calcium und Magnesium enthält.

Nicht viel besser steht es mit dem Verfahren von Persoz. Hiernach schmilzt man den zu untersuchenden Salpeter und wägt nach dem Erkalten 2 bis 3 g ab, bringt diese in einen etwas großen Platintiegel und giebt darauf das doppelte Gewicht von zweifach chromsaurem Kalium, welches man zuvor geschmolzen und pulverisirt hat. Man wägt darauf wieder und erhitzt schwach, schließlich aber, wenn die salpetrigsauren Dämpfe nicht mehr so reichlich entweichen, bis zur Dunkelrothgluth. Nach dem Erkalten wägt man wieder, der Gewichtsverlust zeigt die entwichene Salpetersäure an. Enthält der untersuchte Salpeter Kali und Natron, so findet man einen Ueberschuß, wenn man die gefundene Salpetersäure auf salpetersaures Kalium berechnet, hingegen ein Deficit bei ihrer Berechnung auf salpetersaures Natrium. Dieser Ueberschuß oder dieses Deficit gestattet das relative Verhältniß der beiden salpetersauren Alkalien im analysirten Salze zu berechnen.

Zu bemerken ist hierbei, daß das Ergebniß nur dann annähernd genau wird, wenn das salpetersaure Natrium in größeren Mengen vorhanden ist und außer diesem keine anderen Salze zugegen sind.

Auf demselben Principe, wie die eben angeführte Probe, beruht die von Reich. Der durch Schmelzen von seiner Feuchtigkeit befreite und sodann gewogene Salpeter wird mit der 4- bis 6fachen Menge Quarzpulver in einem Platintiegel bis zur schwachen Rothglühhitze erhitzt. Dadurch wird die Salpetersäure ausgetrieben, an deren Stelle die Kieselsäure tritt, während die schwefelsauren Salze und Chlorverbindungen nicht zersetzt werden. Der Gewichtsverlust drückt die gesuchte Menge Salpetersäure aus und aus demselben wird der Procentgehalt von salpetersaurem Kalium oder Natrium berechnet.

In Betreff der Fehlerquellen gilt dasselbe, was bereits bei Pelouze am Schlusse hervorgehoben wurde. Besonders zu erwähnen dürfte noch der Umstand sein, daß es wohl sehr schwer sein möchte, eine schwache Rothglühhitze inne zu halten, da dieser Begriff doch gar zu relativ ist.

Sehr wichtig ist noch die Prüfung des Salpeters auf einen Gehalt an Natronsalpeter, da, wie bereits oben erwähnt, letzterer aus der Atmosphäre begierig Feuchtigkeit aufnimmt.

Zur Nachweisung von salpetersaurem Natrium bestimmt man nach Toel und Hoyer zuerst den Gehalt an salpetersaurem Kalium nach der Huß'schen Methode, versetzt dann eine zweite Probe mit kohlensaurem Natrium, bestimmt den Krystallisationspunkt und kocht eine halbe Stunde lang. Sobald die Lösung auf 50° R. erkaltet ist, ersetzt man das verdampfte Wasser, filtrirt und wiederholt die Bestimmung des Krystallisationspunktes. War Natronsalpeter zugegen, so ist der Krystallisationspunkt gestiegen und zwar beträgt dies bei 1 Proc. Natronsalpeter 0,15° R., bei 2 Proc. 0,35° R., bei 3 Proc. 0,8° R. und bei 4 Proc. 1,55° R.

Da nun, wie Toel selbst zugiebt, seine Methode zu einer procentischen Bestimmung des Natronsalpeters nicht ausreicht, auch die Methode etwas zeitraubend ist, so hat Anthon ein Verfahren vorgeschlagen, welches darauf beruht, daß eine bei einer bestimmten Temperatur gesättigte Lösung von Kalisalpeter immer ein gleiches specifisches Gewicht giebt, dieses aber wesentlich erhöht wird, je mehr Natronsalpeter man der Lösung zusetzt. Anthon bereitete aus Kalisalpeter concentrirte Lösungen, indem er die doppelte Menge Salpeter im Vergleich zum Wasser anwandte, und bestimmte bei einer Temperatur von $16\frac{1}{2}$° C. das specifische Gewicht von reinem Salpeter, sodann die Dichtigkeit bei Zusatz von 1 Proc. Natronsalpeter u. s. w. Die Ergebnisse stellte er in folgender Tabelle zusammen.

2 Thle. reines salpetersaures Kalium in 1 Thl. Wasser gelöst ergeben bei Zusatz von: salpetersaurem Natrium bei $16\frac{1}{2}$° C. eine Dichtigkeit von

0 Proc.	1140	oder 18° B.
1 „	1163	„ 20,5°
3 „	1195	„ 23,3°
6 „	1217	„ 26°
10 „	1242	„ 28,1°
40 „	1436	„ 44°
45 „	1464	„ 46°
47 „	1475	„ 47°

Hinsichtlich der Beurtheilung dieser Methode ist zu bemerken, daß Bolley nachgewiesen hat, daß dieselbe zu große Schwankungen mit sich führt und nur wenig Vertrauen verdient.

H. und P. Reinsch haben darauf aufmerksam gemacht, daß man einen Gehalt von Natronsalpeter mit Sicherheit auf der Kohle vor dem Löthrohr durch die gelb umsäumte Flamme erkennen könne. Sie fanden, daß noch 0,5 bis 1 Proc. Natronsalpeter auf diese Weise zu entdecken sind, wenn man in gut ausgeglühte Kohle eine kleine Grube bohrt, die wenigstens 0,5 g von dem zu prüfenden Salpeter aufnimmt, und hierauf so lange die Löthrohrflamme auf den Rand der Grube einwirken läßt, bis sich der Salpeter entzündet.

Andererseits hat man die Spectralanalyse empfohlen.

Bei der Empfindlichkeit beider Reactionen wird wohl stets Natrium nachgewiesen werden.

Eine andere Probe hat R. Wild vorgeschlagen, welche darauf beruht, daß reiner, geschmolzener Salpeter nach dem Erkalten eine durchscheinende Beschaffenheit zeigt, während er bei einer Verunreinigung von Natronsalpeter ein emailleweißes Ansehen annimmt. Um die Probe auszuführen, werden 3 bis 4 g von

Salpeterproben.

dem zu untersuchenden Salpeter in einem Uhrglase geschmolzen. Sind weniger als 3 Proc. Natronsalpeter in dem Salpeter enthalten, so ist die Beurtheilung nach dem Ansehen für einen Ungeübten sehr schwierig. Im Allgemeinen hat die Probe wenig Werth, da bei Gegenwart von schwefelsauren Salzen, Chlorkalium und Chlornatrium dieselbe Erscheinung auftritt.

Nach Nöllner bringt man den zu untersuchenden Salpeter in einen Trichter und wäscht vorsichtig aus. Das aufgefangene Waschwasser wird darauf eingedampft; es scheidet sich sodann beim Erkalten der Kalisalpeter aus, während der Natronsalpeter als zerfließliches Salz in Lösung bleibt. Es wird abfiltrirt, ausgewaschen und in der eben angegebenen Weise verfahren, bis man den Natronsalpeter in einer geringen Menge Flüssigkeit concentrirt hat. Letztere wird auf einem Glastäfelchen eingedampft; an der rhomboedrischen Form und namentlich an dem optischen Verhalten unter dem Mikroskop mit Polarisationsapparat läßt sich dann der Natronsalpeter sehr leicht von Kalisalpeter und Kochsalz unterscheiden.

Schließlich sei dann noch das Verfahren erwähnt, welches in Spandau für die Untersuchung des Rohsalpeters üblich ist.

Voruntersuchung. — Diese muß stets erfolgen, sowie man unsicher ist, ob die zu untersuchende Substanz der größeren Menge nach wirklich Salpeter ist.

Man löst deshalb einen Krystall von Eisenvitriol in einem Reagenzglase mit Hülfe von destillirtem Wasser auf und gießt auf diese Lösung etwa die Hälfte concentrirter Schwefelsäure. Sowie die Flüssigkeit, welche durch den Zusatz der Schwefelsäure erwärmt wurde, sich etwas abgekühlt hat, fügt man einige Tropfen von der gelösten Salpeterprobe hinzu. Entsteht hierdurch eine röthliche bezw. braune Färbung, so ist es sicher, daß die Probe ein salpetersaures Salz enthält.

Um die Gegenwart von Kalium nachzuweisen, versetzt man einen anderen Theil der gelösten Probe mit einigen Tropfen Ueberchlorsäure. Fällt ein weißer, körniger Niederschlag nieder, so ist ein Gehalt an Kalium vorhanden.

Will man sich nun ein annäherndes Urtheil über das Mengenverhältniß bilden, so bringt man eine weitere Lösung von Rohsalpeter auf ein Uhrglas und stellt dieses zum Zwecke freiwilliger Krystallisation über Schwefelsäure. Die charakteristische Gestalt der sich ausscheidenden Krystalle giebt dann, im Vergleich mit vorher bereiteten Probelösungen der am häufigsten im Rohsalpeter vorkommenden Verbindungen im reinen Zustande, den gewünschten Aufschluß.

Qualitative Untersuchung. — Bei dieser sind einestheils die Säuren und Chlor zu berücksichtigen, anderentheils die Basen.

Um die ersteren Stoffe nachzuweisen, bereitet man sich eine concentrirte Lösung und versetzt einen Theil davon mit Salzsäure. Entsteht ein Aufbrausen, so sind kohlensaure Salze zugegen.

In diesem Falle fügt man noch etwas Salzsäure zu der Lösung und kocht dieselbe so lange, bis alle Kohlensäure ausgetrieben ist. Erfolgt nun auf Zusatz von Chlorbaryum eine Trübung oder ein weißer Niederschlag, so sind schwefelsaure Salze vorhanden.

Den anderen Theil der Lösung säuert man mit chlorfreier Salpetersäure an und tröpfelt dann salpetersaures Silber hinzu. Je nachdem sich nun eine

22 Materialien.

Trübung oder ein weißer, käsiger Niederschlag bildet, enthält die Probe mehr oder weniger Chlorverbindungen.

Um die Basen nachzuweisen, versetzt man eine weitere Probelösung mit Ammoniak. Bei Gegenwart von Magnesia entsteht eine Trübung oder auch ein Niederschlag *).

In eine vierte Portion gießt man einige Tropfen oxalsaures Kalium. Erfolgt sofort oder nach einigem Stehen eine Trübung oder ein Niederschlag, so befindet sich Kalk in dem Salpeter.

Zur Ermittelung eines Natrongehaltes füllt man eine kleine Porcellanschale etwa zwei Drittel mit Rohsalpeter und übergießt diesen mit Alkohol, welchen man anzündet. Selbst bei sehr kleinen Natronbeimengungen wird der Flamme die charakteristisch-gelbe Färbung ertheilt. Um einen sicheren Anhaltspunkt für die Beurtheilung zu haben, wird immer gleichzeitig in einer zweiten Porcellanschale Alkohol über reinem Salpeter abgebrannt.

Quantitative Untersuchung. Von möglichst verschiedenen Stellen des zu untersuchenden Rohsalpeters werden entsprechende Proben genommen, in einer großen Porcellanschale mit den Händen sorgfältig unter einander gemengt und davon 320 g genau abgewogen. Dieselben werden darauf in eine etwa 0,156 m weite und 0,078 bis 0,104 m tiefe Porzellanschale geschüttet und mit der doppelten Menge destillirten Wassers übergossen. Damit der Salpeter sich schneller löst, wird erwärmt und sodann die einige Zeit im Kochen gehaltene Lösung durch ein gewogenes, vorher bei 100° C. getrocknetes Filter (A) filtrirt. Um ein Auskrystallisiren des Salpeters auf dem Filter zu vermeiden, setzt man den Glastrichter in einen doppelwandigen Trichter von Zinkblech, zwischen dessen Wänden sich heißes Wasser befindet, welches vermöge eines an dem Trichter angebrachten Anschlußrohres stets heiß erhalten werden kann. Ist Alles durchgelaufen, so wird zuerst mit heißem und darauf mit kaltem Wasser so lange ausgewaschen, bis ein auf ein Platinblech gebrachter Tropfen Waschwasser keinen Rückstand mehr hinterläßt. Während man nun das Filter bei 100° C. trocknet, dampft man das Filtrat auf etwa ein Drittel seines Volumens ein und stellt das Gefäß mit der concentrirten Lösung in ein größeres mit kaltem Wasser, welchem man zuletzt, um die Temperatur möglichst unter Null herabzubringen, Salpeterrückstände zusetzt. Während die Lösung erkaltet, rührt man fleißig mit einem Glasstabe um, um die Bildung großer Salpeterkrystalle zu verhindern. Tritt keine Temperaturveränderung mehr ein, so wird durch ein gewogenes, vorher bei 100° C. getrocknetes Filter (B) filtrirt und der auf dem Filter befindliche Salpeter so lange ausgewaschen, bis ein Tropfen des Waschwassers mit salpetersaurem Silber versetzt keine Trübung mehr hervorruft.

Das Filtrat und Waschwasser werden bis auf ein Drittel ihres Volumens eingedampft und wird im Uebrigen gerade so verfahren, wie soeben angegeben. Den abgeschiedenen Salpeter bringt man auf ein gewogenes Filter (C).

Die hiervon ablaufende Flüssigkeit wird abermals bis auf ein Drittel ihres Volumens eingeengt und der beim Erkalten erhaltene Salpeter auf ein gewogenes Filter (D) gebracht.

---

*) Wenn Aluminium- oder Eisensalze zugegen, werden die Oxyhydrate gefällt.

Was nun als Flüssigkeit bleibt, wird im Wasserbade zur Trockne gebracht, umgeschmolzen und nach dem Erkalten gewogen.

Sämmtliche Filter werden bei 100° C. getrocknet, der aus denselben entnommene Salpeter wird aber umgeschmolzen und nach dem Erkalten gewogen.

Diese verschiedenen Wägungen ergeben nun folgende Resultate:

a. Das Gewicht des Filters (*A*) nach Abzug seines Taragewichtes: Die in dem untersuchten Salpeter enthalten gewesenen organischen und unlöslichen Beimengungen, Splitter vom Verpackungsmaterial, Sand, Erde, Kalk u. s. w.

b. Die Summe der Gewichte der drei Filter (*B*, *C* und *D*) nach Abzug ihrer Taragewichte, nebst dem des umgeschmolzenen Salpeters:

Das Gewicht des bereits gewonnenen reinen Salpeters.

c. Die Wägung des Rückstandes der zuletzt erwähnten eingedampften Flüssigkeit:

Das Gewicht des Restsalzes der ganzen Lösung.

d. Die Ergebnisse $a + b + c$ vom Totalgewichte der untersuchten Probe abgezogen:

Den Feuchtigkeitsgehalt des untersuchten Rohsalpeters.

Da das unter c. erwähnte Restsalz noch Salpeter enthält, so ist dasselbe nunmehr auf seinen Gehalt an Kali und Salpetersäure zu prüfen.

Zu diesem Zwecke wird das Restsalz in einen Porcellanmörser gebracht und in demselben fein gerieben. Die Bestimmung des Kali erfolgt nun in zwei Portionen zu je 3 bis 4 Grammen. Jede der abgewogenen Mengen wird in einem Becherglase mit kaltem Wasser übergossen und zu der Lösung etwa das Fünffache ihres Salpetergewichtes an Ueberchlorsäure gesetzt *).

Darauf stellt man die beiden Proben auf ein Sandbad und verdampft bis fast zur Trockne. Nach erfolgtem Erkalten wird jede Probe mit dem vier- bis fünffachen ihres Volumens absoluten Alkohols übergossen und während zwei Stunden wiederholt umgerührt. Das abgeschiedene überchlorsaure Kalium wird auf gewogene und bei 100° C. getrocknete Filter gebracht und so lange mit Alkohol ausgewaschen, bis ein Tropfen von dem Waschwasser auf einem Platinbleche keinen Rückstand mehr hinterläßt. Die Filter werden sodann bei 100° C. wieder getrocknet und gewogen und letzteres Verfahren wird so lange wiederholt, bis sich keine Gewichtsdifferenz mehr zeigt. Das Mittel von den zuletzt erhaltenen Gewichten nach Abzug der Filter ergiebt das Gewicht des gebildeten überchlorsauren Kalium und daraus des in der Probe enthaltenen Kali, indem man zu dieser Reduction das Verhältniß in Anwendung bringt, welches sich bei der in der Anmerkung angeführten Gegenprobe auf kohlensaures Kalium ergeben hat.

Bemerkt sei hierbei, daß ein Gramm kohlensaures Kalium im Mittel

---

*) Dieses Verhältniß richtet sich nach der Concentration der Ueberchlorsäure. Um dieselbe zu prüfen, löst man 3 bis 4 Grammen kohlensaures Kalium in kaltem Wasser und giebt in kleinen Mengen so viel Ueberchlorsäure von einer vorher genau gewogenen Menge derselben hinzu, bis kein Aufbrausen mehr erfolgt. Durch abermaliges Wägen der übrig gebliebenen Ueberchlorsäure ergiebt sich die von dieser zugesetzten Menge, und in demselben Verhältnisse ist die Ueberchlorsäure jeder Probe zuzusetzen.

1,769 g trocknes überchlorsaures Kalium ergiebt. Zur Bestimmung der Salpetersäure werden ebenfalls zwei Portionen zu etwa je 6 g des Restsalzes abgewogen und jede mit der Hälfte ihres Gewichtes Kohle und der dreifachen Menge gut getrockneten Kochsalzes im Porcellanmörser innig gemengt und darauf in einem ungefähr 0,156 m hohen Tiegel zusammengeschmolzen. Erfolgt kein Aufbrausen mehr, so wird der Tiegel auf ein vorher möglichst stark geheiztes Sandbad zum Erkalten hingestellt. Die feste Masse, in welcher sich nun kein salpetersaures Salz mehr befindet, sondern statt dessen kohlensaures, wird soweit als möglich in ein Kochfläschchen gebracht, der im Tiegel etwa verbleibende Rest mittelst heißen Wassers hineingespült und darauf das Fläschchen mit einem zweifach durchbohrten Pfropfen verschlossen, durch dessen eine Oeffnung ein Trichterrohr, durch die andere ein rechtwinklig gebogenes Glasrohr gesteckt ist. Sowie das Fläschchen die Zimmertemperatur angenommen hat, wird dasselbe nebst einem kleinen Glase mit concentrirter Salzsäure gewogen und nun von der letzteren durch das Trichterrohr so lange zu der gelösten Schmelze gegossen, als noch ein Aufbrausen entsteht. Um alle Kohlensäure aus der Flasche zu treiben, wird schließlich die letztere einige Minuten in lauwarmes Wasser getaucht. Nach dem Erkalten wird die Flasche gut abgetrocknet und mit dem Glase, in welchem sich die concentrirte Salzsäure befand, gewogen. Das Mittel aus dem entstandenen Gewichtsverluste beider Portionen ergiebt die ausgetriebene Kohlensäure. Für je 21,76 Gew.-Thle. derselben werden 53,41*) im Rohsalpeter vorhanden gewesene Salpetersäure in Rechnung gestellt.

Hat man auf diese Weise den procentischen Gehalt an Kali und Salpetersäure in den betreffenden, zur Untersuchung verwandten Mengen von resp. 3 bis 4 g und etwa 6 g ermittelt, so ist zunächst der Gehalt an Kali und Salpetersäure des ganzen Restsalzes zu berechnen. Für je 46,59 Gew.-Thle. Kali und 53,41 Gew.-Thle. Salpetersäure sind dann immer 100 Gew.-Thle. Salpeter in dem Restsalze als vorhanden anzunehmen und fügt man diese gefundenen Mengen zu der bereits durch Krystallisation bestimmten, so ergiebt sich die ganze in der untersuchten Rohsalpeterprobe von 320 g enthaltene Menge reinen Salpeters.

b. Das Läuterungsverfahren.

In sämmtlichen Pulverfabriken ist das Läuterungsverfahren fast überall dasselbe. Als Ausgangspunkt für dessen Darstellung diene im Folgenden das Verfahren, welches in der Königlichen Pulverfabrik zu Spandau beobachtet wird.

In einen eingemauerten, kupfernen Kessel, welcher gegen 3000 l faßt, werden 1400 l Wasser gegossen und diese bis zum Sieden erhitzt. Alsdann werden in Quantitäten von 50 Kg allmählich 2500 Kg Rohsalpeter eingetragen und die Lösung desselben durch Umrühren zu fördern gesucht. Zur besseren Ausscheidung der Unreinigkeiten werden etwa 830 g Leim in 8 l heißen Wassers gelöst und der Salpeterlauge beigemengt. Der Leim verbindet sich mit den organischen

---

*) In 100 Thln. Salpeter sind nämlich 46,59 Thle. Kali und 53,41 Thle. Salpetersäure enthalten. Diese werden durch Umschmelzen mit Kohle in 68,35 kohlensaures Kalium verwandelt, welche 46,59 Thle. Kali und 21,76 Thle. Kohlensäure enthalten.

Salpeterläuterung.

Substanzen zu einer geronnenen Masse, welche als Schaum an die Oberfläche steigt. Sowie sich dieser zeigt, wird der Bodensatz aus dem Kessel ausgeschöpft und der Schaum von der Oberfläche abgenommen. Steigen keine Unreinigkeiten mehr empor und hat die Lauge eine Concentration von 54^0 B. erreicht, so wird der Kessel mit einem großen hölzernen Deckel zugedeckt und die Feuerung unterbrochen, so daß nur noch eine schwache Gluth auf dem Heerde bleibt. Nach Verlauf von etwa 12 Stunden wird die Lauge in eine kupferne Krystallisirpfanne abgelassen. Damit nun die Unreinigkeiten, welche sich am Boden des Kessels abgesetzt haben, nicht von der Lauge mitgerissen werden, hat man den Hahn an der Stelle angebracht, wo die Rundung nach dem Kesselboden beginnt. Zur größeren Vorsicht indessen wird die Lauge, ehe sie in die Krystallisirpfanne tritt, colirt, zu welchem Zwecke ein Rahmen mit doppelter Leinwand über die Pfanne gelegt wird. Um die Ausscheidung großer Krystalle, welche stets noch Mutterlauge in sich einschließen, zu verhindern, wird die Lauge mit hölzernen Harken fortwährend umgerührt, wodurch man die Bildung von ganz kleinen Krystallen erzielt. Diese werden in Körbe, welche auf Brettern über der Krystallisirpfanne stehen, mit flachen, durchlöcherten Kupferlöffeln geschöpft und in den Körben so lange stehen gelassen, bis die den Krystallen anhaftende Mutterlauge vollständig in die Pfanne abgetropft ist. Der in den nächsten 20 Stunden in der Pfanne sich ausscheidende Salpeter wird für die folgende Läuterung benutzt, während die zurückbleibende Lauge durch einen unterirdischen Canal in eine eigens dazu bestimmte Tonne abgelassen wird.

Der in den Körben befindliche Salpeter wird nun in einen kupfernen Waschkasten gebracht, in welchen ein hölzerner, durchlöcherter Boden eingelegt ist. Nachdem der Salpeter gleichmäßig in dem Waschkasten vertheilt ist, wird er mit kaltem Havelwasser gewaschen. Der aus Natronsalpeter und Chlorkalium bereitete Kalisalpeter wird nur einer einmaligen Wäsche unterworfen, welche man in der Weise ausführt, daß man die Oberfläche des Salpeters aus einer kleinen Gießkanne mit etwa 0,1 cbm Wasser begießt. Das unter dem hölzernen Boden sich ansammelnde Waschwasser wird vermittelst eines Hahnes durch einen unterirdischen Canal in ein Reservoir abgelassen.

Der gewaschene Salpeter wird darauf in große Kasten geschüttet, die derartig eingerichtet sind, daß das Waschwasser noch vollends abtropfen kann, was einen Zeitraum von ungefähr 12 Stunden in Anspruch nimmt. Ist dies geschehen, so wird der Salpeter zum Trocknen auf große Rahmen, welche ein Gitterwerk von Holz besitzen und die mit leinenen Decken belegt sind, ausgebreitet. Die durch den Salpeter und über denselben streichende atmosphärische Luft nimmt auf diese Weise einen großen Theil der Feuchtigkeit mit sich fort. Zur Entfernung der letzten Spuren von Feuchtigkeit wird nach einigen Tagen der Salpeter in kupferne Trockenpfannen gebracht, welche durch warme Luft erhitzt werden. Hier wird er mit hölzernen Harken beständig umgewendet, wobei der Arbeiter dafür Sorge trägt, daß der zu Stücken sich zusammenballende Salpeter mit hölzernen Hämmern zerschlagen wird. Fängt der Salpeter an zu stäuben, so gilt er für trocken und wird nun in hölzerne Tonnen, welche 50 Kg fassen, geschüttet.

In neuester Zeit geht man in Spandau mit dem Gedanken um, den Salpeter mit Hülfe von Centrifugen zu reinigen. Versuche, die man mit Kehricht zur Wiedergewinnung des Salpeters machte, sollen zu sehr befriedigenden Ergebnissen geführt haben.

Zum Schlusse sei noch bemerkt, daß die Laugen und das Waschwasser ganz nach derselben Methode auf Salpeter verarbeitet werden, wie dies beim Rohsalpeter in den Salpetersiedereien geschieht.

Das soeben geschilderte Verfahren wird heut zu Tage in allen Pulverfabriken beobachtet, nur hier und da findet sich eine kleine Abänderung. So wird z. B. der Salpeter in Frankreich nicht mit Wasser, sondern mit reiner Salpeterlauge gewaschen. In Schweden wird die Salpeterlösung soweit eingedampft, daß eine Kochsalzkruste auf der Oberfläche erscheint. Diese wird abgehoben, die Lösung filtrirt und $1/48$ Thl. Wasser hinzugefügt, um alles Kochsalz in Lösung zu halten. Die Lauge wird sodann in Krystallisationsbecken gebracht und dort gerührt bis zur Ausscheidung kleiner Krystalle. In Ostindien wird der Salpeter durch zweimaliges Auflösen und Krystallisiren gereinigt.

c. Prüfung des Salpeters.

Ehe der geläuterte Salpeter in Arbeit genommen wird, wird er zuvor auf seine Reinheit geprüft. Das Verfahren in Spandau ist ganz genau, wie das bei der qualitativen Untersuchung des Rohsalpeters, nur dürfen jetzt Chlorbaryum und oxalsaures Kalium nicht einmal eine Trübung hervorrufen und auf Zusatz von salpetersaurem Silber darf höchstens ein schwaches Opalisiren der Flüssigkeit sich zeigen. In Betreff des salpetersauren Natrium wird jetzt auch noch die Spectralanalyse in Anwendung gebracht und außerdem die sogenannte Feuchtigkeitsprobe angestellt. Zum Zwecke ihrer Ausführung werden 5 g des geläuterten, vorher scharf getrockneten und gut gekleinten Salpeters und 5 g getrockneten und gekleinten Normalsalpeters genau abgewogen und in zwei kleinen, getrockneten und tarirten Porcellanschalen unter einer Glasglocke neben einer dritten Porcellanschale mit Wasser 24 Stunden aufgestellt und dann wieder gewogen. Hat der geläuterte Salpeter im Vergleich zum Normalsalpeter bedeutend an Gewicht zugenommen, so ist, da man sich zuvor von der Abwesenheit anderer zerfließlicher Salze überzeugt hat, auf salpetersaures Natrium zu schließen. Schließlich wird dann noch der geläuterte Salpeter auf die vollständige Beseitigung der unlöslichen Beimengungen vom Verpackungsmaterial, Sand, dem angewandten Läuterungsmittel (Leim) u. s. w. untersucht, zu welchem Zwecke eine kleine Menge Salpeter in einem Reagenzglase mit etwa der siebenfachen Menge kalten Wassers übergossen wird. Hierin muß sich Alles klar lösen und bei gelindem Erwärmen darf keine schleimige Haut entstehen.

In Frankreich wird der Chlorgehalt des raffinirten Salpeters auf folgende Weise bestimmt. Man macht eine Probeflüssigkeit, in welcher 0,00968 g salpetersaures Silber auf 1 g Wasser kommen. Von dem zu untersuchenden Salpeter, von welchem man fordert, daß er nicht mehr als $1/3000$ Kochsalz enthalte, werden 10 g genommen, aufgelöst und mit jener 0,00968 g Silbersalz enthaltenden Menge Probeflüssigkeit versetzt. Die Quantität dieses Silbersalzes reicht gerade hin, das Chlor, welches in 0,0033 g Kochsalz enthalten ist, auszufüllen. Man

Salpeterprüfung. Schwefel.

filtrirt daher diese zwei zusammengegossenen Flüssigkeiten, theilt sie in zwei Theile und versetzt die eine Portion mit Kochsalz, die andere mit einer Silberlösung; reagirt die erstere, so war weniger Kochsalz im Salpeter als $1/3000$, reagirt die letztere, so war mehr darin.

In Schweden macht man ebenfalls diese Probe.

Zu Waltham-Abbey in England darf auf Zusatz von salpetersaurem Silber gar keine Reaction eintreten.

In den meisten Pulverfabriken wird der Salpeter in Form von Krystallmehl verarbeitet. In Oesterreich wird ein Theil des Salpeters geschmolzen und in Formen von 0,36 m Länge, 0,15 m Breite und 0,13 m Dicke gegossen im Gewichte von $12^1/_2$ Kg. Der Salpeter wird zuvor in Trockenpfannen von aller Feuchtigkeit befreit und dann in eigenen Kesseln geschmolzen. Obschon sich von selbst versteht, daß die Temperatur nicht bis zum Erglühen des Kesselbodens wachsen darf, indem hiervon die Zersetzung des Salpeters die Folge wäre, so ist doch der Temperaturgrad, bei welchem der Salpeter ausgeschöpft werden soll, nämlich zwischen dem Schmelz- und Zersetzungspunkte, nicht gleichgültig und wird am besten durch Uebung erlernt. Bei zu hoher Temperatur legt sich der Salpeter an die Wände der Formen, die Kuchen bekommen Risse und Sprünge und sind selbst beim völligen Erkalten schwer herauszubringen. Bei zu niedriger Temperatur gesteht der Salpeter zu frühzeitig an den Wänden, so daß die entstandene dünne Kruste von den Wänden sich früher ablöst, als der Salpeter oben in der Mitte fest wird, wodurch ein Ablaufen des noch flüssigen Salpeters über die abgelöste Kruste und das Entstehen der schuppigen Seitenflächen unvermeidlich wird.

Dasselbe Verfahren beobachtet man in Waltham-Abbey und in Ostindien. In letzterem Lande gießt man den geschmolzenen Salpeter in kupferne Formen zu 15 bis 20 Kg schweren, viereckigen oder halbkugelförmigen Kuchen.

Die Methode, den Salpeter zu schmelzen und in solche Kuchen auszugießen, hat einige Vortheile. Man erspart an Raum und Verpackungsmaterial, da 50 000 Kg nicht geschmolzener Salpeter nach dem Schmelzen nur so viel Raum einnehmen, wie 15 000 Kg ungeschmolzener. Man ist fernerhin sicher, daß der Salpeter keine Feuchtigkeit besitzt und ist vor Verfälschung bewahrt. Die Methode hat aber auch, insofern Zeitaufwand und Arbeit in Anschlag kommen, den Nachtheil, daß der Salpeter sich viel schwieriger kleinen läßt.

2. Der Schwefel.

Mit Ausnahme von Schweden, wo man den Schwefel größtentheils aus den im Lande häufig vorkommenden Schwefelkiesen gewinnt, wird sonst überall nur sicilianischer Stangenschwefel verarbeitet. Schwefelblüthen sind wegen ihres Gehaltes an Schwefelsäure und schwefliger Säure, deren Beseitigung mehr Kosten verursacht als das Läutern und Pulvern des Stangenschwefels, von der Fabrikation vollkommen ausgeschlossen.

Obschon der sicilianische Stangenschwefel in der Regel vollkommen rein ist, so wird er doch in den größeren Pulverfabriken nochmals geläutert, um ihn dadurch in eine zum Kleinen geeignetere Form überzuführen. Ehe indeß das Läutern erfolgt, wird der Schwefel stets auf etwaige Beimengungen untersucht. Hauptsächlich kommen hierbei in Betracht:

a. Ein Gehalt an Schwefelsäure und schwefliger Säure. Der Schwefel wird fein gerieben und mit destillirtem Wasser gekocht. Blaues Lackmuspapier, in die Flüssigkeit getaucht, darf nicht roth gefärbt werden, widrigenfalls der Schwefel gekleint und gewaschen werden muß. Die meisten Fabriken schicken solchen Schwefel wieder zurück an den Lieferanten.

b. Erden und Oxyde. Der Schwefel wird in Pulverform in einen Porcellantiegel gebracht und unter einer Glocke vollständig verbrannt. Es darf kein Rückstand bleiben.

c. Arsen. Eine hellgelbe oder röthliche Farbe läßt Arsen vermuthen. In diesem Falle wird der fein geriebene Schwefel mit Salpetersäure längere Zeit gekocht, die salpetersaure Flüssigkeit abgegossen und mit kohlensaurem Ammonium neutralisirt. Auf Zusatz von salpetersaurem Silber darf nicht der charakteristische gelbe Niederschlag von Silberarsenit auftreten. — Oder der Schwefel wird mit wässerigem Ammoniak behandelt und dieses mit Salzsäure versetzt. Fällt ein gelber Körper aus, so ist dies Schwefelarsen. — In Belgien wird der Schwefel mit der vierfachen Menge Salpeter gemischt in einen warmen Schmelztiegel eingetragen und erhitzt. Die Schmelze wird gelöst und mit verdünnter Schwefelsäure versetzt. Nachdem man das Wasser verjagt hat, giebt man Alkohol auf den Rückstand und legt einen Zinkstreifen in die Flüssigkeit. Bedeckt sich derselbe mit einer schwarzen, blätterigen Schicht, so enthält der Schwefel Arsen. In allen diesen Fällen, in welchen Arsen nachgewiesen wird, darf der Schwefel nicht zur Anfertigung von Pulver gebraucht werden.

Zum Zwecke der Läuterung des Schwefels wird derselbe in Spandau in einen in einem Herde eingemauerten Grapen, welcher etwa 75 Kg faßt, eingetragen und langsam zum Schmelzen gebracht. Sowie der Schwefel flüssig ist, wird er in emaillirte, eiserne Töpfe geschöpft, deren jeder 25 Kg faßt. Ehe man einfüllt, wird mit einem Tuche, welches man in warmes Wasser getaucht hat, jeder Topf ausgewaschen, dann ein Sieb mit Gaze darüber gestellt und nun der Schwefel in die Töpfe hineinfiltrirt. Man läßt darauf denselben allmählich erkalten, wodurch er von der prismatischen Form in die gewöhnliche, rhombische übergeht und nun ungemein bröckelig wird. In Tonnen von 100 Kg Inhalt wird er sodann aufbewahrt. Aus den in dem Grapen und auf dem Filtrirtuche bleibenden Rückständen sucht man den Schwefel auf dieselbe Art wiederzugewinnen.

In Ostindien wird der Schwefel in bronzenen Grapen von 0,8 m Durchmesser und 0,5 m Tiefe geläutert. Man zerschlägt den rohen Schwefel und reinigt ihn vorläufig durch Auslesen der schlechten Stücke, die man für sich schmilzt. Man heizt den Grapen gelinde an und trägt immer eine Schaufel voll nach der anderen ein, so daß es zum Füllen 4 Stunden bedarf. Sobald die zuletzt eingetragenen Theile Schwefel geschmolzen sind, läßt man das Feuer ausgehen und den Schwefel so lange stehen, bis sich an der immer von aufsteigenden Unreinigkeiten befreiten Oberfläche feine Nadeln bilden. Man schöpft ihn dann in hölzerne Formen bis auf den Absatz der schweren Unreinigkeiten, der sich am Boden befindet. Auch in den Formen senken sich noch schwere Unreinigkeiten zu Boden, dabei heben sich auch einige an die Oberfläche oder legen sich an die Wände. Beim zweiten Läutern werden diese entfernt und dann wird nochmals wie oben verfahren. Aus dem Schaum und den anderen Unreinigkeiten wird der Schwefel durch besonderes Schmelzen möglichst ausgesondert und dieser dann als roher Schwefel betrachtet.

3. Die Kohlen.

Die tauglichste Kohle zur Schießpulverbereitung ist diejenige, welche am leichtesten entzündlich ist, am raschesten verbrennt und dabei die geringste Menge Asche giebt. Es muß daher die Qualität des vegetabilischen Stoffes, welcher in dieser Absicht verkohlt wird, ebenso sehr als die Art, nach welcher die Verkohlung vorgenommen wird, berücksichtigt werden.

Um die Kohle auf ihre Tauglichkeit zu prüfen, hat Proust ein einfaches Mittel angegeben. Er füllte nämlich kleine kupferne Röhren von 0,6 dm Länge und 0,6 cm Weite mit einem innigen Gemenge von 4 g Salpeter und 0,8 g Kohle aus verschiedenen Vegetabilien, gab etwas Mehlpulver auf und zündete das Gemisch an. Die Dauer des Verbrennens wurde dabei beobachtet und der zurückgebliebene Rückstand gewogen. Da die Bedingungen, unter welchen das Verbrennen dieser Mischungen vor sich ging, so gleichartig als möglich gemacht waren, so wurde auch diejenige Kohle, unter deren Beimischung die Verbrennung in der kürzesten Zeit erfolgte, als die vorzüglichste erkannt, um so mehr, da zugleich der Rückstand um so geringer ausfiel, je lebhafter die Verbrennung vor sich ging, wie es die folgende Tabelle zeigt.

Gemenge aus 4 g Salpeter und 0,775 g Kohle von	Dauer der Verbrennung in Secunden	Gewicht des Rückstandes in Grammen
Hanfstängeln	10	0,775
Asphodilstängeln	10	0,775
Weinreben	12	1,275
Kichererbsenstängeln . . .	13	1,355
Fichtenholz	17	1,936
Faulbaumholz	20	1,55
Spindelbaumholz	21	1,746
Haselholz	23	1,936
Pimentstängeln	25	2,325
Maisstroh	25	2,45
Kastanienholz	26	2,325
Nußbaumholz	29	2,13
Maiskörnern	45	2,774
Steinkohlen, Koak	50	2,90
Zucker	70	3,10

Man fand hierdurch auch Kohle, welche unter diesen Umständen gar nicht brannte, so von Getreide, Reis, Galläpfeln u. s. w. Eine ebenfalls nicht hinreichend entzündliche Kohle gaben wegen ihres Gehaltes an Kieselsäure Stroh und andere Gräser und Halme, während die Kohle aus verfaultem Holze, namentlich von Weiden und Rothbuchen, eine überaus leicht zerreibliche und höchst entzündliche Kohle mit wenig Rückstand beim Verbrennen lieferte. Je reicher das Holz also an Cellulose ist, eine um so brauchbarere Kohle wird man erhalten. Aus diesem Grunde hat man sich denn auch in der Praxis für weiche und leichte Hölzer entschieden.

In Deutschland wählt man zur Darstellung der Pulverkohlen Faulbaum-, Weiden- und Erlenholz, in Oesterreich Hundsbeer oder in dessen Ermangelung Hasel- oder Erlenholz und in der Schweiz nur Haselholz. In Frankreich gebraucht man neben Faulbaumholz, dessen Kohle man lange Zeit für die allein brauchbare gehalten, Pappel-, Linden- und Spindelbaumholz, in Spanien Oleander, Taxus, Weiden, Hanfstängel und Weinreben, während man in Italien sich ausschließlich der Hanfstängel bedient. In England nimmt man neben Weiden- und Faulbaumholz auch das von Kornelkirschen und Erlen, in Dänemark nur das letztere und in Schweden außer diesem noch Weidenholz. In Ostindien wendet man Cytisus cajan, parkinsonia und Euphorbia tiraculli an.

Wie man sieht, sind die betreffenden Pflanzen, welche man zur Darstellung der Pulverkohle benutzt, zum größeren Theile dem Boden und klimatischen Verhältnissen der einzelnen Länder angepaßt. Sämmtliche Arten gehören zu den weichen Hölzern, allein trotzdem ist die Ausbeute an Kohle ganz verschieden. Man hat zwar früher geglaubt, daß jede Holzart, wenn sie vorher völlig ausgetrocknet sei, bei gleichem Gewichte dieselbe Menge Kohle liefere, so daß also die Verschiedenheit der Kohlenausbeute aus verschiedenen Holzarten nur von ihrem verschiedenen Wassergehalte abhänge.

Wie irrig indessen diese Auffassung gewesen ist, hat Violette gezeigt, welcher 72 verschiedene bei 150° getrocknete Hölzer einer Verkohlung bei 300° C. unterwarf. Einen näheren Einblick giebt folgende Tabelle, welche nach der Ausbeute an Kohle geordnet ist.

(Die Tabelle befindet sich auf den Seiten 31 und 32).

Vergleicht man Nr. 15 und 16 mit Nr. 71, so bemerkt man, daß die verschiedenen Theile eines und desselben Baumes ungleiche Mengen Kohle liefern; die Blätter und Wurzeln der Pappel ergaben 40,90 bis 40,95 Proc., das Stammholz dagegen nur 31,12 Proc. Kohle. Bei einem anderen Versuche mit Kirschbaumholz fand Violette, daß das Laub und die Wurzelfasern desselben gleiche Zusammensetzung hatten, aber 5 Proc. Kohle weniger als das Holz des Stammes enthielten. Hieraus geht also hervor, daß nicht alle Theile der genannten Bäume oder baumartigen Pflanzen zur Verkohlung geeignet sind. Am brauchbarsten erweist sich das eigentliche Holz, die ausgebildete Pflanzenfaser, welche unter Rinde, Bast und Splint liegt.

Das zum Verkohlen bestimmte Holz darf nur dann geschlagen werden, wenn die Bäume im vollen Safte stehen, also nur im Frühling, wo die Pflanzensäfte sehr wässerig und arm an Salzen sind und sich größtentheils nach den äußersten

Verkohlung. 31

Nummer.	Holzart.	Austrocknung.				Verkohlung.			Bemerkungen.
		Gewicht des Holzes		Verlust		Gew. des vorher bei 150° getr. Holzes		Mengen von Kohle aus 100 Thln. Holz erhalten.	(Die folgenden Zahlen bezeichnen das Alter des Holzes in Jahren.)
		vor dem Trocknen.	nach dem Trocknen.	in Bezug auf das Gewicht d. getrockneten Holzes.	Procent.	vor der Verkohlung.	nach der Verkohlung.		
1	Kork	26,52	25,00	1,52	5,75	25,00	15,70	62,80	—
2	Ebenholz	154,29	141,50	12,79	8,39	141,50	76,85	54,30	—
3	Satiney	83,08	74,00	9,08	10,93	74,00	38,50	52,00	—
4	Vermoderte Weide .	—	—	—	—	23,00	12,00	52,17	—
5	Holz v. Herculanum .	1,50	1,30	0,20	13,33	49,50	24,60	49,69	Unter d. Schutte von Herculanum gefunden.
6	Weizenstroh	66,93	58,20	8,73	13,13	58,20	24,80	46,99	—
7	Eiche	151,30	128,00	23,30	15,40	128,00	59,00	46,09	—
8	Taxus	194,14	175,20	18,94	9,75	175,20	80,70	46,06	—
9	Mahagoni . . .	115,25	98,00	17,25	8,80	98,00	44,00	44,89	—
10	Bois de lettre . .	91,17	77,50	13,67	15,00	77,50	34,30	44,25	Bruchstück e. Lanze eines Wilden.
11	Eichenholz . . .	94,62	81,60	13,02	13,76	81,60	35,70	43,75	
12	Wachholder . . .	110,33	67,30	43,03	39,00	67,30	29,00	43,07	8 bis 10
13	Guajac	309,54	278,50	31,04	10,03	278,50	116,60	41,86	—
14	Meeresfichte (Pinus maritima) . . .	89,48	47,00	42,48	47,47	47,00	19,50	41,48	10
15	Pappel (Blätter) . .	24,20	10,50	13,70	56,61	10,50	4,30	40,95	15
16	Pappel (Wurzel) . .	34,94	22,00	14,94	37,00	22,00	9,00	40,90	desgl.
17	Fichte (pin sauvage)	69,20	37,30	31,90	46,10	37,30	15,20	40,75	10
18	Weidenschwamm . .	62,36	49,20	13,16	21,32	49,20	20,00	40,64	3 bis 5
19	Buchsbaum . . .	82,00	71,70	11,70	12,56	71,70	29,00	40,44	—
20	Elsbeerbaum (alizier, droulier)	148,11	68,40	79,71	51,91	68,40	27,60	40,35	8 bis 10
21	Lerchenbaum . . .	132,33	95,50	36,83	27,83	95,50	38,50	40,31	10 „ 12
22	Palmbaum	92,05	79,50	13,55	13,63	79,50	31,40	39,49	—
23	Thuja canad. . .	72,16	50,70	21,46	29,11	50,70	20,00	39,44	12 bis 15
24	Hanfstängel . . .	56,38	51,50	4,88	14,23	51,50	20,20	39,22	—
25	Clematis	88,65	43,00	45,65	51,50	43,00	16,70	38,83	4 bis 5
26	Binse	14,67	13,00	1,67	11,39	13,00	5,00	38,46	—
27	Cocospalme . . .	91,30	77,50	13,80	15,12	77,50	29,40	37,93	—
28	Gekrempelte Baumwolle	30,70	27,80	2,90	9,44	27,80	7,40	37,41	—
29	Hollunder	197,29	141,50	55,79	28,02	141,50	52,80	37,31	8 bis 10
30	Aylanthe (Vernis du Japon) . . .	112,07	78,60	33,47	29,91	78,60	29,30	37,27	5 bis 6
31	Hagebuttenstrauch .	112,06	82,50	29,56	26,38	82,50	30,70	37,21	10
32	Geisblatt	87,01	51,40	35,61	40,93	51,40	19,00	36,96	4 bis 5
33	Spindelbaum . . .	86,89	56,00	30,89	35,55	56,00	20,50	36,60	8 „ 10
34	Weinstock	44,19	37,50	6,69	15,15	37,50	13,76	36,53	10 „ 12

Materialien.

Nummer	Holzart	Austrocknung. Gewicht des Holzes vor dem Trocknen.	Gewicht des Holzes nach dem Trocknen.	Verlust in Bezug auf das Gewicht b. getrockneten Holzes.	Procent.	Verkohlung. Gew. des vorher bei 150° getr. Holzes vor der Verkohlung.	nach der Verkohlung.	Mengen von Kohle aus 100Thln. Holz erhalten.	Bemerkungen. (Die folgenden Zahlen bedeuten das Alter des Holzes in Jahren.
35	Kastanienbaum	61,48	40,20	21,28	34,61	40,20	14,50	36,06	10 bis 15
36	Cytisus	66,80	47,20	19,60	29,33	47,20	17,00	36,01	15 „ 20
37	Johannisbeere	90,83	68,70	22,13	24,36	68,70	24,50	35,66	3 „ 4
38	Mispelbaum	44,04	38,50	5,54	16,16	38,50	13,70	35,57	8 „ 10
39	Kirschbaum	188,63	121,00	67,63	35,85	121,00	43,00	35,53	15 „ 20
40	Espe	105,10	91,50	13,60	12,94	91,50	32,00	34,97	—
41	Blasenbaum (baguen audier)	65,76	54,50	11,26	17,12	54,50	19,00	34,85	5 bis 6
42	Epheu	82,06	61,00	21,06	25,67	61,00	21,20	34,75	15 „ 20
43	Weißdorn	167,40	111,50	45,90	27,88	115,50	38,70	34,70	8 „ 10
44	Platane	125,33	108,00	17,33	13,82	108,00	37,50	34,69	10
45	Apfelbaum	169,85	147,00	22,85	13,99	147,00	51,00	34,69	7 bis 8
46	Ulme	134,27	122,00	12,27	9,13	122,00	42,20	34,59	8 „ 10
47	Hainbuche	125,21	104,50	20,71	16,54	104,50	36,00	34,44	15 „ 20
48	Erle	98,58	84,00	14,58	14,90	84,00	28,90	34,40	8 „ 10
49	Berberis	93,09	66,50	26,59	28,57	66,50	22,80	34,28	10
50	Stechginster (ajonc)	122,58	95,50	27,08	22,86	95,50	32,70	34,24	3 bis 5
51	Birke	112,73	70,80	41,93	37,20	70,80	24,20	34,17	10 „ 15
52	Pflaumenbaum	250,50	182,00	68,50	27,34	182,00	62,00	34,06	7 „ 8
53	Sycomore	135,04	84,40	50,64	37,50	84,40	28,50	33,76	12 „ 15
54	Ahorn	122,68	94,80	27,88	22,72	94,80	32,00	33,75	6 „ 7
55	Weide	95,91	81,50	14,41	15,03	81,50	27,50	33,74	8 „ 10
56	Faulbaum	125,13	108,00	17,13	13,69	108,00	36,30	33,61	2 „ 3
57	Robinia	100,96	67,90	33,06	32,31	67,90	22,70	33,42	10 „ 15
58	Cornus sanguinea	164,41	90,50	73,91	43,80	90,50	30,20	33,36	4 „ 5
59	Ginster	73,99	63,00	10,99	14,85	63,00	21,00	33,33	3 „ 5
60	Esche	155,76	129,20	26,50	17,39	129,20	43,00	33,28	30 „ 40
61	Quittenbaum	104,54	70,00	34,54	33,04	70,00	23,30	33,28	8 „ 10
62	Haselstaude	106,78	75,60	31,18	29,20	75,60	24,80	32,79	4 „ 5
63	Vogelbeerbaum (merisier à grappes)	118,15	96,00	22,15	18,75	96,00	31,40	32,70	besgl.
64	Stechpalme	181,35	113,00	68,35	37,69	113,00	36,40	32,21	8 bis 10
65	Hartriegel	113,65	78,00	35,65	31,22	78,00	25,00	32,05	besgl.
66	Schneeball	117,93	95,20	22,73	19,27	95,20	30,50	32,03	6 bis 8
67	Birnbaum	147,26	114,80	32,46	22,47	114,80	36,60	31,88	7 „ 8
68	Linde	127,94	70,00	57,94	45,31	70,00	22,30	31,85	—
69	Blauer Flieder	94,42	60,60	33,82	35,82	60,60	19,30	31,84	8 bis 10
70	Bignonia	68,63	51,70	16,93	24,67	51,70	16,20	31,33	besgl.
71	Pappel (Stamm)	47,11	25,70	21,41	45,45	25,70	8,00	31,12	15
72	Roßkastanie	116,16	62,20	53,96	46,45	62,20	19,20	30,86	20 bis 30

Verkohlung.

Enden, in welchen sich das Leben des Baumes und sein Wachsthum entfaltet, nach den dünnen Zweigen und den Blättern hinzieht. Da die Dicke der Hölzer einigen Einfluß auf die Entzündlichkeit der Kohle hat, so nimmt man am liebsten Zweige von 2,6 cm Dicke, etwas stärkere Zweige werden gespalten. Bei den Lieferungsverträgen wird sehr häufig ausbedungen, daß die Länge der Hölzer genau 0,31 m betrage, in allen Fällen aber muß das Holz frei von Rinde geliefert werden, da die Kohle der letzteren nicht so entzündlich ist und mehr Aschenbestandtheile beim Verbrennen hinterläßt als das Holz des Stammes. Gegenwärtig beträgt der Preis für einen Cubikmeter Faulbaumholz $13^1/_2$ Mark.

Was nun die Aufbewahrung des Holzes anbelangt, so ist dieselbe eine ganz verschiedene. Während man in Dresden das Holz vor den Einwirkungen des Windes und Wetters ängstlich in großen Schuppen birgt, stapelt man in Spandau an einem durch Bäume geschützten Orte dasselbe während 2 bis 3 Jahren im Freien auf, um dem Regen Gelegenheit zu geben, die in dem Holze enthaltenen Säfte auszuwaschen und durch den Einfluß von Luft und Wärme eine Zerstörung der Spiralgefäße herbeizuführen. Dieses Auslaugeverfahren wurde früher allgemein in England gehandhabt, wo man das Holz 10 bis 12 Jahre der Witterung aussetzte, in Folge dessen man fast nur eine locker an einander hängende Faser erhielt. An und für sich ist diese Methode nicht zu tadeln, jedoch erfordert sie viel Zeit und bei großen Fabriken einen bedeutenden Raum, mithin ein beträchtliches Anlagecapital; außerdem bleibt stets die fortdauernde Gefahr einer Feuersbrunst vorhanden, auch kann Sand u. dergl. unter das Holz gebracht werden.

Wie bereits oben bemerkt, kommt es neben der Wahl der zur Verkohlung zu verwendenden Pflanzen vorzüglich auf die Art an, nach welcher die Verkohlung vorgenommen wird. Hauptsächlich handelt es sich hier um die Höhe und Gleichmäßigkeit der Temperatur, weil sich danach die Ausbeute, die physikalischen und chemischen Eigenschaften der Kohle richten.

Was nun die Ausbeute mit Rücksicht auf die Höhe der Temperatur anbelangt, so ergiebt sich dieselbe aus umstehender Tabelle, zu deren besserem Verständniß nur noch bemerkt werden soll, daß die von Violette der Untersuchung unterworfenen verschiedenen Stücke Faulbaumholz von möglichst gleichem Alter waren, bei einer Temperatur von 150° C. getrocknet und dann der Verkohlung unterworfen wurden mit überhitztem Wasserdampfe bis 350° C., bei der höheren Temperatur in einem Wind- und schließlich in einem Schmiedeofen.

34 Materialien.

Nummer.	Trocknen				Verkohlen					Bemerkungen
	Gewicht des Holzes vor dem Austrocknen.	Gewicht des Holzes nach dem Austrocknen.	Verlust		Temperatur der Verkohlung.	Gewicht des bei 150° getr. Holzes		Menge der aus 100 Thln. Holz entwickelten flüchtigen Substanzen.	Menge der aus 100 Thln. Holz erhaltenen Kohle.	
			an Gewichte des ausgetrockneten Holzes.	nach Procenten.		vor dem Verkohlen.	nach dem Verkohlen.			
	g	g	g			g	g			
					150°	114,50	114,50	0,00	100,00	Violette bezeichne mit dem Namen Kohle die Producte welche durch Erhitzen bei einer beliebigen Temperatur erhalten worden sind.
1	129,56	110,00	19,53	15,00	160	110,00	107,81	2,00	98,00	
2	126,40	104,70	21,70	17,17	170	104,70	99,00	5,45	94,55	
3	122,38	105,20	17,18	14,04	180	105,20	93,20	11,41	88,59	
4	123,20	105,50	17,70	14,36	190	105,50	86,50	18,01	81,99	
5	120,92	107,00	13,92	17,28	200	107,00	82,50	22,90	77,10	
6	127,29	107,60	19,69	15,40	210	107,60	78,70	26,86	73,14	Bei einem jeden Versuche ist es dasselbe bei 150° getrocknete Holz, das der Verkohlung unterworfen wurde. Alle Kohlen von Nr. 1 bis 10 waren nur unvollständig verkohlt.
7	123,52	104,00	19,52	15,80	220	104,00	70,20	32,50	67,50	
8	112,87	98,50	14,37	12,73	230	98,50	54,50	44,63	55,37	
9	126,40	106,70	19,70	15,58	240	106,70	54,20	49,21	50,79	
10	125,18	108,70	16,48	13,16	250	108,70	54,00	51,33	49,67	
11	138,20	117,80	20,40	14,76	260	117,80	47,40	59,77	40,23	
12	121,49	105,80	15,69	12,91	270	105,80	39,30	62,86	37,14	
13	130,03	110,60	19,48	14,94	280[1)]	110,60	40,00	63,84	36,16	[1)] Rothkohle, die eigentliche Anfang der Kohlen.
14	128,55	110,00	18,55	14,43	290	110,00	37,50	65,91	34,09	
15	125,12	108,00	17,12	13,69	300	108,00	36,30	66,39	33,61	
16	115,83	101,30	14,53	12,54	310	101,30	33,30	67,13	32,87	
17	113,52	99,30	14,22	12,52	320	99,30	32,00	67,77	32,23	
18	122,20	104,50	17,70	14,48	330	104,50	33,20	68,23	31,77	
19	129,64	111,00	18,64	14,38	340[2)]	111,00	35,00	68,47	31,58	[2)] Sehr schwarze Kohlen, ebenso die folgenden.
20	125,55	104,50	21,05	16,37	350	104,50	31,00	70,34	29,66	
21	103,95	90,45	13,50	12,98	432a)	90,45	17,07	81,13	18,87	a) Schmelzpunkt des Antimons
22	51,10	44,00	7,10	13,90	1023	44,00	7,50	81,25	18,75	„ Silbers
23	80,14	69,00	11,14	13,90	1100	69,00	12,70	81,60	18,40	„ Kupfers
24	45,26	39,00	6,26	13,84	1250	39,00	7,00	82,06	17,94	„ Goldes
25	73,75	63,00	10,75	14,60	1300	63,00	11,00	82,54	17,46	„ Stahles
26	96,69	82,60	14,09	14,60	1500	82,60	14,30	82,69	17,31	„ Eisens
27	46,82	40,00	6,82	14,60	Schmelzpunkt des Platins.	40,00	6,90	85,00	15,00	„ Platins.

Verkohlung.

Das bei verschiedenen Temperaturen verkohlte Holz erzeugt also eine um so geringere Mengen von Kohlen, je höher die Temperatur der Verkohlung gewesen ist, und zwar erniedrigt sich die procentische Ausbeute zwischen 280° bis 1500° von 36 auf 15 Proc. Mit der Höhe der Temperatur nimmt auch die Menge der aus dem Holze sich entwickelnden, flüchtigen Substanzen zu. Es erklärt sich dies daraus, daß bei der Verkohlung eine wirkliche Scheidung stattfindet zwischen dem Kohlenstoffe und den Gasen, aus welchen das Holz besteht, ohne daß jedoch diese Trennung vollständig ist. Der Kohlenstoff theilt sich in zwei Theile, von dem der eine mit einer gewissen Menge Gas verbunden in der Retorte zurückbleibt, während der andere mit dem Reste gasförmiger Stoffe entweicht. Folgende Tabelle von Violette (S. 36) zeigt diese Vorgänge in augenfälliger Anordnung, indem sie einerseits die Zusammensetzung der Kohle und andererseits diejenige der verflüchtigten Körper angiebt, welche man bei der Verkohlung von 100 Thln. vorher bei 150° C. getrockneten Faulbaumholzes erhält.

Aus dieser Tabelle ergiebt sich noch fernerhin, daß bei 250° der in der Kohle zurückbleibende Kohlenstoff das Doppelte von dem beträgt, welcher sich verflüchtigt hat. Zwischen 300 bis 350° sind beide Theile gleich, von da an bis zu 1500° beträgt die Menge des entwichenen Kohlenstoffes das Doppelte von derjenigen, welche in der Kohle zurückgeblieben ist.

Ebenso ungleich wie der Ertrag an Kohle ist aber auch die Menge an Kohlenstoff in den einzelnen Kohlensorten, wie Violette durch folgende Untersuchungen nachgewiesen hat (s. Tabelle auf S. 37).

Materialien.

Temperatur der Verkohlung.	Producte der Zersetzung des Holzes durch Verkohlung.					Gesammt-betrag der Producte.
	Feste Stoffe oder in der Retorte verbleibende Kohlen in Procenten			Verflüchtigte Stoffe in Procenten		
	Kohlen-stoff.	Gas.*	Asche.	Kohlen-stoff.	Gas.*	
150°	47,51	52,41	0,08	—	—	100
160	46,66	51,26	0,08	0,85	1,15	100
170	45,18	49,28	0,09	2,33	3,12	100
180	43,36	45,12	0,11	4,15	7,26	100
190	41,50	40,31	0,18	6,01	12,00	100
200	39,95	36,97	0,18	7,56	15,34	100
210	39,03	39,96	0,15	8,48	18,38	100
220	36,83	39,51	0,16	10,68	21,82	100
230	31,64	23,56	0,17	15,87	28,76	100
240	31,14	18,39	0,26	16,37	32,84	100
250	32,58	16,78	0,31	14,93	35,40	100
260	27,31	12,69	0,23	20,20	39,57	100
270	26,17	10,65	0,32	21,34	41,52	100
280	26,27	9,68	0,21	21,24	42,60	100
290	24,71	9,17	0,21	22,80	43,11	100
300	24,62	8,80	0,19	22,89	43,50	100
310	24,20	8,43	0,24	23,31	43,82	100
320	23,71	8,35	0,17	23,80	43,97	100
330	23,37	8,25	0,15	24,14	44,09	100
340	23,71	7,68	0,14	23,80	44,67	100
350	22,73	6,75	0,18	24,78	45,56	100
432	15,40	3,25	0,22	32,11	49,02	100
1023	15,37	3,12	0,30	32,14	49,11	100
1100	15,32	2,86	0,22	32,19	49,41	100
1250	15,81	1,91	0,22	31,70	50,36	100
1300	15,86	1,40	0,20	31,65	50,89	100
1500	16,37	0,83	0,11	31,14	51,55	100
über 1500	14,48	0,23	0,29	33,03	51,97	100

* Violette bezeichnet die Natur des Gases nicht näher; es sollen darunter Wasserstoff, Sauerstoff und Stickstoff verstanden sein.

Verkohlung.

Nummer.	Temperatur der Verkohlung.	Gefundene Elementar-Bestandtheile in 100 Thln. Faulbaumkohle				Bemerkungen.
		Kohlenstoff.	Wasserstoff.	Sauerstoff, Stickstoff u. Verlust.	Asche.	
1	150°	47,5105	6,1200	46,290	0,080	Violette bezeichnet mit dem allgemeinen Namen Kohle die Producte, welche durch Erhitzen bei irgend einer Temperatur erhalten worden sind.
2	160	47,6055	6,0645	46,271	0,085	
3	170	47,775	6,195	45,9535	0,098	
4	180	48,936	5,840	45,123	0,117	
5	190	50,6145	5,115	44,0625	0,2215	
6	200	51,817	3,9945	43,976	0,2265	Alle diese Kohlen sind unvollkommen, entweder noch Holz oder unausgebrannte.
7	210	53,3735	4,903	41,538	0,200	
8	220	54,570	4,1505	41,3935	0,217	
9	230	57,1465	5,508	37,047	0,3145	
10	240	61,307	5,507	32,7055	0,515	
11	250	65,5875	4,810	28,967	0,682	
12	260	67,8905	5,038	26,4935	0,5595	
13	270	70,4535	4,6415	24,192	0,8555	Sehr rothbraune Kohle, welche anfängt pulverisirbar zu sein; vorzüglich geeignet für Jagdpulver.
14	280	72.6395	4,705	22,0975	0,568	Abnehmende Reihe rothbrauner Kohlen, ins Schwarze übergehend.
15	290	72,494	4,981	21,929	0,610	
16	300	73,236	4,254	21,962	0,569	
17	310	73,633	3,8295	21,8125	0,744	
18	320	73,5735	4,8305	21,086	0,5185	
19	330	73,5515	4,626	21,333	0,4765	
20	340	75,202	4,4065	19,962	0,4775	
21	350	76,644	4,136	18,4415	0,613	Sehr schwarze Kohle, sowie auch die folgenden, zu Militärpulver geeignet.
22	432a)	81,6435	1,961	15,2455	1,1625	a) Schmelzpunkt des Antimons;
23	1023	81,9745	2,2975	14,1485	1,5975	„ Silbers
24	1100	83,2925	1,702	13,7935	1,2245	„ Kupfers
25	1250	88,1385	1,415	9,2595	1,199	„ Goldes
26	1300	90,811	1,5835	6,4895	1,1515	„ Stahles } Schwarze u. sehr harte Kohlen.
27	1500	94,566	0,7395	3,8405	0,664	„ Eisens
28	über 1500	96,517	0,6215	0,936	1,9455	„ Platins

Materialien.

Danach ist der Kohlenstoffgehalt der Kohle der angewandten Temperatur proportional oder mit anderen Worten, je höher überhaupt die Temperatur, um so größer ist die Abnahme an Gewicht, um so größer aber der Kohlenstoffgehalt des Rückstandes.

Wie nun die Temperatur im Allgemeinen von großem Einflusse auf die Ausbeute an Kohle ist, ebenso bedeutend ist die Art und Weise, innerhalb welcher Zeit die Verkohlung erfolgt. Verkohlt man das Holz möglichst langsam, so wird die Ausbeute viel größer, während bei rascher Verkohlung sich gerade das Gegentheil zeigt (Violette).

Art der Verkohlung.	Temperatur der Verkohlung.	Gewicht des bei 150° getrockneten Holzes		Menge der aus 100 Thln. Holz entwickelten flüchtigen Substanzen.	Menge der aus 100 Thln. Holz erhaltenen Kohle
		vor der Verkohlung.	nach der Verkohlung.		
Langsame Verkohlung ..	432°	g 90,45	g 17,07	81,13	18,87
Rasche Verkohlung ...	432°	69,72	6,25	91,04	8,96

Zu gleicher Zeit mit der Ausbeute wächst auch der Gehalt an Kohlenstoff. So ergaben die oben erwähnten Faulbaumhölzer bei langsamer Verkohlung 82,106 Proc. Kohlenstoff und 2,190 Proc. Wasserstoff, während bei rascher Verkohlung nur 79,589 Proc. Kohlenstoff und 2,169 Proc. Wasserstoff nachweisbar waren.

In Betreff der physikalischen Eigenschaften der Kohle mit Rücksicht auf die Höhe der Temperatur ist zunächst die äußere Beschaffenheit der Kohle zu erwähnen. Die bei 270° C. dargestellte Kohle — erst das wenigstens bis zu dieser Temperatur erhitzte Holz nennt man Kohle — welche man mit dem Namen Rothkohle belegt hat, ist braunroth und etwas zerreiblich. Kohle, bei einer Temperatur erzeugt, die über 280° liegt, hat eine dunklere Farbe und beginnt bei 340° schwarz zu werden. Die bei dieser und höherer Temperatur dargestellte Kohle heißt Schwarzkohle. Sie läßt sich, insofern bei ihrer Darstellung die Temperatur von 432° nicht viel überschritten wurde, leicht zerkleinern, hat einen glatten Bruch, welcher das Holzgefüge sehen läßt, und zeigt viele Quer-, aber keine Längsrisse. Bei Temperaturen, die zwischen 1000° bis 1500° liegen, ist die Kohle sehr schwarz, hart und widersteht dem Reiben. Die bei der Temperatur des schmelzenden Platins bereitete Kohle ist tief schwarz, läßt sich nur schwierig zerbrechen und besitzt metallischen Klang.

Wird die Verkohlung so z. B. bei 432° beschleunigt, so ist die Kohle sehr hart, vollkommen durchgebrannt und tönend, während bei langsamer Verkohlung das Gegentheil eintritt.

Als eine weitere physikalische Eigenschaft der Kohle, welche mit der Verkohlungstemperatur sich ändert, ist die Dichtigkeit der Kohle zu nennen. Interessant in

Verkohlungstemperatur.

dieser Beziehung sind die Untersuchungen von Violette. Er bestimmte das specifische Gewicht der bei steigenden Temperaturen dargestellten Faulbaumholzkohle, indem er in der Luft gewogene Stücke in Wasser brachte, sie acht Tage darin verweilen ließ, und dann, nachdem alle Luft entfernt war, das Gewicht nach der gewöhnlichen Methode erforschte. Violette's Resultate sind in folgender Tabelle niedergelegt:

Verkohlungs-temperatur.	Specif. Gew. der Kohle.	Verkohlungs-temperatur.	Specif. Gew. der Kohle.
150°	1,507	310°	1,422
170°	1,490	330°	1,428
190°	1,470	350°	1,500
210°	1,457	440°	1,709
230°	1,416	1025°	1,841
250°	1,413	1250°	1,862
270°	1,422	1500°	1,869
290°	1,406	Schmelzpunkt des Tiegels	2,002

Beim Erhitzen auf 150° bleibt das Holz noch unverändert, das Product zeigt demnach ein dem Holze entsprechendes specifisches Gewicht. Dasselbe nimmt aber in dem Maße ab als die Verkohlung fortschreitet, bis es bei einer Temperatur von 290° sein Minimum erreicht hat. Ungefähr bei diesem Wärmegrade geht das Holz in Rothkohle über, die sich durchgehends durch ein leichtes Gewicht auszeichnet. Bei 350° tritt wieder das specifische Gewicht des ursprünglichen Holzes hervor und zur selben Zeit ist die Schwarzkohle gebildet. Diese wird immer schwerer, bis sie endlich ein zweifach so hohes Volumgewicht wie das Wasser besitzt.

Ein ganz anderes Verhalten zeigt sich hinsichtlich der hygroskopischen Eigenschaft der Kohle, indem nach Violette's Untersuchungen feuchter Luft ausgesetzte Faulbaumkohlen Wassermengen absorbiren, welche in dem Maße abnehmen, als die Temperatur der Verkohlung wächst, wie aus folgenden Zahlen ersichtlich ist:

Temperatur der Verkohlung	Quantität des von 100 Thln. Kohle aufgenommenen Wassers.	Temperatur der Verkohlung	Quantität des von 100 Thln. Kohle aufgenommenen Wassers.
150°	20,862	290°	6,920
160°	18,220	300°	7,608
170°	18,180	310°	7,200
180°	16,660	320°	5,554
190°	11,626	330°	4,504
200°	10,018	340°	5,904
210°	9,742	350°	5,894
220°	8,954	440°	4,704
230°	8,800	1025°	4,676
240°	6,666	1100°	4,444
250°	7,406	1250°	4,760
260°	6,836	1300°	2,224
270°	6,306	1500°	2,204
280°	7,879		

Zu bemerken ist hierbei noch, daß gepulverte Kohlen ungefähr zweimal mehr Wasser absorbiren als dieselben Kohlen in Stücken, was leicht zu begreifen ist, da bei den gepulverten Kohlen der Feuchtigkeit mehr Oberfläche geboten wird, als bei den Kohlen in Stücken.

Ganz richtig sind diese Versuche nicht, da Violette bei der Feuchtigkeitsbestimmung vollständig vergessen hat, die Gase, welche sich inzwischen auf der Kohle verdichtet hatten, in Abzug zu bringen. Das aufgestellte Princip wird indessen nicht dadurch beeinträchtigt.

Schließlich sei dann noch die Wärmeleitungsfähigkeit der Kohle erwähnt. Diese nimmt mit der Temperatur der Verkohlung zu, anfangs unbedeutend und wenig veränderlich in den Kohlen, welche zwischen 150° und 300° dargestellt sind, wächst sie rasch in der bei höherer Temperatur bereiteten und erreicht einen Werth gleich $2/3$ von der des Eisens (Violette).

Was nun die chemischen Eigenschaften der Kohle in Betreff der Verkohlungstemperatur anbelangt, so sind hier insbesondere die Löslichkeit, die Entzündlichkeit und die Zersetzungsfähigkeit hervorzuheben.

Kohlen, welche bei 270° dargestellt sind, lösen sich fast ganz in Kali- oder Natronlauge. Die Löslichkeit nimmt aber rasch ab und verschwindet vollständig für solche Kohlen, die bei 340° und darüber erzeugt sind.

Die entzündlichste unter den Holzkohlen entzündet sich bei 300° von selbst; es ist die des Weidenschwammes. Die Kohlen aller anderen Hölzer, bei constanter Temperatur von 300° bereitet, entzünden sich nach Violette zwischen 360° und 380°. Wird bei der Darstellung der Kohle der Hitzgrad gesteigert, so findet die Entzündung bei sehr ungleichen Temperaturen statt. Letztere nehmen mit der Temperatur der Verkohlung zu:

Temperatur der Verkohlung	260° bis 280°	290° bis 350°	432°	1000° bis 1500°	Schmelzpunkt des Platins
Temperatur der Entzündung	340° bis 360°	360° bis 370°	ca. 400°	600° bis 800°	ca. 1250°

Mischt man aber die Kohlen mit Schwefel, so erfolgt die Entzündung an der Luft bei einer viel niedrigeren Temperatur als ohne diesen Zusatz. Werden nämlich die bei Temperaturen zwischen 270° und 400° bereiteten Kohlen mit Schwefel gemengt, so entzünden sie sich bei 250° und brennen ganz ab; werden hingegen die bei Temperaturen zwischen 1000° und 1500° bereiteten Kohlen mit Schwefel gemengt auf 250° erhitzt, so verbrennt nur der Schwefel und die Kohlen bleiben unversehrt (Violette).

Ebenso wie die Entzündlichkeit ist die Fähigkeit der Kohle, den Salpeter zu zersetzen, verschieden; auch hier hat der Hitzgrad, bei welchem die Kohle dargestellt wurde, einen Einfluß. Die bei Temperaturen zwischen 270° und 432° bereiteten Kohlen zersetzen den Salpeter bei 400°, die bei Temperaturen 1000° und 1500° bereiteten Kohlen zersetzen hingegen den Salpeter erst bei der Rothglühhitze.

Meiler- und Gruben-Verkohlung.

Nach diesen allgemeinen Vorbemerkungen sei es gestattet, auf die Verkohlung des Holzes überzugehen. Dieselbe erfolgt entweder in Meilern, Gruben, Oefen, Kesseln oder in Cylindern.

In frühester Zeit wurde die Verkohlung des Holzes allgemeinen in Meilern ausgeführt, allein man kam bald von dieser Darstellungsweise ab, da sich zeigte daß durch die Bekleidung der Meiler die Kohle vielfach mit Sand, Erde u. s. w. verunreinigt wurde, auch nicht leicht eine gleichförmige Verkohlung der ganzen Masse, wie es zu diesem Zwecke nothwendig ist, erzielt werden konnte. Heutzutage wird daher diese Methode für Darstellung von Pulverkohlen fast gar nicht mehr in Anwendung gebracht. Man findet sie noch in Achenbach in Tyrol, am Harz und in Schweden.

An die Meilerverkohlung schließt sich die Verkohlung in Gruben. Für eine Beschickung von 500 bis 1000 Kg besitzen die Gruben, welche eine viereckige Gestalt besitzen, eine Tiefe von 1m und eine Weite von etwa 3 m. Die Wände sowie der Boden sind mit Backsteinen ausgemauert; um die Grube herum wird der Boden festgeschlagen, so daß eine Tenne entsteht, welche auf zwei einander gegenüberliegenden Seiten der Grube rein gefegt wird, während an den beiden anderen Seiten eine thonhaltige Erde aufgestapelt wird. Ist dies geschehen, so legt man eine starke Stange quer über die Grube und lehnt an dieselbe die erste Lage von Holzbündeln, die verbrannt werden sollen, so an, daß ein freier Raum auf dem Boden der Grube bleibt. Diese erste Reihe bedeckt man mit mehreren anderen, so daß ein regelmäßiger Haufen entsteht, welcher ungefähr 1m hoch über die Grube herausragt. Auf diese Weise kann man 200 Bündel in eine solche Grube bringen, wobei man jedoch zu beobachten hat, daß der Haufen oben nicht breiter werde als die Grube selbst ist und daß eine Verbindung mit dem leeren Raume auf dem Boden der Grube hergestellt bleibt. In diesen Raum wird sodann ein Haufen Stroh und kleines Holz zurecht gelegt, welches man, sobald die Aufschichtung beendet ist, anzündet. Der offen gelassene Eingang, durch welchen man dazu gelangt, wird sofort mit einigen Holzbündeln verstopft und bald bricht die Flamme auf allen Punkten durch. Man läßt hierauf dem Brande seinen Gang, bis die Stange selbst verbrannt durch ihr Brechen die Holzbündel zusammenfallen läßt. Die Masse senkt sich nun und man wirft nach und nach ebensoviele neue Holzbündel auf das Feuer, als anfänglich in die Grube gelegt wurden. Da hierdurch der regelmäßige Bau des Haufens gestört wird, so muß die Verbrennung überall da, wo sie erstickt, wieder belebt werden, was man durch zeitweiliges Aufheben der Masse mit eisernen Haken bewirkt. So wie sich keine Flamme mehr zeigt, betrachtet man die Verbrennung als beendet, vorausgesetzt daß so viele Holzbündel nachgelegt wurden, daß die Grube mit Kohlen gefüllt ist. Man ebnet die Oberfläche und bedeckt sie mit einer nassen, wollenen Decke. Auf diese wirft man die bereit gehaltene Erde und tritt dieselbe mit den Füßen fest, so daß zwischen der Kohle und der Decke kein leerer Raum bleibt. Diese Arbeit muß schnell, aber doch vorsichtig geschehen, damit die Decke nicht zerrissen werde. Mit dem Zudecken vermittelst Erde fährt man so lange fort, bis kein Rauch mehr zu sehen ist. Vor Ablauf von 3 bis 4 Tagen kann die Grube nicht geleert werden, weil man sonst Gefahr laufen würde, daß sich die Kohlen an der Luft entzündeten. Ist die Grube abgekühlt, so nimmt man vorsichtig die Erde und die Decke ab, bringt die Kohlen mit einer Schaufel heraus und sondert die Brände oder nicht verkohlten Theile aus. Das Ergebniß an Kohle bleibt sich nicht gleich. Nach französischen Angaben soll man von 400 Bündeln von je 15 Kg, zusammen also 6000 Kg Holz, 950 bis 1000 Kg b. i. 16 bis 17 Proc. Kohle erhalten.

Einen Vorzug verdient diejenige Einrichtung, wonach die Gruben kleiner gemacht werden, von runder Gestalt und nur ein Drittel von der Breite der größeren bei derselben oder etwas größeren Tiefe. Das Holz verbrennt dabei auf eisernen Stangen, welche in der Höhe der Grube angebracht sind und fällt somit in einen Raum, zu dem der Zutritt der Luft sehr verringert ist, so daß die Verbrennung nicht weiter stattfinden kann. Die Grube füllt sich auf diese Art sehr bequem, ohne daß Brände übrig bleiben oder ein Theil der Kohle eingeäschert wird, wie es in den ersten Gruben wegen zu geringer Tiefe bei zu großer Weite geschieht. Durch die runde Form erhalten diese Gruben auch mehr Festigkeit als die vorigen, welche nie länger als ein Jahr dauern.

In Gruben der letzteren Art werden in Spanien die Hanfstängel verkohlt.

Nicht viel besser steht es mit der Verkohlung in Oefen. Der platte Herd und die Wölbung desselben sind aus Ziegelsteinen aufgemauert. An der vorderen und hinteren Seite eines jeden Ofens befindet sich eine Thür. Beim Anzünden der Holzbeschickung sind beide geöffnet. Sobald aber das Feuer gehörig um sich gegriffen hat, schließt man die Thür, durch welche man es angezündet hat, läßt aber die andere geöffnet, um den Rauch abziehen zu lassen. Man schürt das Feuer von Zeit zu Zeit und schiebt die verkohlten Theile in den Grund des Ofens. Nähert sich die Verkohlung ihrem Ende, so schließt man die zweite Thür. Nach Verlauf von 1¼ Stunde zieht man die Kohlen heraus und läßt sie in blecherne Kohlendämpfer fallen, in welchen sie zwei Tage bleiben. In der Schweiz geschieht das Verkohlen in einem aus großen Steinplatten zusammengesetzten vierseitigen Ofen, der oben offen ist. Die 2,5 m langen Haselholzzweige werden aufrecht stehend in den 0,6 bis 0,9 m weiten und ungefähr 2 bis 3 m hohen Ofen eingesetzt, entzündet und niedergebrannt. Die glühenden Kohlen werden in ein ähnliches Behältniß gebracht und mit einem eisernen Deckel verschlossen.

Obgleich nun nicht zu verkennen ist, daß die in der Schweiz übliche Methode vor der zuerst genannten Verkohlungsmethode in Oefen wesentliche Vorzüge hat, so ist doch in beiden Fällen die Erzielung einer bestimmten Kohlennüance höchst schwierig und bei der ersten Methode eine Verunreinigung mit Glanzruß fast gar nicht zu umgehen. Denn wenn die dampfförmigen Producte, insbesondere der Theer, nicht hinlänglich freien Raum zum Abziehen haben, so schlagen sich dieselben auf den glühenden Kohlen nieder, verkohlen daselbst und bilden so über der Kohle den schwer entzündlichen Glanzruß.

Eine Vervollkommnung der Grubenverkohlung ist die Verkohlung in Kesseln, wobei die Kohle wenigstens vor Verunreinigung mit Sand gesichert ist. In gußeiserne, hemisphärische Kessel von 1,20 m Durchmesser und 84 cm Tiefe, welche bis an ihren oberen Rand in den Boden eingegraben sind, werden einige Hände voll angezündetes Holz geworfen, welches man sorgfältig durch allmählich zugefügtes Holz bedeckt, um so viel als möglich die Flamme zu ersticken. Wenn

Ofen- und Cylinderverkohlung. 43

der Kessel gefüllt ist, bedeckt man ihn mit einem gußeisernen Deckel, welcher mit einigen kleinen Oeffnungen versehen ist, durch welche die flüchtigen Producte entweichen können. Man erhält nach dieser Methode, welche noch gegenwärtig in Frankreich zur Bereitung von Schwarzkohle angewandt wird, von 100 Kg Faulbaumholz von gewöhnlicher Feuchtigkeit ungefähr 20 Kg Schwarzkohle. Nach den Untersuchungen von Violette haben aber diese Kohlen abweichende Zusammensetzung; man erhält Rothkohle mit 73 Proc. Kohlenstoff, und Schwarzkohle mit 83 Proc. Kohlenstoff, wie folgende Tabelle zeigt.

Procente der in den Kohlen gefundenen Elemente.				Ort der Pulverfabrik.
Kohlenstoff.	Wasserstoff.	Sauerstoff, Stickstoff und Verlust.	Asche.	
81,028	3,2398	14,981	0,7802	Angoulême
73,961	3,0190	22,575	0,475	Bouchet
80,364	3,6140	15,1437	0,9425	Metz
74,894	3,6120	21,0242	0,475	Saint-Chamas
79,928	3,1886	16,0259	0,8685	Saint-Médard
81,067	3,0022	15,0250	0,9125	Saint-Ponce
76,010	2,9821	19,8646	1,641	Vonges
83,034	3,421	12,096	1,446	Esquerdes

Bei diesen Untersuchungen hat sich gleichzeitig herausgestellt, daß die Kohle, welche die Mitte des Kessels einnimmt, reicher an Kohlenstoff ist als die am Boden und an der Oberfläche.

Da dieses Verfahren es nicht erlaubt Kohlen von bestimmten Eigenschaften zu erzeugen, so ist es nicht zu empfehlen; die mit den verschiedenen Kohlen dargestellten Pulverarten werden natürlich nicht mit einander in ihrer Entzündbarkeit, Kraftentwicklung u. s. w. übereinstimmen.

Der Uebergang von der Ofenverkohlung zu der Cylinderverkohlung bildet das in Dänemark übliche Verfahren. Die Kohle von Erlenholz wird dort in einem Ofen von drei Etagen in besonderen eisernen Verkohlungskasten gebrannt. Das Holz wird vorher unter einem offenen Schuppen der Luft längere Zeit ausgesetzt. Zum Verkohlen werden 6 bis 7 Kg Hölzer in jeden der eisernen Kasten gethan und davon 1,5 bis 1,75 Kg oder 25 Proc. Kohle gewonnen. Die Verkohlung dauert etwa eine Stunde und wird eingestellt, wenn die blaue Flamme aus den angebrachten Oeffnungen herausschlägt. Die Kohle kommt darauf in einen luftdicht verschlossenen Raum, in welchem sie 18 bis 24 Stunden verbleibt. Vor dem Gebrauche wird sie sortirt, wobei man alle Aeste und Brände ausscheidet.

44 Materialien.

Da diese Methode alle Mängel der Cylinderverkohlung an sich trägt, so darf hinsichtlich ihrer Besprechung auf S. 54 verwiesen werden.

Was nun die Verkohlung in Cylindern anbelangt, so wurde dieses Verfahren von dem englischen Bischof Landloff erfunden und im Jahre 1797 in England eingeführt. Das Verfahren wurde anfangs geheim gehalten, aber schon im Jahre 1802 durch Collmann's Beschreibung über die Cylinderverkohlung in England den übrigen Staaten bekannt.

Die Verkohlung des Holzes in Cylindern kann nun in der Weise ausgeführt werden, daß man die Cylinder durch ein unter denselben angebrachtes Feuer unmittelbar erhitzt, und so die Zersetzung des Holzes herbeiführt, oder daß man, wie solches in neuerer Zeit geschieht, einen dritten Körper, z. B. Wasserdampf, auf eine bestimmte Temperatur bringt und durch diesen dann eine Verkohlung des Holzes bewirkt.

Zuerst sei die ältere Methode erwähnt und der Anfang mit der Einrichtung des Verkohlungs-Apparates gemacht. Da nun in den verschiedenen Ländern letztere nicht durchgehend gleich ist, so dürfte es sowohl zur Vermeidung von Wiederholungen als auch im Interesse der Uebersichtlichkeit gerechtfertigt erscheinen, irgend eine Einrichtung herauszugreifen und zu beschreiben, während es bei den übrigen genügen würde, nur das von dieser Einrichtung Abweichende anzugeben.

Sehr geeignet für eine Beschreibung erweist sich die Verkohlungs-Anstalt zu Le Bouchet, da die Einrichtung derselben noch am meisten an die ursprünglich in England übliche streift.

Fig. 1. Fig. 2.

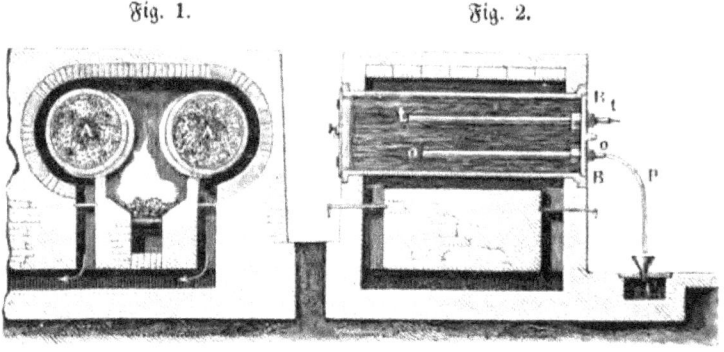

Das Innere des Verkohlungsraumes ist in Le Bouchet 23,8 m lang und und 9,6 m breit. In diesem Raume befinden sich 12 Feuerungen. Die Cylinder von Eisenblech, 2 m lang, 0,67 m weit und 0,025 m dick, sind liegend und nur auf ihren Enden aufliegend dergestalt in einen Ofen eingemauert, daß sie paarweise, wie aus Fig. 1 und Fig. 2 ersichtlich, von einer gemeinschaftlichen Feuerung geheizt werden. Je zwei Cylinder AA sind 0,2 m von einander entfernt. Der Zwischenraum ist leer und unter der Mitte zweier zusammen gehöriger Cylinder liegt der Rost. Die Wärme steigt zwischen beiden empor, biegt sich rechts und links über beide nach unten und mündet in einen Canal, welcher zu

Cylinderverkohlung.

dem allgemeinen Schornsteine führt. An den Feuerzügen sind Schieber angebracht, mit deren Hülfe man die Feuerung für jeden einzelnen Cylinder reguliren kann. Auf der Seite der Feuerung sind die Cylinder mit Thon beschlagen, damit sie nicht zu früh durchbrennen und sich gleichmäßiger erhitzen. An beiden Enden sind sie mit Deckeln geschlossen. Der hintere Deckel B ist fest eingeschraubt und mit vier Röhren von 0,1 m Weite versehen. Das Rohr o dient zum Einsatz des kupfernen Rohres p, welches die flüchtigen Producte nach C abführt, wo sie zum Theil condensirt werden, zum Theil in den Schornstein entweichen. Die drei anderen Röhren dienen zum Probeziehen. Zu diesem Zwecke werden gerade Holzstäbe in Blechröhren t, t in den Cylinder eingeschoben und die Oeffnungen bei B luftdicht abgeschlossen. Die vordere Oeffnung der Cylinder wird durch einen Vorsetzer verschlossen, welcher aus zwei Scheiben besteht, deren Zwischenraum von 0,2 m mit einer Schicht von Asche, Lehm und Kohlenstaub angefüllt ist.

Eine ähnliche Einrichtung hat man in Neiße, nur daß dort die Röhren zum Probeziehen wegfallen, da sich dieselben als vollkommen entbehrlich erwiesen haben. An deren Stelle hat man einen Hahn angebracht, um die aus dem Holze entweichenden Gase beobachten zu können.

In Dresden, wo die Cylinder 2,17 m lang und 0,77 m breit sind, hat jeder Cylinder einen abgesonderten Rost zur Feuerung, was insofern vortheilhaft ist, als der Proceß der Verkohlung leichter und gleichmäßiger im Gange gehalten werden kann. An der unteren Seite eines jeden Cylinders ist zum Schutze gegen die Flamme ein Blechmantel befestigt, welcher 0,026 m von dem Cylinder absteht; der Zwischenraum zwischen beiden ist mit einer Mischung von Kohlengestübe und Thon ausgefüllt. Vorn kann jeder Cylinder durch zwei Deckel verschlossen werden, welche 0,31 m Abstand von einander haben. Damit der innere Deckel ganz fest aufsitzt, wird eine eiserne Stange eingesetzt und zwischen diese und den Deckel ein Holz gekeilt. Der äußere Deckel ist von Gußeisen und läßt sich fest aufschrauben. Auf der hinteren Seite des Cylinders führt aus der Mitte des Deckels ein weites kupfernes Rohr die Dämpfe in den Verdichtungsapparat. Das Rohr ist an der Stelle, wo es in den Condensationsraum tritt, kniefömig gebogen.

In Spandau, wo früher dasselbe Verfahren wie in Neiße bestand, hat man in neuester Zeit die Einrichtung getroffen, das Holz in beweglichen Cylindern zu verkohlen. Dieselben sind 1,24 m lang, etwa 0,6 m weit und fassen 90 Kg Holz. Die vordere Oeffnung wird mit einem einfachen Deckel geschlossen. Sowie der Cylinder, welcher auf einem kleinen Wagen oben mit zwei Schienen versehen ruht, fertig geladen ist, wird er an den Ofen gefahren und auf zwei der Länge nach in demselben angebrachten Eisenbahnschienen, welche vollkommen frei über dem Roste liegen, geschoben. Vorn vor dem Cylinder befindet sich ein großer, beweglicher Deckel, welcher auf Rollen läuft und hauptsächlich dazu dient, ein Ausströmen von Wärme an dieser Stelle zu verhindern. Die abziehenden Gase werden in die Feuerung geleitet. Will man die Entwicklung der aus dem Holze strömenden Gase beobachten, so braucht man nur den großen Deckel etwas zurückzurollen, wodurch man einen Blick auf die Feuerung erhält. Zur Bestimmung der Temperatur, welcher das zu verkohlende Holz ausgesetzt werden soll, hat man oben am Cylinder ein

Pyrometer angebracht, welches aus einem Stabe von Bronze besteht. Das eine Ende desselben ruht auf einem festen Punkte, während das andere auf das kürzere Ende eines Winkelhebels wirkt. Sobald sich der Stab durch die Hitze ausdehnt, wird das kürzere Ende des Hebels aus seiner Lage gebracht, indem es sich um einen festen Punkt dreht und so auf den längeren Hebelarm wirkt, welcher auf einem Kreisbogen spielt, auf dem die Wärmegrade mit Rücksicht auf die Ausdehnung des Stabes bei bestimmten Temperaturen angegeben sind.

In Schweden hat man vorgeschlagen, den Cylindern während des Verkohlens eine Drehung von 90° um die horizontale Achse zu geben, um dadurch mit geringerer Heizung gleichmäßigere Resultate zu erhalten, indem durch das Umdrehen sämmtliche Stücke nach einander an die Cylinderwand zu liegen kommen sollen. Ueber die darüber angestellten Versuche ist bis jetzt noch nichts bekannt worden.

In Waltham-Abbey hat man eine Einrichtung getroffen, welche im Principe an die oben (S. 43) erwähnte dänische erinnert. Zur Erzielung einer weniger unterbrochenen Operation werden nämlich in die gußeisernen Cylinder blecherne, mit Holz gefüllte eingeschoben. Nach beendeter Verkohlung werden dieselben herausgenommen und durch neue ersetzt, so daß der Betrieb fast ununterbrochen fortgeht. In diesem Falle braucht man keine besonderen Dämpfer, indem jene blechernen Cylinder schon diese Dienste leisten.

Die Länge der Cylinder ist, wie man sieht, in den einzelnen Staaten ganz verschieden, sie bewegt sich zwischen 2,17 m und 1,24 m, während die Weite sich ziemlich gleich bleibt. Im Allgemeinen ist hierüber zu bemerken, daß die Sicherheit für die gleichmäßige Verkohlung in dem Maße steigt, als die Cylinder kleiner werden, da bei diesen es einer geringeren Hitze bedarf, um die Verkohlung bis in die Mitte zu treiben, weshalb man auch in England sogar Cylinder anwendet, welche nur 35 Kg Holz fassen. Dabei ist aber auf der anderen Seite wohl zu berücksichtigen, daß die Kosten der Feuerung steigen, je kleiner die Bereitungscylinder sind.

Als ganz vorzüglich erweist sich die Einrichtung in Spandau in Betreff des Pyrometers, da auf diese Weise ein annähernder Maßstab für die Temperatur, welcher das Holz ausgesetzt ist, gegeben wird, und dadurch die Wirkung der einzelnen Pulversorten leichter zu bemessen ist.

Was die Haltbarkeit der Cylinder angeht, so wird die Dauer eines gußeisernen Cylinders auf 15 und die eines aus Eisenblech auf 6 Jahre angegeben.

Das Laden der Cylinder und das darauf folgende Verfahren der Verkohlung ist in allen Staaten beinahe ganz dasselbe.

Beim Laden derjenigen Cylinder, welche eingemauert sind, wo also der vordere und hintere Theil derselben auf einer Mauer ruhen, läßt man diese Stellen frei, weil solche von der Flamme nicht berührt werden. Der übrige Raum wird aber vollständig angefüllt und nur an der oberen Seite ein kleiner Raum für die Gasentwicklung leer gelassen. Das Eintragen geschieht entweder in einzelnen Stäben oder in Bündeln, die mit Strohbändern zusammengebunden sind. In diesem Falle setzt man die Bündel in den Cylinder, öffnet das Strohband, nimmt es heraus und füllt, wenn noch Lücken sich zeigen, mit der Hand soviel Holz nach, als ohne

Gewalt anzuwenden hineingeht. Die Deckel werden sodann vorn eingesetzt, die Fugen mit Lehm oder einem anderen feuerfesten Kitte verschmiert und die Verkohlung kann jetzt beginnen. Das Feuerungsmaterial sind entweder klein gepochte Kohlen oder Torf, welcher vorzuziehen ist, da er eine gleichmäßigere Hitze giebt als Kohlen. Anfangs heizt man langsam an und macht zu diesem Zwecke nur am vorderen Ende des Rostes ein Feuer. Nach etwa einer halben Stunde tritt aus der Gasröhre ein etwas weißlicher Dampf, man schiebt dann einen Theil des Feuers auf dem Roste nach hinten und heizt vorn und hinten weiter. Man vermeidet möglichst das Aufflammen; in keinem Falle darf die Flamme bis an die Cylinder reichen. Etwa $4^1/_2$ bis 5 Stunden nach dem ersten Anheizen beginnt die eigentliche Destillation, der weiße Rauch nimmt eine mehr gelbe Farbe an und riecht scharf empyreumatisch. An denjenigen Orten, wo man noch Probestäbe hat, wird einer derselben herausgezogen und an mehreren Stellen zerbrochen, um diejenige zu erkennen, wo die Verkohlung noch zurück ist; an diese Stelle des Cylinders schiebt man dann das Feuer. Die Gase gehen nun allmählich ins Weiße und schließlich ins Blaue über. Letzterer Punkt ist in vielen Fabriken das Erkennungszeichen, daß die Kohle gar ist. In anderen, wo man die Destillationsgase in die Feuerung leitet, entscheidet die Farbe der brennenden Gase. In Dresden richtet man besondere Aufmerksamkeit auf das Gasrohr. Ist nämlich das Kniestück desselben so kalt, daß man es anfassen kann, so darf nicht mehr nachgefeuert werden. Man läßt das Feuer nun noch eine Viertelstunde unter den Cylindern, entfernt es darauf und schließt die Feuerzüge mit den Schiebern, damit die Kohle sich abkühle. In Spandau bleibt die Kohle eine Stunde in den Cylindern, während in Dresden je nach der Witterung 16 bis 24 Stunden dafür vorgeschrieben sind. Die Dauer der Verkohlung ist ebenfalls verschieden; an einigen Orten beträgt sie 6 bis 7, an anderen 11 bis 12 Stunden.

Bestimmte Vorschriften lassen sich darüber nicht aufstellen, da es einerseits auf den größeren oder geringeren Grad der angewandten Hitze, andererseits auf die Art von Kohle, welche man erzielen will, ankommt. Bei der Darstellung von Kohle für Jagdpulver leitet man in der Regel das Feuer in der Weise, daß die Verkohlungsdauer wenigstens 11 Stunden beträgt.

Ist die für die Abkühlung vorgeschriebene Zeit abgelaufen, so wird der Cylinder entleert und die Kohle schnell in cylindrische, eiserne Gefäße, sogenannte Dämpfer, geschüttet, welche mit einem gut schließenden Deckel verschlossen werden. In diesen bleibt die Kohle, bis sie gekleint wird. Letzteres darf in keinem Falle vor Ablauf von vier Tagen ausgeführt werden.

In Dresden wird die Kohle, sowie sie aus dem Cylinder kommt, in dünnen Schichten auf hölzernen Hürden ausgebreitet und auf diesen 48 Stunden lang der atmosphärischen Luft ausgesetzt, wobei jedoch die Strahlen der Sonne vermieden werden. Die Kohle wird sodann sortirt, gewogen und in eiserne Cylinder, welche mit einem Deckel dicht verschlossen werden können, gebracht.

Um die Fabrikation zu beschleunigen, wurde in Frankreich 1791 verordnet, die Kohle mit Wasser abzulöschen. Das daraus dargestellte Pulver erwies sich nach Robin's Versuchen indessen so schlecht, daß das Naßablöschen 1798 verboten wurde.

48 Materialien.

Bei dieser Verkohlung in Cylindern erhielt Kahl in der Dresdner Pulverfabrik an Gesammtausbeute von lufttrockenem, 11,57 Proc. Feuchtigkeit enthaltendem Faulbaumholze 26,429 Proc. bis 28,647 Proc., also im Mittel 27,4 Proc. Kohle. Bei Erlenholz, welches 11,7 Proc. Feuchtigkeit enthielt, betrug die Ausbeute 26,2 Proc. Kohle. Beiläufig sei bemerkt, daß man die Cylinderkohle auch destillirte Kohle nennt. Dieser Ertrag an Kohlen repräsentirt aber keineswegs ein gleichmäßiges Product, da neben der Schwarzkohle regelmäßig Rothkohle auftritt, welche fast bis zu einem Drittel der Gesammtausbeute steigt, wie folgende in Esquerdes mit Faulbaumholz von 10 bis 12 Proc. Feuchtigkeit angestellten Versuche von Violette zeigen. In der Tabelle ist gleichzeitig auch der Verbrauch an Holz zum Heizen der Cylinder angeführt. Sämmtliche Zahlen beziehen sich auf 100 Gew.-Thle. Kohlholz.

Jahrgang.	Holz zum Heizen.	Ausbeute.		
		Rothkohle.	Schwarzkohle.	Zusammen.
1843	65,2	12,79	20,12	32,91
1844	77,0	16,39	14,89	31,28
1845	75,7	15,47	16,00	31,47
1846	93,8	12,07	20,25	32,32
Mittel	74,2	14,18	17,81	32,17

Das Auftreten von Rothkohle neben Schwarzkohle erklärt sich sehr einfach, wenn man bedenkt, daß die Hitze in dem Cylinder nicht überall eine gleichheitliche ist. Aus diesem Grunde müssen denn auch die Kohlen von verschiedenen Stellen des Cylinders entnommen verschiedene Beschaffenheit zeigen. Es beweisen dies schlagend folgende von Kahl angestellten Analysen:

Cylinderverkohlung.

Ort, woher die Kohlen entnommen.	Zusammensetzung.			
	Kohlenstoff.	Wasserstoff.	Sauerstoff.	Asche.
Kohle von vorn und oben im Verkohlungscylinder, Verkohlungstemperatur gering.	83,88	3,24	11,56	1,33
	85,36	3,82	9,21	1,61
	83,43	3,30	11,80	1,47
	79,22	3,29	16,24	1,25
	77,83	2,71	18,21	1,55
Kohle aus der Mitte des Cylinders.	90,39	2,51	5,49	1,61
	91,08	2,69	4,58	1,65
Kohle von hinten und unten im Cylinder, Verkohlungstemperatur am stärksten.	90,27	2,18	6,14	1,41
	91,10	1,97	5,06	1,87
	92,24	2,03	3,85	1,88

Mischt man nun auch die von den verschiedenen Theilen des Cylinders entnommenen Kohlen unter einander, so wird dieses Product doch stets von dem anderer Pulverfabriken, wo es auf die nämliche Weise erzeugt wurde, abweichen, wie aus folgender Tabelle hervorgeht, in welcher die mittlere Zusammensetzung von Rothkohlen aus verschiedenen Pulverfabriken angegeben ist:

Procentgehalt der Kohlen an					Ort der Pulverfabrik.	Zu Jagdpulver.
Kohlenstoff.	Wasserstoff.	Sauerstoff, Stickstoff und Verlust.	Asche.			
71,1805	2,521	25,9855	0,8085		Bouchet	extrafein
74,011	2,6465	22,3475	0,513			fein
70,3765	2,655	26,4955	0,4815		Angoulême	—
72,090	4,341	22,7105	0,873		Esquerdes	extrafein
75,664	3,382	20,2225	0,7855			fein

Frisch bereitete Kohle zeigt in hohem Grade das Vermögen, Feuchtigkeit in sich aufzunehmen und Gase auf der Oberfläche zu verdichten. Kahl hat in dieser Richtung Versuche mit Cylinderkohlen aus Faulbaumholz angestellt. Dieselben

50 Materialien.

nehmen in 2 bis 4 Tagen bei sehr trockner Witterung 7,5 Proc., bei sehr feuchter Witterung 10 Proc. ihres Gewichtes an Wasserdampf und Gasen auf. Ersterer wurde bei darauf folgendem Trocknen vollkommen wieder abgegeben, nicht aber das Gas in seiner ganzen Menge. So verlor frische Kohle, welche an der Luft 6,98 Proc. Gase und Feuchtigkeit absorbirt hatte, in einem Strome trockner Luft von 150°C. im Mittel 4,85 Proc. Wasser, hielt also in ihren Poren noch 2,13 Proc. Gase zurück und nahm außerdem noch 0,69 Proc. Gase (wahrscheinlich aus der warmen Luft) auf. Bei 150°C. getrocknete Kohle enthielt also noch 2,82 Proc. Gase, welche sich selbst bei einer Temperatur von 270° nicht austreiben ließen.

Bei der Verdichtung der Gase auf der Oberfläche der Kohle ist noch ein Punkt näher zu erörtern, nämlich daß bei Berührung der Gase mit den Kohlen stets Wärme frei wird und wenn jene schnell und heftig vorwärtsschreitet, diese bis zur Entzündung der Kohle gesteigert werden kann. Diese Erscheinung tritt hauptsächlich dann ein, wenn frisch bereitete, fein gepulverte Holzkohle in größeren Quantitäten aufgeschichtet wird.

So klar und einfach die Ursache dieser Entzündung ist, so sind doch die den Vorgang begleitenden Umstände weniger einfach, und treten oft in Verbindungen auf, welche scheinbare Widersprüche in den Resultaten veranlassen.

Zur Erforschung des wirklichen Grundes der Entzündung wurden deshalb in der ehemaligen Berliner Pulverfabrik eine Reihe von Versuchen mit Cylinderkohle angestellt, welche zu folgenden Ergebnissen führte: Eine mit 28 Proc. Ertrag bereitete Faulbaumkohle entzündet sich um so leichter, je kürzer der Zeitraum zwischen der Gewinnung der Kohlen und deren Aufbewahrung im gekleinten Zustande ist. Schwarze, starkgebrannte Kohle erhitzt und entzündet sich leichter als rothe und wenig gebrannte Kohle. Frisch bereitete, fein zertheilte Kohle entzündet sich in Quantitäten von 60 Kg nur dann freiwillig, wenn sie in einem Gefäße wenigstens 0,62 m hoch aufgeschüttet sich befindet. Die Entzündung zeigt sich fast immer zuerst im Innern der Kohlenmasse, nicht an der Oberfläche.

Um einerseits die Gewichtszunahme und andererseits die Temperaturerhöhung in den einzelnen Stadien nachzuweisen, wurden 50 Kg im Ertrage von 28$^1/_2$ Proc. bereitet und etwa 36 Stunden nach Beendigung des Verkohlungsprocesses fein gekleint in einem unbedeckten, cylindrischen Gefäße von Eisenblech auf eine Wage gestellt. Es zeigten sich folgende Veränderungen:

Kohlenentzündungstemperatur.

Nach Stunden.	Temperatur der Kohle nach Celsius.	Gewichtsvermehrung nach Grammen.
0	17,5	—
1	28,75	—
2	32,5	—
3	38,75	39
4	41,25	—
5	43,75	—
6	46,25	73
7	48,75	—
8	53,75	105
9	56,25	121
10	58,75	140
11	61,25	156
12	63,75	172
13	67,5	—
14	70	—
15	72,5	203
16	75	—
18	77,5	—
21	80	250
22	82,5	359
24	98,75	390
26	102,5	—
28	112,5	421
30	133,75	437
31	158,75	—
33	176,25	476
36	Entzündung	—

Materialien.

Die Gewichtszunahme beträgt danach bei der Entzündung fast 500 g oder beinahe 1 Proc., wozu also, wenn man nur trockne atmosphärische Luft in Rechnung bringt, etwa 0,356 cbm gehören.

Die Erwärmung geht anfangs ziemlich regelmäßig, aber nur langsam vor sich, während sie, sowie sie sich der Entzündung nähert, in großen Sprüngen sich steigert.

Zu einem ganz anderen Resultate gelangte man, als man Kohlen 18 Stunden nach Beendigung des Verkohlungsprocesses pulverte und dann kleinere Quantitäten dem Versuche unterzog.

Die Temperatur im Versuchslocal war 5 bis 8,5° C., die Temperatur der Kohlen beim Abwägen in demselben Raume betrug 18,75° C.

Stunden nach dem Einschütten der Kohle in nebengenannte Gefäße	50 Kg	20 Kg	16 Kg	11 Kg	7,5 Kg	6,5 Kg	2,5 Kg
	in einem eisernen cylindrischen Gefäße von	in einer hölzernen Tonne von	in einem ovalen Blechgefäße von	in hölzernen Tonnen von			
	m	m	m	m	m	m	m
	0,67	0,59	0,35 und 0,57	0,38	0,336	0,344	0,234
	Durchmesser.						
	Die oben angegebenen Gefäße waren durch die Kohle gefüllt auf eine Höhe von						
	m	m	m	m	m	m	m
	0,59	0,468	0,468	0,417	0,365	0,313	0,261
	Temperatur der Kohle nach Celsius:						
12	83,75	33,75	28,75	25	16,25	20	15
15	91,25	31,25	26,25	23,75	15	20	13,75
18	245 Entzündung	30	26,25	23,75	12,5	18,75	12,5
21		30	26,25	21,25	12,5	18,75	12,5
23		28,75	25	21,25	12,5	17,5	11,25
48		17,5	13,75	13,75	11,25	13,75	11,25
72		12,5	11,25	11,25	11,25	12,5	11,25

Kohlen, Selbstentzündung.

So interessant auch diese Versuche sind, so lassen sich doch aus denselben keine allgemeinen Schlußfolgerungen ziehen, aus denen man ersehen könnte, was der wirkliche Grund der Entzündung ist, und zwar um so weniger, als Fälle aufgetreten sind, wie sie der französische Oberst Aubert angiebt, wonach von zwei ganz gleichartig und gleichzeitig behandelten Kohlenmengen in zwei gleichen Gefäßen die eine sich entzündete, die andere aber nicht. Habfield theilt sogar einen Fall mit, daß drei Tage alte Kohle in Stücken, welche in einem Wagen 16 englische Meilen weit gefahren waren, über Nacht sich entzündeten. Der Berichterstatter vermuthet, es habe sich Kohlenpulver beim Fahren gebildet, von welchem die Entzündung ausgegangen sei, allein gegen diese Vermuthung spricht ein Fall, welcher in Sachsen vorkam, wo ebenfalls auf einander gelagerte Kohlenstücke sich entzündeten.

Die Selbstentzündung kann also durch verschiedene Umstände herbeigeführt werden, und es ist daher unentschieden, ob den verschiedenen Zuständen der Atmosphäre in Bezug auf den Luftdruck, atmosphärische Wärme, Gehalt an Wassergas und Elektricität ein Einfluß auf die Erscheinung eingeräumt werden darf. Nach den gewonnenen Resultaten kann ihnen wenigstens keine die Erscheinung absolut bedingende Wirkung beigemessen werden, sondern diese muß mehr in dem verschiedenen Grade der Einsaugungs- und Verdichtungsfähigkeit der Kohle für atmosphärische Luft, sowie in der Art und Weise gesucht werden, wie die frei gewordene Wärme in der pyrophorischen Substanz zusammengehalten wird.

Davies meint zwar, daß die Selbstentzündung der Holzkohle von der Oxydation des Kalium herrühre, welches während der Verkohlung aus dem in jedem Holze befindlichen kohlensauren Kalium gebildet werde, weshalb auch keine Entzündung auftrete, wenn Kohle mit Schwefel gemischt werde, weil da Schwefelkalium entstehe. Allein gegen diese Annahme spricht einmal der Umstand, daß die Reduction des kohlensauren Kalium zu Kalium bei der Temperatur, bei welcher die Pulverkohle dargestellt wird, äußerst unwahrscheinlich ist, da, wie bekannt, zu dieser Umwandlung Weißglühhitze erfordert wird. Sodann stehen mit dieser Ansicht in vollständigem Widerspruche die vielen Unglücksfälle, welche eintraten, als man alle drei Bestandtheile zugleich in ungekleintem Zustande unter die Stampfen brachte.

Schließlich seien noch einige Versuche von Kahl über die Entzündungstemperatur in der Luft für Cylinderkohle erwähnt. Dieselben sind insofern schon von Interesse, als sich ein abweichendes Verhalten gegenüber der Temperatur bei der Selbstentzündung der Kohle herausstellt. Bei fünf verschiedenen Faulbaumkohlenstücken, von welchen zwei hart und klingend, zwei ziemlich weich waren und eins eine mittlere Beschaffenheit hatte, fand Kahl die Entzündungstemperatur bei $360°$, $352°$, $342°$, $320°$, $325°$, also im Mittel bei $340°$ C.

Die Bestimmung der Temperatur geschah auf folgende Weise. Ein Probirglas wurde bis zu $1/3$ mit Kohlen gefüllt und darauf mit einem doppelt durchbohrten Korke verschlossen, in welchem zwei rechtwinklig gebogene Glasröhren, eine kürzere und eine längere, paßten. Letztere ragte in die Kohlen hinein. Der so hergerichtete Apparat wurde bis zur Hälfte in ein Metallbad eingetaucht und dicht neben dem Probirglase ein Quecksilberthermometer angebracht. Sobald der Quecksilberfaden anfing zu steigen, wurde jedesmal nach einer Temperaturzunahme von 5^0 C. mit Hülfe eines Aspirators ein sehr langsamer Luftstrom durch die Kohlen gesaugt und die niedrigste Temperatur, bei welcher die Entzündung eintrat, als maßgebend bezeichnet.

Die Entzündungstemperatur für Erlenholzkohle ergab folgende Werthe: 360^0, 360^0, 360^0, 346^0, 333^0, im Mittel 352^0 C. Bei den drei ersten Versuchen wurde das Probirröhrchen, nachdem sich die Kohle bei 355^0 C. im Metallbade noch nicht entzündet hatte, in ein Bad von kochendem Quecksilber getaucht.

Vergleicht man die Verkohlung in Cylindern mit der in Kesseln und Oefen, so läßt sich nicht verkennen, daß die Destillation des Holzes in Cylindern im Vergleich zu den beiden letzten Methoden eine viel größere Sicherheit hinsichtlich der Leitung der Verkohlung gewährt, dabei ist aber nicht zu vergessen, daß das Holz ungleichmäßig an den verschiedenen Theilen des Cylinders erhitzt wird, weshalb man stärker und schwächer gebrannte Kohle erhält. Auch bleibt ein kleiner Theil der Destillationsproducte zurück, welche durch fortgesetzte Einwirkung der Wärme in Glanzruß verwandelt werden. Solche Kohlen sowie die Brände müssen ausgeschieden werden, wodurch stets ein Verlust in der Ausbeute stattfindet.

Alle diese Mängel hat Violette dadurch zu beseitigen gesucht, daß er im Jahre 1847 in Esquerdes ein Verfahren einführte, nach welchem das Holz in Cylindern vermittelst überhitzten Wasserdampfes verkohlt wird. Das leitende Princip dieser Methode ist bereits früher (S. 44) angedeutet worden. Bemerkt sei nur noch, daß der Wasserdampf auf diejenige Temperatur gebracht wird, bei welcher das Holz verkohlt werden soll, und daß zur Entfernung sämmtlicher flüchtigen Producte aus der Kohle dem Dampfe eine gewisse Spannung gegeben werden muß, wozu $1/2$ bis 1 Atmosphäre genügen.

Der in Esquerdes von Violette eingerichtete Apparat, wovon Fig. 3 einen

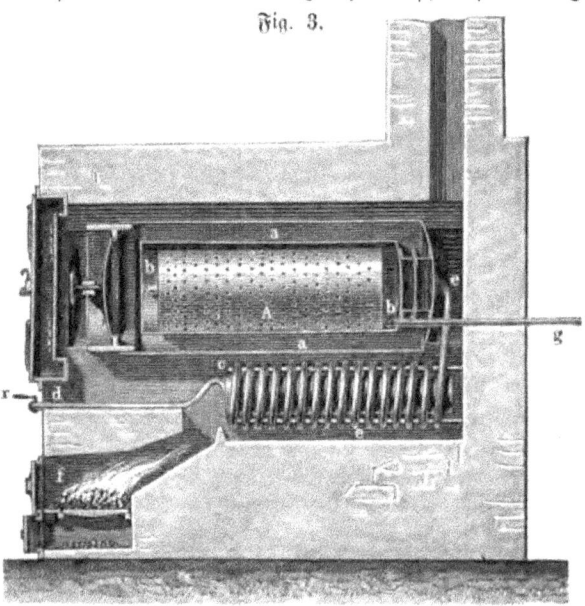

Fig. 3.

Verkohlung in überhitztem Dampf.

Längendurchschnitt giebt, besteht im Wesentlichen aus zwei concentrischen Eisenblechcylindern a, a und b, b. Der äußere Cylinder a, a dient als Gehäuse für den inneren, in welchen das Holz zum Verkohlen gebracht wird. Unter den Cylindern liegt das spiralförmig gewundene, eiserne Rohr c, c, dessen eines Ende mit einem Dampfkessel in Verbindung steht, dessen Dampf mittelst des Hahnes x zugelassen oder abgesperrt werden kann. Durch ein in dem Feuerraum f befindliches Feuer wird das Rohr erhitzt. Der Feuerraum ist durch ein kleines Gewölbe überspannt und eine kleine Brücke von Backsteinen zwingt die Flamme gegen den oberen Theil des Schlangenrohres zu ziehen. Das Schlangenrohr c, c ist von Schmiedeeisen gefertigt, hat einen inneren Durchmesser von 20 mm und eine Wandstärke von 5 mm. Seine Gesammtlänge beträgt etwa 20 m. Es mündet bei e in den äußeren Cylinder a, a. In der Achse des Schlangenrohres ist eine an beiden Enden verschlossene Trommel mittelst kleiner eiserner Klammern befestigt. Sie verhindert, daß die Flamme direct in die Achse des Schlangenrohres zieht und zwingt das Feuer, die Windungen des Rohres zu bespülen. Die Feuergase entweichen durch den Schornstein. Die demselben entgegengesetzte Seite wird durch zwei dicke, gußeiserne Thüren luftdicht verschlossen, um jede äußere Erkaltung der Cylinder zu verhüten. Der Cylinder a, a hat eine Wandstärke von 10 mm; er ruht auf der Mauer und wird durch zwei eiserne Zwischenwände gehalten. Letztere treten in einen Schlitz in der Mauer und bilden die Canäle zum Circuliren der heißen Luft aus dem Feuerraum f. An seinem hinteren Ende, da, wo das Schlangenrohr einmündet, ist der Cylinder a, a geschlossen, vorn aber mit einem breiten, kreisförmigen Halse aus Gußeisen versehen. Der innere Cylinder b, b hat eine Wandstärke von 5 mm. Er ist hinten geschlossen, vorn aber offen. Er wird durch 8 eiserne Klammern gestützt und ist an seinem hinteren Theile mit 4 eisernen Stangen versehen, welche mit einer kreisförmigen Scheibe versehen sind und dazu dienen, den Cylinder b, b im Cylinder a, a zu befestigen.

Für jede Verkohlung wendet man 25 bis 30 Kg Faulbaumholz an, bringt es in nicht zu großen Stücken in einen siebförmig durchlöcherten Cylinder A, welcher zur leichteren Füllung oder Entleerung des Ofens dient, und schiebt sodann diesen Cylinder in den Cylinder b, b. Der in den Boden des äußeren Cylinders a, a eintretende Dampf geht in den Zwischenraum zwischen beiden Cylindern nach vorn und von da durch das offene Ende von b, b in den Siebcylinder mit dem Holzeinsatz. Nachdem er durch die Zwischenräume des Holzes hindurchgedrungen ist, dieses verkohlt und sich mit den empyreumatischen Producten beladen hat, entweicht er durch das am hinteren Ende von b, b eingesetzte Kupferrohr g entweder in die freie Luft oder er wird auf irgend eine Weise verdichtet.

Sowie der Dampfkessel geheizt ist und der Dampf die nöthige Spannung erreicht hat — eine halbe oder eine Atmosphäre Ueberdruck —, so wird das Feuer für das Schlangenrohr c, c angezündet, nach Verlauf einer Viertelstunde der Siebcylinder mit dem Faulbaumholze in b, b hineingeschoben und die mit Thon bestrichene Scheibe des Cylinders a, a aufgesetzt. Die beiden gußeisernen Thüren werden geschlossen, und nach Verlauf von 10 Minuten, wenn der Thon hinlänglich trocken ist, öffnet man den Dampfhahn x, damit der Dampf einströmen kann. Es kommt jetzt hauptsächlich darauf an, das Feuer in f in der Weise zu regeln, daß der Dampf möglichst gleichförmig erhitzt werde. Zu diesem Zwecke beobachtet man den Gang des Feuers durch ein kleines Glasfenster bei d, während man die Temperatur im Innern des Verkohlungscylinders nach dem Schmelzen bestimmter Metalle oder Legirungen beurtheilt. Da nämlich die zur Verkohlung erforderlichen Wärmegrade dem Siedepunkte des Quecksilbers so nahe liegen, daß dadurch die Anwendung eines Quecksilberthermometers ausgeschlossen wird, so leitete Violette zwei kleine, hohle Röhren aus Kupfer durch das Mauerwerk in den inneren Cylinder. Jede dieser Röhren war an ihrem unteren Ende verschlossen und enthielt einen sehr kleinen Cylinder von Zinn, Blei oder einer Legirung, die bei bestimmten Temperaturen schmolz. Um das Schmelzen von außen sichtbar zu machen, steckte er auf das Metall eine mit einem kleinen Gewichte beschwerte Eisennadel, welche, sowie das Metall zum Schmelzen kam, einsank und auf diese Weise die Temperatur anzeigte.

Nach einiger Zeit schmilzt das Zinn und auch der Wasserdampf zeigt durch seinen Geruch und seine Farbe an, daß ihm die ersten Destillationsproducte beigemengt sind, die Verkohlung folglich beginnt. Der Dampf wird dicker und erhält nach und nach ein verschiedenes Ansehen. Nach einer Dauer von 2 Stunden, von dem Zeitpunkte an gerechnet, wo die Destillation begann, zeigt der Dampf, welcher jetzt geruchlos entweicht, das Ende der Verkohlung an. Der Apparat muß sofort entleert werden, damit durch die in demselben concentrirte Wärme die rothbraune Kohle sich nicht in schwarze verwandle, wozu schon 3 bis 4 Minuten über die erforderliche Zeit genügen. Ein Vorarbeiter sperrt deshalb den Dampf ab, öffnet die gußeisernen Thüren und entfernt den Deckel. Inzwischen ergreifen 2 Arbeiter das Abkühlgefäß, einen großen Cylinder aus Eisenblech von 0,55 m Durchmesser und 1,20 m Höhe und bringen denselben horizontal vor die Oeffnung des äußeren Cylinders, so daß dessen Oeffnung geschlossen wird. Der Vorarbeiter steckt durch das Rohr g eine lange, eiserne Stange und treibt damit das Kohlengehäuse heraus, welches in das Abkühlgefäß fällt. Sofort nach dem Entleeren wird der Cylinder wieder mit Holz beschickt. Die Verkohlung geht jetzt viel rascher, da das Mauerwerk sehr heiß geworden ist. Die Verkohlung beginnt schon nach einer Viertelstunde und die ganze Operation dauert nur 2 Stunden, während zur ersten Operation 3 Stunden erforderlich waren. Die folgenden Operationen dauern noch kürzere Zeit, und die sechste, welche in der Regel die letzte des Tagewerkes ist, dauert kaum anderthalb Stunden.

Man erhält auf diese Weise an einem Tage 50 Kg gute Kohle.

Der stündliche Verbrauch an Dampf beträgt 20 Kg bei $^1/_4$ Atmosphäre Spannung; 25 Kg bei $^1/_2$ Atmosphäre und 45 Kg bei 1 Atmosphäre Spannung. Der Verbrauch an Steinkohlen beträgt täglich zwischen 80 und 120 Kg, je nach der Spannung des Dampfes. Zum Heizen des Schlangenrohres sind für jede Operation 15 bis 20 Kg Brennholz oder 5 bis 6 Kg Koaks erforderlich, also 150 bis 200 Kg Holz oder 60 bis 80 Kg Koaks auf 100 Kg gewonnener Kohle.

Im Juli 1848 wurden zu Esquerdes in diesem Apparate mit Faulbaumholz, welches 10 bis 12 Proc. Feuchtigkeit enthielt, folgende Ergebnisse erzielt:

Verkohlung in überhitztem Dampf.

abe s no= trs l to= ä= n.	Dauer der Operation.	verzehrter Steinkohle für den Dampf= kessel.	verzehr= tem Brennholz für jede Operation.	Faul= baumholz, welches zur Ver= kohlung angewandt.	erhaltener Kohle			Von 100 Holz erhal= tene roth= braune Kohle.
					roth= braune.	schwarze.	Brände.	
	St. Min.	Kg	Kg	Kg	Kg		Kg	
1	2 45		25	25	9,220	—	—	36,88
1	2 0		13	30	11,200	—	—	37,33
1	2 0	118	11	25	10,050	—	—	40,20
1	2 45		12	30	10,450	—	—	34,83
1	2 0		12	30	10,500	—	—	35,00
1	3 0		26	25	8,950	—	—	35,80
1	2 0		12	25	8,900	—	—	35,60
1	2 30	115	11	25	9,350	—	—	37,40
1	2 0		9	25	9,250	—	—	37,00
1	2 15		13	30	11,150	—	—	37,16
½	3 15		30	25	9,100	—	—	36,40
½	2 10		11	30	10,500	—	0,150	35,00
½	2 15	85	13	30	10,650	—	—	35,50
½	2 0		12	30	11,350	—	0,700	37,83
½	2 0		15	30	10,150	—	0,750	37,83
½	3 0		26	30	11,00	—	—	37,00
½	2 0	82	9	30	11,150	—	0,400	37,16
½	2 15		12	30	11,050	—	—	36,83
½	2 15		10	30	10,150	—	—	36,83

Das aus solchen Rothkohlen erzeugte Pulver hatte nach Versuchen mit dem ballistischen Pendel eine größere Anfangsgeschwindigkeit als das aus gewöhnlicher Kohle dargestellte Normalpulver, wie folgende kleine Tabelle zeigt.

          Feines Jagdpulver Superfeines Extrafeines
Aus gewöhnlicher Kohle . . 330 Meter in der Secunde 350   375
Aus Kohle zu Esquerdes . 356,2 „ „ „ „ 357,7   382,07

Erhitzt man nach Violette den Wasserdampf bis auf ungefähr 350° C., so erhält man rothe Kohlen mit 70 Proc. und schwarze Kohlen mit 85 Proc. Kohlenstoff. Erhitzt man zu gleicher Zeit noch die Retorte und das Schlangen= rohr, wobei die Temperatur von 450° noch nicht erreicht wird, so wird das Holz

58 Materialien.

ebenso von seinen flüchtigen Producten befreit als wenn es bei 1200° in einem Tiegel erhitzt wird, wie Violette's Versuche beweisen.

Gewicht der analysirten Kohlen.	Ausbeute.	Procentgehalt der Kohlen an				Bemerkungen.
		Kohlenstoff.	Wasserstoff.	Sauerstoff, Stickstoff und Verlust.	Asche.	
0,567	{ 28,18 bis 30,00 Proc.	76,808	2,738	19,929	0,529	} Durch alleiniges, möglichst starkes Erhitzen des Dampfes.
0,455		77,135	3,900	18,440	0,549	
0,4545	{ 19,09 bis 20,00 Proc.	89,939	2,684	5,852	1,540	} Durch gleichz. Erhitzen des Dampfes und der Retorte.
0,567		88,399	2,523	7,849	1,235	

Der Dampf wirkt in dem letzteren Falle nicht kräftiger wegen Zunahme der Temperatur, da nach Violette die verbrauchte Menge des Brennmaterials bei demselben Resultate viel geringer ist; er erleichtert einfach das Entweichen der flüchtigen Stoffe, ebenso wie ein warmer Wind die Verdampfung des Wassers bewirkt.

Zu Wetteren bei Gent wird das Holz ebenfalls nach der Violette'schen Methode verkohlt. Man hat aber dort bei sonst gleicher Construction des Apparates zwei Verkohlungscylinder angebracht, welche man nach Belieben abwechselnd oder gleichzeitig anwenden kann.

Versuchsweise wurde auch in Dresden dieses Verfahren eingeführt. Der Apparat, welchen Kahl benutzte, war im Principe derselbe, wie der von Violette construirte. Nur lagen das Schlangenrohr und die Blechtrommeln nicht über einander, sondern neben einander, so daß die letzteren überall nicht mit der Heizung in Berührung kamen. Um den Verkohlungscylinder vor allzu schneller Abkühlung zu schützen, waren die Zwischenräume zwischen dem Cylindersysteme mit Bimssteinstücken angefüllt. In der Nähe der Stelle, wo der Dampf aus dem Schlangenrohr in den Verkohlungscylinder eintrat, war je nach Bedürfniß ein Quecksilber- oder Metallthermometer eingesetzt. Das letztere bestand aus zwei über einander gelegten, der ganzen Länge nach zusammen gelötheten Lamellen, wovon die eine von Stahl, die andere von Messing war. Dieser Metallstreifen wurde schraubenförmig gewunden, das eine Ende an den Boden eines kleinen cylindrischen Gehäuses angelöthet, das andere Ende an ein Hebel- und Räderwerk befestigt, welches die Ausdehnung des Streifens bei der Erwärmung vergrößert durch Umdrehung eines Zeigers auf dem Zifferblatte darstellte.

Zum Zwecke der Erzeugung von schwarzer Kohle leitete Kahl Dampf von 100° C. in den Apparat und steigerte während der ersten halben Stunde die Temperatur bis 280° C. und in weiteren ³/₄ Stunden bis zur beabsichtigten

Verkohlung in überhitztem Dampf.

Verkohlungstemperatur, auf welcher die Dämpfe 2½ Stunde lang erhalten wurden. Geschah das Erhitzen langsamer, so dauerte der Verkohlungsproceß viel länger.

Kahl erhielt auf diese Weise aus lufttrockenem Faulbaumholze von 11,57 Procent Feuchtigkeitsgehalt bei 350° C. eine Ausbeute von 30,2 bis 30,4 Proc.; aus Faulbaumholz von 9· Proc. Feuchtigkeitsgehalt bei 410° C. 28,8 Proc. und bei 440° C. 26,6 Proc.

Die Zusammensetzung der Kohlen ergab sich wie folgt:

	Kohlenstoff.	Wasserstoff.	Sauerstoff.	Asche.
Kohle bei 350° C. . . .	76,00	3,91	18,58	1,51
	75,06	4,09	19,51	1,34
„ „ 410° C. . . .	79,60	3,82	15,06	1,52
„ „ 440° C. . . .	84,99	3,30	10,12	1,59

Die Entzündungstemperatur wurde zwischen 300° bis 340° C. gefunden. Lufttrockenes Erlenholz von 11,7 Proc. Feuchtigkeitsgehalt ergab bei 350° C. 29,7 bis 30,3 Proc. Ausbeute an Schwarzkohle, deren Entzündungstemperatur zwischen 337° und 357° C. lag.

Sämmtliche Kohlen waren weich und zerreiblich, vollkommen frei von Glanzruß und von gleichmäßiger Zusammensetzung. So ergaben Kohlen

von der Eintrittsstelle des Dampfes
82,95 Kohlenstoff
3,10 Wasserstoff
12,28 Sauerstoff
1,67 Asche
100,00

von der Austrittsstelle
82,91 Kohlenstoff
3,26 Wasserstoff
11,98 Sauerstoff
1,85 Asche
100,00

Was nun die Kohlenausbeute bei der Verkohlung in Cylindern mittelst überhitzten Wasserdampfes anbelangt, so ergiebt sich aus den Untersuchungen von Violette und Kahl, daß diese Methode wohl an Rothkohle, nicht aber an Schwarzkohle einen höheren Ertrag liefert als bei der gewöhnlichen Cylinderverkohlung. Da man aber zur Anfertigung von Militärpulver einzig und allein Schwarzkohle verwendet, während die Rothkohle nur für feinere Jagdpulver benutzt wird, so hat also überall da, wo lediglich Pulver der ersteren Art bereitet wird, die Violette'sche Methode in Betreff der Ausbeute keinen Vortheil vor der älteren Cylinderverkohlung. Es muß allerdings auf Grund der angeführten Analysen zugegeben werden, daß die Dampfkohlen von völlig gleichheitlicher Zusammensetzung sind, was man von den Cylinderkohlen nicht behaupten kann, allein die ungleiche Zusammensetzung der letzteren, vorausgesetzt, daß sie sich in nicht allzuweiten Grenzen bewegt, hat auf die Beschaffenheit des Schießpulvers keinen Einfluß, weil man die Kohlen von den verschiedenen Stellen des Cylinders gut unter einander mischt und dadurch ein Gemenge von gleicher mittlerer Zusammensetzung erhält, welches hinsichtlich der Entzündlichkeit nur wenig von derjenigen der Dampfkohlen abweicht. Ganz besonders aber ist noch darauf aufmerksam zu machen, daß die Anschaffungskosten eines Apparates nach der Violette'schen Construction sich bedeutend höher belaufen als die eines jetzt üblichen Cylinder-Verkohlungsapparates, das Schlangenrohr mehr durch die Flamme angegriffen wird als die Cylinder, und die Productionskosten einen größeren Geldaufwand erfordern, auch man bis jetzt noch keine Mittel und Wege gefunden hat, um die überschüssige Wärme zu verwerthen, wodurch die höheren Kosten paralysirt werden könnten.

Dieses sind die hauptsächlichsten Gründe, welche bislang den Praktiker im Widerspruch mit der herrschenden Theorie abhielten, von einem Apparate wie dem Violette'schen Gebrauch zu machen, Gründe, welche auch so z. B. in der königlichen Pulverfabrik zu Dresden dahin führten, dieses Verfahren wieder abzuschaffen und zu der früher üblichen Methode der Verkohlung in Cylindern zurückzukehren.

Die Mischungsverhältnisse.

Nach dem Vorhergehenden sind Salpeter, Schwefel und Kohle diejenigen Stoffe, welche bei der Bereitung des Pulvers in verschiedenen Verhältnissen gemischt werden, je nachdem man beabsichtigt, Militär-, Jagd- oder Sprengpulver darzustellen. Der Grund der Verschiedenheit der Mischungsverhältnisse liegt einfach darin, daß man bei den einzelnen Pulversorten besondere Zwecke verfolgt. Während man bei dem Militärpulver vorzüglich darauf ausgeht, eine hohe Triebkraft zu erzielen, legt man beim Jagdpulver das Hauptaugenmerk auf die schnelle Entzündlichkeit, und sucht beim Sprengpulver eine möglichst große Menge von Gas bei der Verbrennung des Pulvers zu erlangen.

Was nun die Mischungsverhältnisse für das Militärpulver anbelangt, so giebt es darüber eine Reihe von Vorschriften, aus denen hervorgeht, daß die Satzverhältnisse in den einzelnen Jahrhunderten einem steten Wechsel unterworfen gewesen sind, und namentlich in Deutschland bedurfte es einer geraumen Zeit und mancher Versuche, ehe man sich den richtigen Mischungsverhältnissen näherte. Bei allen diesen Versuchen, welche mit den einzelnen Mischungen angestellt wurden, war in der Praxis lediglich der Weg der Erfahrung maßgebend. Die ältere Zeit schloß begreiflich von selbst alle theoretischen Betrachtungen aus, allein auch in neuerer Zeit hat man in der Praxis wenig oder gar keine Rücksicht darauf genommen, sondern stets unter Berücksichtigung der Art und Weise, wie das Schießpulver hergestellt wurde, dessen Triebkraft in das Auge gefaßt, weil man durch Analysen einsehen lernte, daß, wie auch weiter unten gezeigt werden soll, die Mischung des Pulvers bei jeder Operation eine gewisse, wenn auch unbedeutende Veränderung erleidet, auch die Kohle nie reiner Kohlenstoff, das Pulver nicht wasserfrei ist und eine absolute Innigkeit der Mischung in der Praxis sich gar nicht bewerkstelligen läßt, alles Forderungen, welche in der Theorie für eine fehlerfreie Berechnung nothwendig sind.

Mischungsverhältniß.

Wie die Satzverhältnisse für Militärpulver zu den verschiedenen Zeiten in Deutschland beziehungsweise Preußen wechselten, ergiebt sich aus folgenden Daten.

Die älteste Mischung soll aus gleichen Theilen von Salpeter, Schwefel und Kohle bestanden haben.

Aus dem Jahre 1546 werden für:

	grobes Geschütz	mittleres	Büchsen
Salpeter	50	66,7	83,4
Schwefel	33,3	20,0	8,3
Kohle	16,7	13,3	8,3

angegeben.

In seinem Kriegsbuche von 1555 erwähnt Fronsperger: Salpeter $66^6/_9$, Schwefel $22^2/_9$, Kohle $11^1/_9$, und 1649 werden für:

	grobes Geschütz		Gewehre		Pistolen	
Salpeter	66,8	70,0	72,5	75,5	78,7	85,6
Schwefel	16,6	14,0	13,0	11,2	9,4	8,5
Kohle	16,6	16,0	14,5	13,3	11,9	5,9

empfohlen.

1774 war in Preußen für:

	grobes Pulver	feines
Salpeter	74,4	80
Schwefel	12,3	10
Kohle	13,3	10

üblich.

Im Anfange dieses Jahrhunderts wurden in Preußen: Salpeter 75, Schwefel 10, Kohle 15 genommen. Bald aber durch folgende Vorschrift: Salpeter 75, Schwefel 11,5 und Kohle 13,5 verdrängt.

In Frankreich empfahl bereits 1598 Boillot in seinen Modèles d'Artifices de feu als beste Mischung:

Salpeter 75, Schwefel 12,5, Kohle 12,5

und ebenso 1619 be Bry.

1686 wurden Salpeter 76, Schwefel 12 und Kohle 12 genommen, 1696 aber das ursprüngliche Verhältniß wieder adoptirt.

1800 wurde der Schweizer Satz: Salpeter 76, Schwefel 10, Kohle 14 gewählt, später aber wieder der frühere eingeführt.

In Schweden änderten sich die Satzverhältnisse folgendermaßen:

	1726	1770	1827
Salpeter	73	75	75
Schwefel	10	16	15
Kohle	17	9	10

Die heutigen Vorschriften für Militärpulver sind in den nachgenannten Staaten:

	Preußen	Sachsen	Rußland	Schweden	England
Salpeter	74	74	75	75	75
Schwefel	10	10	10	10	10
Kohle	16	16	15	15	15

Materialien.

	Frankreich	Belgien	Persien	Oesterreich	Vereinigte Staaten
Salpeter	75	75	75	75,5	76
Schwefel	12,5	12,5	12,5	10	10
Kohle	12,5	12,5	12,5	14,5	14

In England nimmt man für grobkörniges Pulver zu den gezogenen Geschützen:

Salpeter 74, Schwefel 10,5, Kohle 15,5.

In Frankreich ist 1866 für Chassepot=Pulver das poudre modèle oder poudre B eingeführt:

Salpeter 74, Schwefel 10,5, Kohle 15,5.

Da man, wie bereits bemerkt, bei dem Jagdpulver vorzüglich eine möglichst rasche Entzündung verlangt, so pflegt man im Vergleich zum Militärpulver den Gehalt an Salpeter zu vermehren und zieht Rothkohle der Schwarzkohle vor.

Wie die einzelnen Satzverhältnisse in den verschiedenen Zeiten gewechselt haben, läßt sich nicht angeben, da in den älteren Schriften fast gar kein Aufschluß darüber zu finden ist. Es genüge daher aus jetziger Zeit eine deutsche und eine französische Vorschrift anzuführen:

	Deutsche Vorschrift	französische
Salpeter	78,5	78
Schwefel	10	12
Kohle	11,5	10

Eine wesentliche Veränderung in den Mischungsverhältnissen beachtet man bei der Anfertigung des Sprengpulvers, da man hier mit wenigen Mitteln große Erfolge zu erreichen beabsichtigt. Aus diesem Grunde hat man stets von dem Sprengpulver verlangt, daß es billig sei und eine möglichst große Menge von Gas entwickele, Anforderungen, welche man dadurch zu befriedigen suchte, daß man den Gehalt an Salpeter verringerte und dafür den von Kohle oder Schwefel oder von beiden erhöhte, wie folgende Satzverhältnisse der neueren Zeit zeigen:

	Deutscher Satz	italienischer	französischer
Salpeter	66	70	62
Schwefel	12,5	18	18
Kohle	21,5	12	20

Da nun wegen des geringeren Gehaltes an Salpeter eine langsamere Verbrennung stattfindet, wodurch den Gasen Gelegenheit geboten wird, durch die Gesteinsritzen zu entweichen und in Folge der großen Menge von Kohlen eine erhebliche Quantität von Kohlenoxyd gebildet wird, welches die Triebkraft mindert, so ist man in neuerer Zeit auf den Gedanken verfallen, möglichst viel Salpeter anzuwenden, um die eben angeführten Uebelstände zu umgehen.

Die Bereitung des Schießpulvers.

I. Das Kleinen, Mengen und Dichten.

Der Schwerpunkt bei der Bereitung des Schießpulvers liegt hauptsächlich darin, den Salpeter, Schwefel und die Kohle so fein als möglich zu kleinen, die gepulverten Substanzen der innigsten Mischung zu unterwerfen und dieser eine große Dichte zu ertheilen. Von diesen drei Bedingungen ist ganz insbesondere die Wirksamkeit des Pulvers abhängig, da die Zersetzung desselben um so schneller erfolgt, je näher die einzelnen kleinen Theilchen von Salpeter, Schwefel und Kohle an einander gelagert sind.

Ueber die Art und Weise, wie diese Bedingungen am besten erfüllt werden, namentlich ob Kleinen, Mengen und Dichten in einer Operation oder gesondert vorzunehmen seien, ist man getheilter Ansicht gewesen. Während man nämlich früher diese drei Operationen zu einer verschmolz, hat man in neuerer Zeit wenn auch nicht überall eine vollständige, so doch wenigstens eine theilweise Trennung dieser drei Operationen eintreten lassen.

Bei der nun folgenden Darstellung der einzelnen Methoden dürfte es wohl im Anschlusse an die geschichtliche Entwickelung zweckmäßig erscheinen, zuerst das Kleinen, Mengen und Dichten in einer Operation zu besprechen, sodann auf das Kleinen der einzelnen Bestandtheile überzugehen, woran sich das Mengen und Dichten zuerst in einer Operation, sodann in getrennten Operationen anschließen würde.

1. Das Kleinen, Mengen und Dichten in einer Operation.

a. Durch Stampfmühlen.

In der ältesten Zeit stampfte man die drei Substanzen mit der Hand in einem hölzernen oder steinernen Mörser mit Hülfe eines Stempels aus Holz. Letzterer wurde entweder unmittelbar von der Hand oder mittelbar durch eine Wippe von derselben gehoben. Da man nun auf diese Weise nur dann große Mengen darstellen konnte, wenn man ein bedeutendes Arbeiterpersonal in Anspruch

64   Bereitung des Schießpulvers.

nahm, so suchte man letzteres durch Stampfmühlen zum größeren Theile entbehrlich zu machen.

Die ersten Stampfmühlen werden 1435 erwähnt, wonach Harscher in Nürnberg eine solche errichtete.

Die Einrichtung derselben ist folgende. Der wesentliche Theil des Werkes besteht, wie aus Fig. 4, ersichtlich ist, aus einer Reihe von Stampflöchern,

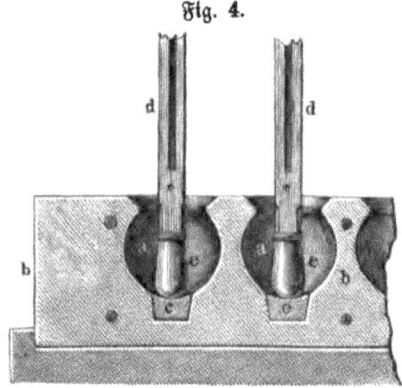
Fig. 4.

Mörsern, welche in einen schweren, etwa 0,6 m dicken Block b, b von Eichen= oder Buchenholz ausgehöhlt sind. Die Entfernung der einzelnen Mörser beträgt von Mitte zu Mitte derselben gemessen 0,69 bis 0,77 m. Man kann sie, auch wenn man noch so sehr an Raum sparen wollte, nicht näher aneinander legen, weil sonst das zwischen je zwei Mörsern liegende Holz leicht Sprünge bekommt. Die Form der Stampflöcher, welche früher cylindrisch war, ist jetzt ungefähr sphärisch a, a, so daß die Höhlung mehr als eine halbe Kugel bildet. Die Tiefe der Höhlung beträgt etwa 0,5 m und die Weite ungefähr 0,4 m. Der Rand ist trichterförmig; in den Boden eines jeden Stampfloches wird ein Stück hartes Holz c, c eingesetzt, damit die Stöße auf die Hirnseite derselben geschehen. Der Block selbst ist mit Bändern und Bolzen verstärkt und ruht auf einem festen Fundamente, gewöhnlich aus einem hölzernen Roste hergestellt, damit bei den häufigen Stößen des Stempels der Boden nicht weiche. Die Stempel d, d, Stampfer, Schießer, sind von parallelepipedischer Form, aus Buchen= oder Ahornholz und haben eine Länge von 2 bis 3 m und eine Dicke von etwa 0,1 m. An dem unteren Theile sind die Stempel mit einem birnförmigen Ansatze e, e von Bronze vorgeschuht. Die Zusammensetzung der Bronze ist verschieden, sie besteht zum Theil aus 82 Proc. Kupfer und 18 Proc. Zinn, zum Theil aus 80 Proc. Kupfer und 20 Proc. Zinn. In der Pulvermühle zu Lautenthal am Harz nahm man eine zu Altenauerhütte gefallene Speise, welche man mit Glimmerkupfer versetzte und erhielt dann nach Kerl eine aus 64,9 Proc. Kupfer, 19,3 Proc. Antimon, 11,1 Proc. Blei und 5,5 Proc. Nickel nebst geringen Mengen von Eisen bestehende Legirung, welche sich aber sehr ungleich abnutzte. Auch hat man Hartblei zu den Stampfschuhen gebraucht. In dem oberen Theile der Stempel in einem Schlitze sind die mit Schießen festgekeilten Hebelatten angebracht. In der Regel kommt auf ein Stampfloch ein Stempel, man hat jedoch auch Mühlen, in welchen mehrere Stempel zugleich in einem Stampfloche arbeiten, so z. B. in Oesterreich, wo drei Stampfen, Fig. 5, in einem Mörser sich befinden. In Schweden hatte man im Jahre 1726, wie Berlin in seiner Dissertatio de pulvere erwähnt, sogar vier Stempel in jedem Stampfloche. — In Italien bedient man sich statt der neben beschriebenen Stampflöcher metallener Mörser, welche

Kleinen, Mengen und Dichten. 65

auf einer festen Unterlage ruhen. — In England sind wegen der großen Gefahr vor Explosionen die Stampfwerke ganz und gar verboten.

Als bewegende Kraft wendet man entweder den Pferdegöpel oder das Wasserrad an. Sie wirkt durch Vermittlung der Kammräder l und L, Fig. 6, auf die Daumenwelle AB, welche an ihrem Umfange zahnartige Erhöhungen, Hebedaumen c, c trägt, die den zugehörigen Stempel beim Drehen der Welle an der Hebelatte ergreifen und so lange heben, bis der Hebedaumen bei seiner Drehung sich so weit von dem Stempel entfernt, daß die Hebelatte von demselben abgleiten und der Stempel fallen kann. Die Fallhöhe beträgt gewöhnlich 0,432 m in Dänemark 0,388 m. Um die Nachtheile der veränderlichen Wasserhöhe, welche die Geschwindigkeit der Schläge ändern würde, zu vermeiden, ist in vielen Fabriken ein eigener Stoßzähler nach Art eines Bohrwerkes mit der Achse der Daumenwelle in Verbindung gebracht,

Fig. 5.

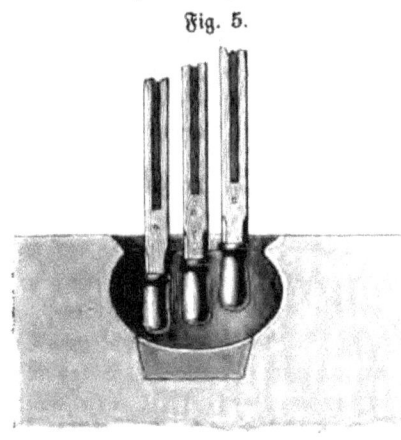

Fig. 6.

dessen Zeiger die Hunderte und Tausende der Umdrehungen, mithin auch die Anzahl der gemachten Schläge angiebt, ohne daß der Arbeiter selbst zu demselben gelangen und eine absichtliche Verkürzung herbeiführen kann. An manchen Orten ist die Einrichtung getroffen, daß die Wasserschütze, sowie die bestimmte Anzahl von Schlägen erfolgt ist, niederfällt und die weitere Einwirkung der Stempel unterbricht. Das Gewicht der Stempel schwankt in Deutschland je nach der Größe der Stampflöcher zwischen 20 bis 30 Kg. In Frankreich betrug dasselbe im Jahre 1791 32,8 Kg, jetzt 40 Kg, in Dänemark wiegt jeder Stempel

28 bis 30 Kg. In Oesterreich hat man Stempel von 17 Kg und von 33,75 Kg Gewicht. Letztere nennt man Neusohler Stempel.

Gewöhnlich hat eine Stampfmühle zwei Stampfsätze, jede von 7 bis 10 Stampflöchern; mehr, wie es früher gebräuchlich war, mit einander zu verbinden, ist nachtheilig der großen Erschütterung wegen, die hierdurch verursacht wird. Die Mühle steht in einem Hüttengebäude, dessen Wände nur wenig Widerstand leisten dürfen, um die Wirkung einer zufälligen Explosion nicht zu groß werden zu lassen. Es bestehen daher die Wände gewöhnlich aus ganz niederen Mauern mit hölzernen Ständern, die von außen mit Brettern verschalt sind. Das Dach macht man ziemlich steil, um das Ablaufen des Wassers zu befördern und das Liegenbleiben des Schnees möglichst zu verhindern.

Was nun das Verfahren anlangt, so wurden die drei Substanzen in den Gewichtsverhältnissen, nach welchen das Pulver bereitet werden sollte, auf einmal in die Mörser eingetragen, in der Regel je 8 Kg in einen Stampftrog und zwar der Salpeter in Stücken, die Kohle in Stäben und der Schwefel grob gepulvert. Die Masse wurde sodann angefeuchtet, ursprünglich mit Wasser, später nahm man auch Essig und als ganz vorzüglich galt in der Mitte des 16. Jahrhunderts das Befeuchten des Satzes „mit Mannesharn, der Wein trinkt". Nun wurde gestampft. Gegen Ende des 16. Jahrhunderts stampfte man 6 Stunden, zu Anfang des 17. wurde Geschützpulver 10, Gewehrpulver 20 Stunden unter den Stampfen bearbeitet und um das Jahr 1700 betrug die Stampfzeit 24 Stunden, wobei 3500 Stöße auf eine Stunde kamen. Auf eine genaue Beschreibung des Verfahrens kann hier nicht eingegangen werden, weil die Anweisungen hierüber so äußerst dürftig sind. Im Wesentlichen war die ganze Operation des Stampfens der bei dem Mengen und Dichten des Satzes, dessen einzelne Materialien für sich gekleint waren, sehr ähnlich. Da nun in Betreff des Mengens und Dichtens die Angaben vollständiger sind, so dürfte es zweckmäßig erscheinen, schon um sonst nicht zu vermeidende Wiederholungen zu umgehen, auf die weiter unten folgende Darstellung des Mengens und Dichtens in Stampfmühlen zu verweisen.

b. Durch Hämmer.

Dieses Verfahren wird noch in der Schweiz angewandt. Die Einrichtung ist im Allgemeinen dieselbe wie bei den Stampfmühlen, nur daß statt der Stempel Hämmer in Anwendung gebracht werden, ähnlich denen, welche man beim Frischen des Eisens gebraucht. Die Hämmer sind gegen 50 Kg schwer, werden 0,46 m hoch gehoben und schlagen in der Minute 85 mal. Jede Batterie umfaßt 5 Hämmer und die übliche Satzmenge eines Hammers beträgt 6 bis 7 Kg. Bei gewöhnlichem Wasserstande dauert die Bearbeitung 6 Stunden.

c. Durch Walzmühlen (Kollermühlen).

Wann diese Methode, welche man auch die Mühlsteinmethode nennt, eingeführt ist, läßt sich nicht genau feststellen. Bekannt war sie schon 1540, denn Biringuccio erwähnt, daß die den Olivenmühlen nachgebildeten Walzmühlen ihrer Gefähr-

Kleinen, Mengen und Dichten. 67

lichkeit wegen wenig in Gebrauch seien. Trotz dieses Umstandes fanden aber dieselben späterhin viele Verbreitung in Deutschland, England und Italien. In Schweden wurde die erste Walzmühle von Cnutberg 1684 eingeführt, wie Miethen berichtet. Am spätesten wurden Walzmühlen in Frankreich benutzt, wo erst im Jahre 1754 nach Pater Ferry's Vorschlag in Essonne eine errichtet wurde. Man hielt dies in Frankreich für eine neue Erfindung.

Die Einrichtung der Walzmühlen ist aus Fig. 7, ersichtlich. Auf einem horizontalen Lagersteine A, B laufen zwei scheibenartige Cylinder, Läufer, M, M. Sie sind mittelst der wagerechten Welle C, C an der verticalen Achse F, E befestigt, welche mitten im Lagersteine steht und durch das verdeckt unter dem Boden gehende Vorgelege L, K, F bewegt werden kann. Letzteres giebt nämlich der Achse F, E und durch Vermittlung des Gerüstes G, H, G', H' der Welle C, C eine Bewegung um F, E, welcher die um sie drehbaren Läufer folgen müssen. Die Entfernung der Steine von der Umdrehungsachse soll klein sein, damit der zu beschreibende Umfang desto gekrümmter ausfalle. Da die Läufer in der Richtung der Tangente sich fortzubewegen suchen, aber beständig in die Richtung der Curve zurückgeführt werden, so entsteht eine quetschende, zermalmende Wirkung, welche zum Kleinen und Mischen der Substanzen sehr vortheilhaft ist. In der Regel bewegen sich die Läufer in ungleichen Entfernungen von der Umdrehungsachse, wodurch die Masse, welche sich nach einwärts entfernt und sich so der Wirkung des äußeren Läufers entzogen hat, die des inneren erleidet, und umgekehrt das aus dem Bereiche des inneren Gekommene sich unter die Wirkung des äußeren stellt. Zu Wettern in Belgien ist der Mittelpunkt des einen Läufers 67 cm, der des anderen 93 cm von der Umdrehungsachse entfernt. Die an dem Ringe D und den Armen t, t befestigten Schaber s lösen die am Lagersteine anhängende Masse und schaufeln sie vermöge ihrer pflugscharartigen Krümmung von den Seiten in die Bahn der Läufer. Ebenso nehmen die an den Armen g, g' sitzenden, wagerechten Schaber r die an den Läufern haftende Masse weg. In einer gewissen Periode des Pulvermalens erhält nämlich der Pulversatz eine Geneigtheit sich zu klümpen und an den Läufern anzuhängen; es werden dadurch einzelne Stellen nackt und wo Lagerstein und Läufer in Berührung kommen, kann leicht ein Funke zufällig hervorgelockt und dadurch eine Explosion veranlaßt werden, zumal wenn die Läufer aus Kalksteinen bestehen,

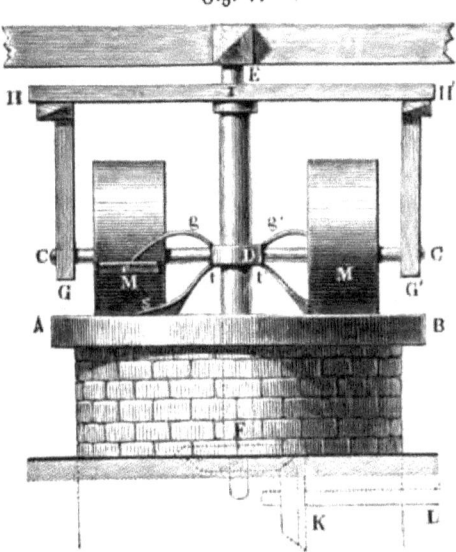

Fig. 7.

5*

welche Sandkörner enthalten. Um solche Explosionen zu vermeiden, brachte Munk 1816 an der Achse Schaber an.

Die Größe, Gestalt und Materie der Läufer sowie deren Gewicht sind in den verschiedenen Ländern verschieden. Der Durchmesser der Läufer wechselt zwischen 1,2 m bis 2,6 m. Die Gestalt ist gewöhnlich die eines Cylinders, in Sachsen hatte man in der königlichen Pulverfabrik zu Dresden linsenförmige, in Preußen hat man jetzt noch kugelförmige Läufer. Letztere Gestalt wurde von Botté und Riffault vorgeschlagen, einestheils um jene gefährliche Reibung zu vermeiden, welche aus dem Bestreben der Läufer in der Richtung der Tangente fortzulaufen entsteht, anderentheils um einen gleichmäßigen Druck auf die ganze Ausdehnung des Lagers hervorzurufen. Obschon hierdurch die Gefahr gemindert wird, so zieht man im Allgemeinen doch die cylindrischen Läufer vor, weil gerade die Reibung eine viel größere Zerkleinerung und innigere Mischung hervorruft. Die Materie, aus welcher die Läufer hergestellt werden, ist Stinkstein, der in der Nähe von Namur gefunden wird, Marmor, Gußeisen und Bronze. Im Jahre 1756 hatte man zu Essonne sogar hölzerne Läufer. In China sind die Läufer von Stein und das Lager ist von Kupfer. Die Läufer von Marmor und Stinkstein haben vor den metallischen den Vortheil, daß sie sich nicht so ungleichmäßig abnutzen wie diese, aber auch den Nachtheil, daß sie Wasser in sich aufnehmen, in Folge dessen die Menge des Anfeuchtewassers vermehrt werden muß und daß sie im Falle einer Explosion leichter zerstört werden. Das Gewicht der Läufer ist ganz verschieden. Während das der in Dresden bis zum Jahre 1871 benutzten Läufer 150 Kg betrug, beläuft sich das der russischen auf 14000 Kg und das der in Waltham Abbey üblichen sogar auf 50 000 Kg. Neben einem Gewichte von 2500 Kg findet man an häufigsten das von 5000 Kg.

Die bewegende Kraft sind Pferde oder Wasser. Das Pferd ist entweder an die Vorgelege L, K, F oder in der verlängerten Welle der Läufer angespannt, wozu aber der Boden, auf welchem das Pferd geht, erhöht werden muß; oder es geht, wie in den schwedischen Mühlen, von der Achse F, E ein Balken in schiefer Richtung gegen den Boden zu, und an diesem Balken zieht das Pferd. In Wetteren hat man vier Balken angebracht, von welchen zwei von dem äußersten Ende des auf der verticalen Achse ruhenden Balkens, die beiden anderen von der Läuferwelle ausgehen und welche an der Stelle zusammen laufen, an welcher man das Pferd anschirren will. Der Halbmesser des Umkreises, welchen das Pferd durchläuft, muß mindestens 4 m betragen, so in Wetteren, besser ist es, wenn 5 oder 6 m. Denn wenn das Pferd an einen zu kurzen Hebelarm gespannt ist, so macht die Zugrichtung einen spitzen Winkel mit dem Hebelarme und die Kraft wird in zwei andere Kräfte zerlegt, in eine, welche senkrecht auf den Hebelarm, und in eine, welche in der Richtung des letzteren läuft, wodurch an wirksamer Kraft verloren geht. Im Uebrigen ist das Pferd stets in seinen Bewegungen gehemmt, wenn es einen allzukleinen Kreis durchläuft. — Ist Wasser die bewegende Kraft, so trägt der Wellbaum ein Stirnrad, von dem aus die Bewegung der verticalen Achse mitgetheilt wird.

Das über der Mühle angebrachte Gebäude ist gewöhnlich von Holz und von leichter Bauart. Die Seitenwände und das Dach sind mit Klappen versehen, welche sich im Falle einer Explosion durch den Druck der Gase nach außen öffnen, wodurch die Zerstörung nicht so unheilvoll wird. Die Thür öffnet sich ebenfalls von innen nach außen.

In der Pulvermühle zu Cambridge hat man die Einrichtung getroffen, daß im Falle einer Explosion die Läufer mit Wasser überschüttet werden. Es befindet sich dort über dem Lager der Mühle ein mit Wasser angefülltes Gefäß, dessen Boden durch Klappen geschlossen ist. Durch eine Hebelvorrichtung, nämlich durch eine aus 2 Thln. zusammengesetzte, bewegliche Eisenstange, deren beide Theile in einem Gelenke mit einander verbunden sind, können die Klappen geöffnet werden, was sofort erfolgt, wenn die Wirkung der Gase auf an den Enden der Eisenstange befindliche Glocken von Eisenblech ihren Druck ausübt. Diese Erfindung wird mit Unrecht Munk 1819 zugeschrieben, da bereits im vorigen Jahrhundert auf Isle de France eine solche Einrichtung eingeführt war.

Hinsichtlich des Verfahrens ist Folgendes zu bemerken. Die auf dem Lagersteine ausgebreiteten Substanzen werden zuerst trocken gekleint und dann mit 2 Proc. Wasser befeuchtet, was jederzeit wiederholt werden muß, sobald sich Staub auf der Oberfläche zeigt. Das Wasser muß über die ganze Masse gleichförmig verbreitet werden, was entweder mittelst einer Handgießkanne geschieht oder durch eine hinter dem Läufer angebrachte durch ein Ventil verschließbare Gießvorrichtung. Vor allen Dingen muß sorgfältig darüber gewacht werden, daß die Masse nicht zu feucht ist, weil sonst die Mischung nicht innig wird, die Substanzen auf dem Lagersteine in der Richtung der Läufer gleiten und sich deren Wirkung entziehen.

Wie viel Wasser zum Anfeuchten zu nehmen ist, läßt sich nicht genau bestimmen, da die Witterungsverhältnisse, je nachdem die Luft trocken oder feucht ist, hierbei eine Rolle spielen, auch die Läufer, wenn sie von Stein sind, Feuchtigkeit in sich aufnehmen und an die Masse abgeben. Im Allgemeinen beträgt die Gesammtmenge an Wasser, welche man zum Anfeuchten anwendet, ungefähr 7 Proc.

Ist das Kleinen und Mischen hinlänglich bewerkstelligt, was der Arbeiter an dem salbenartigen Zustande der Masse erkennt, so vermindert er die Umdrehungsgeschwindigkeit der Läufer. Diese pressen dann während einer längeren Zeit die einzelnen Theile der Masse, wodurch die letztere verdichtet wird. Damit die hierbei entstehenden Kuchen, welche möglichst wenig Wasser enthalten dürfen, wenn das Pulver haltbar sein soll, eine zweckmäßige Dichte erlangen, ist es nothwendig, nicht auf einmal eine zu große Menge der Wirkung der Läufer auszusetzen. Sie beträgt daher zwischen 20 und 30 Kg. Wenn Wasser die bewegende Kraft ist, so machen die Läufer in der Regel 8 bis 10 Umdrehungen in der Minute, bei der Anwendung von Pferden auch nur die Hälfte.

2. Das Kleinen der einzelnen Bestandtheile für sich.

Da man bei dem Kleinen, Mengen und Dichten in einer Operation namentlich im Anfange des Stampfens oder Walzens viele Explosionen durch Entzündung der Kohle erfuhr, letztere sowie der Stangenschwefel nur sehr schlecht gekleint wurden, in Folge dessen die Entzündlichkeit des Schießpulvers beeinträchtigt wurde, so ging man von diesem Verfahren ab und versuchte die Substanzen, ehe man sie mengte und verdichtete, für sich zu kleinen.

a. In Stampfmühlen.

Die Zeit der Einführung dieser Methode läßt sich nicht genau feststellen. Nur soviel ist gewiß, daß 1763 Desparcieux vorschlug, in den Stampfmühlen die einzelnen Bestandtheile für sich zu kleinen, aber erst im Jahre 1794 wurde dieser Vorschlag in Frankreich zur Ausführung gebracht, da nach Chaptal um diese Zeit jährlich ungefähr ein Sechstel der Stampfen aufflog.

Bei dem Kleinen des Salpeters ist zu beachten, ob derselbe geschmolzen oder als Salpetermehl zur Verarbeitung kommt. Im ersten Falle wird er gekleint und durch messingene Siebe durchgelassen, während im letzten Falle ein besonderes Kleinen nicht stattfindet. Der Schwefel wird so lange gestampft, bis er in ganz feines Pulver verwandelt ist und wird dann durch ein Sieb von sehr dichtem Gewebe oder durch einen Sichtbeutel gebeutelt, welcher entweder für sich von Wasser getrieben oder vermittelst eines kleinen, mit der Maschine in Verbindung gesetzten Triebwerkes zugleich mit dieser in Bewegung gesetzt wird. In der Regel ist der Sichtbeutel mit feinem Seidenzeuge überzogen. Zum Kleinen der Kohle wird in die Stampflöcher so viel eingetragen als das Verhältniß der in ein Stampfloch zu bringenden Masse erfordert, in Frankreich in der Regel die zu 10 Kg Pulver nothwendige Menge. Nachdem die Kohle mit etwas weniger Wasser als ihrem gleichen Gewichte angefeuchtet worden ist, geschehen etwa 800 bis 1200 Schläge, welche eine Dauer von 20 bis 30 Minuten in Anspruch nehmen.

b. Auf Walzmühlen.

Dieses Verfahren wurde im Jahre 1787 durch Cossigny auf Isle de France eingeführt.

Das Kleinen der einzelnen Bestandtheile ist in den verschiedenen Ländern nicht ganz gleich. Während nämlich in Deutschland und Belgien Salpeter und Schwefel für sich gekleint werden und zu diesen dann die Kohle in ganzen Stücken hinzugegeben wird, zermalmt man in England in einigen Mühlen den Schwefel unter einem Läufer, Kohle und Salpeter unter einem anderen. In Waltham Abbey werden Salpeter, Schwefel und Kohle, jede Substanz für sich unter eisernen Walzen, welche auf einer eisernen Bodenplatte laufen, gekleint.

In Ostindien bedient man sich horizontaler Walzen. Die Substanzen fallen gleich unten in einen Kasten, in welchem sie gesiebt werden.

c. In Trommeln.

Diese Methode, welche man auch die revolutionäre nennt, wurde im Jahre 1791 von Carny angegeben und in einigen Stücken von Chaptal verbessert. Sie wurde um die genannte Zeit in Frankreich eingeführt, weil bei den damaligen

Kleinen.   71

außergewöhnlichen Bedürfnissen des Revolutionskrieges die Stampf- und Walzmühlen nicht genug Schießpulver liefern konnten; aber bereits im Jahre 1795 schaffte
man dieses Verfahren zum größeren Theile ab und erst im Jahre 1822 brachte man
es wieder zur Geltung. Während gegenwärtig in Frankreich das Kleinen in
Trommeln nur noch für die Bereitung von Jagdpulver beibehalten ist, hat dasselbe
in Deutschland, namentlich in der letzten Zeit eine ziemliche Verbreitung gefunden.

Die Einrichtung dieser Pulverisir- oder Brechtrommeln, wie sie im Anfange
dieses Jahrhunderts üblich war, ergiebt sich aus Fig. 8 und 9.

Fig. 8.   Fig. 9.

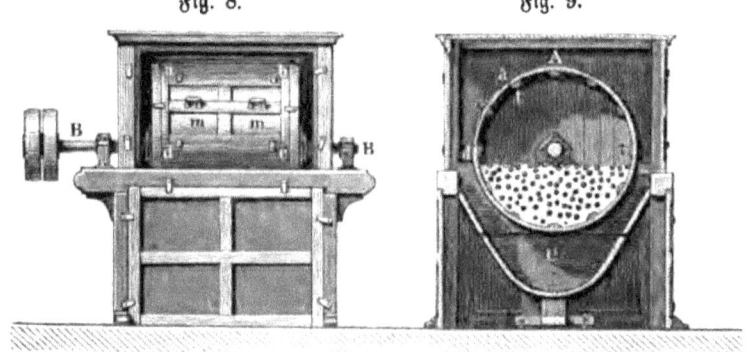

Die auf der Achse B, B aufgezogene Trommel A, welche eine Länge von
1,1 m und einen Durchmesser von 1,14 m besitzt, ist entweder aus Eichenholz zusammengesetzt oder sie besteht aus starkem Sohlleder, welches über ein walzen-
förmiges Holzgerippe gespannt ist. Im ersten Falle ist die innere Fläche der
Trommel mit Sohlleder überzogen, auf welchem 12 Leisten t, t angebracht sind,
welche um 2 cm hervorragen. Die Leisten sind nach innen scharfkantig geformt,
mit der äußeren Fläche bilden sie aber so flache Winkel, daß sich kein Satz daran
festsetzen und der Einwirkung der in der Trommel zum Kleinen der Materialien
befindlichen Kugeln entziehen kann. Das Eintragen und Entleeren der Beschickung
geschieht durch eine Oeffnung in der Trommel, welche durch den Deckel a, b, c, d
mittelst bronzener Schraubenmuttern oder Riegel verschlossen werden kann. Während des Kleinens der Substanzen wird ein hölzerner Deckel aufgesetzt, derselbe
aber beim Entleeren mit einem Messingsieb, bei welchem auf den Quadratcentimeter
14 Oeffnungen kommen, vertauscht, damit nur die gekleinten Substanzen in den
eisernen Kasten C fallen, nicht aber die Bronzekugeln. Der Durchmesser der Bronzekugeln beträgt zwischen 4 und 13 mm. Damit die Kugeln sich nicht so schnell
abnutzen, wählt man eine ziemlich harte Bronze, in der Regel aus 75 Proc.
Kupfer und 25 Proc. Zinn zusammengesetzt. Die Trommel ist äußerlich mit
einem Gehäuse von Wachstuch umgeben, um das Stäuben zu verhindern, wenn
die gekleinten Substanzen in den Kasten C entleert werden.

In neuerer Zeit sind diese Brechtrommeln hinsichtlich ihrer Form etwas abgeändert worden. Die in Spandau und Dresden üblichen haben einen Durchmesser
von etwa 2,2 m und eine Tiefe von 1,63 m. Während die Spandauer Trommeln

ganz aus Eichenholz angefertigt und an der sogenannten Mantelfläche im Innern mit Sohlleder überzogen sind, hat man in Dresden an der Mantelfläche die Holzbekleidung wegfallen lassen und nur das Sohlleder beibehalten, welches an den Leisten mittelst bronzener Schrauben befestigt ist. Diese Einrichtung dürfte insofern als vortheilhaft erscheinen, als man sofort von außen jede Verletzung des Bodens erkennen kann und dadurch der Mühe enthoben wird, in das Innere der Trommel hineinzusteigen, um sich zu überzeugen, ob noch Alles in gutem Zustande sich befindet. Auch lassen sich etwaige Reparaturen an der Mantelfläche sehr leicht dadurch ausführen, daß man das verletzte Stück Sohlleder abschraubt und durch ein neues ersetzt, während man bei der erstgenannten Einrichtung mit mehr Schwierigkeiten zu kämpfen hat. Auf der anderen Seite ist aber nicht zu vergessen, daß das Sohlleder, wenn es auf Holz aufliegt, einen viel größeren Widerstand leistet, also nicht so leicht abgenutzt wird, als wenn es frei ohne jegliche Unterlage der Einwirkung der Kugeln ausgesetzt wird, und das Durchschlagen des Leders von gar keinem Nachtheile ist, eben weil dann die Holzbekleidung noch vorhanden ist.

Am unteren Theile des Gehäuses befindet sich ein trichterförmiger Schlauch von Drillich, der in den Kasten, in welchen die gekleinten Substanzen entleert werden, führt. In der Nähe des Kastens ist der Drillich durch sämisch gares Kalbleder ersetzt. Auf den Kasten paßt ein Deckel, welcher in der Mitte ein Loch hat, so daß der Schlauch durch dasselbe in den Kasten geleitet werden kann. Damit der Deckel gut aufliegt und keinen Staub von der Kohle u. s. w. durchläßt, ist seine untere Seite mit Lämmerfellen gefüttert.

In Dänemark geschieht das Kleinen der einzelnen Bestandtheile in 1,24 m langen Tonnen, welche in zwei Abtheilungen getheilt sind.

In Rußland hat man zum Kleinen von Schwefel und Kohle eiserne Trommeln eingeführt. In Deutschland ist es üblich, nur die Kohle für sich zu kleinen, den Schwefel aber mit Salpetermehl zu mengen und beide zusammen fein zu pulvern.

Beim Kleinen der Kohle werden in Spandau und Dresden etwa 90 Kg Bronzekugeln von 1,3 cm Durchmesser in die Brechtrommel gegeben und darauf drei Dämpfer voll Kohlen im Gewichte von 69 Kg eingetragen. Während man in Dresden nur Faulbaumkohle verarbeitet, werden in Spandau Faulbaum- und Weidenkohle im Verhältnisse von 3 : 2 gemischt in die Trommel geschüttet. Letztere wird sodann mit dem hölzernen Deckel verschlossen und derselben eine Geschwindigkeit von zehn Umdrehungen in der Minute gegeben. Sowie 900 Umdrehungen erfolgt sind, wird die Trommel angehalten und nachdem das Messingsieb eingesetzt, wieder so lange bewegt, bis sämmtliche gekleinte Kohle in den untergesetzten eisernen Kasten gefallen ist. Da der Schlauch an dem unteren Ende sich verengt und das Kohlenpulver sich deshalb gern dort staut, so sucht man durch Drücken mit der Hand an diesem Theile des Schlauches nachzuhelfen. Aus dem Kasten wird die Kohle in Kübel geschüttet, wovon jeder 16 Kg faßt. Die Abnutzung der Bronzekugeln beträgt bei diesem Kleinungsverfahren für 50 Kg gepulverter Kohle etwa 90 g. Aus diesem Grunde werden jeden Monat die Kugeln durch ein Normalsieb gesiebt, dann gewogen und die Differenz durch neue Kugeln ersetzt.

Kleinen.

Während des Kleinens nimmt das cubische Gewicht der Kohle beständig zu, wie aus folgender Tabelle, welche französischen Beobachtungen entnommen, ersichtlich ist:

Nach 2 Stunden betrug das cubische Gewicht 0,220
„ 4 „ „ „ „ „ 0,243
„ 6 „ „ „ „ „ 0,280
„ 8 „ „ „ „ „ 0,282
„ 10 „ „ „ „ „ 0,294
„ 12 „ „ „ „ „ 0,296

Das Kleinen des Schwefels geschieht, wie bereits hervorgehoben, nicht für sich, sondern stets in Verbindung mit dem Salpeter, da man bemerkt hat, daß der Schwefel für sich allein gekleint die Trommel verschmiert und Feuererscheinungen in derselben auftreten.

Der durch das Läutern bröcklich gewordene Schwefel wird mit hölzernen Hämmern zerschlagen. Sodann werden 40 Kg abgewogen und mit der gleichen Menge Salpeter versetzt in die Trommel eingetragen, in welcher sich bereits 100 Kg Bronzekugeln befinden. Die Umdrehungsgeschwindigkeit der Trommel ist dieselbe wie bei der Kohlen=Brechtrommel, dagegen wird die Zahl der Umdrehungen auf 1200 erhöht. Die monatliche Abnutzung der Kugeln beträgt etwa 0,5 Kg.

In Frankreich wurden in früherer Zeit Kohle und Schwefel jede Substanz für sich gekleint und zwar wurde nach einer Angabe von Champy der Schwefel in einem verticalen, eisernen, gerippten Cylinder gekleint, welcher sich in einem hohlen, ebenfalls gerippten Cylinder um seine Achse drehte. Der Schwefel wurde dadurch gröblich gekleint und am unteren Ende des Cylinders durch ein gebogenes Rohr in eine hölzerne, horizontal sich drehende Trommel, in welcher sich Kugeln befanden, gebracht. Ein durch einen Ventilator erzeugter starker Luftstrom strich durch die hohle Achse der Trommel und trug den feinen Staub in eine Seitenkammer, wo er auf Tüchern sich niederschlug. In 12 Stunden kleinte die Maschine 500 Kg Schwefel. Diese Ventilationsmethode wurde jedoch aufgegeben. Heut zu Tage werden in Frankreich bei der Bereitung des Jagd=pulvers 18 Kg Kohle mit 150 Kg Bronzekugeln von 4 mm Durchmesser in die Trommel gegeben, und bei 28 bis 30 Umdrehungen in der Minute 12 Stunden lang bearbeitet. Nach Verlauf dieser Zeit werden 15 Kg Schwefel in Stücken eingetragen und auf gleiche Weise das Kleinen derselben und die Mischung dieser beiden Substanzen vorgenommen.

Auf ähnliche Weise wie in Frankreich verfährt man in Oesterreich, Dänemark und Rußland.

In Oesterreich werden 50 Kg geschmolzener Salpeter mit 75 Kg Bronze=kugeln von 8,3 g Einzelgewicht durch 30 000 Umdrehungen (30 in der Minute) gekleint.

In Dänemark wird der Salpeter 7 Stunden lang mit einer Geschwindig=keit von 18 bis 20 Umdrehungen in der Minute gekleint.

74   Mengen und Dichten.

3. Das Mengen und Dichten in einer Operation.

a. In Stampfmühlen.

In den älteren Werken Deutschlands werden, nachdem die Kohle unter den Stampfen gekleint worden, die beiden anderen Bestandtheile, welche schon gepulvert und gesiebt in eigenen Zubern in Bereitschaft gehalten werden, zu der Kohle gesetzt. Nachdem die Masse mit den Händen durcheinandergemengt ist, wird noch so viel Wasser zugegossen, daß es mit dem früher auf die Kohle gegebenen 16 bis 20 Proc. beträgt. Der Umfang der Stampflöcher wird dann rein abgekehrt, die Staubläden (durchlöcherte Deckel, durch welche die Stempel schlagen) werden über dieselben umgelegt und die Stempel auf den Satz niedergelassen. Man giebt sodann dem Rade langsam Wasser, damit der Uebergang von der Ruhe zur Bewegung nur allmählich erfolge, läßt dann etwas mehr Wasser zuströmen, bis die gewöhnliche Anzahl der Schläge in der Minute gemacht wird. Sowie die Stempel in voller Bewegung sind, werden alle Zugänge verschlossen, um Zugwind und dadurch Verstäuben einzelner noch nicht hinlänglich gemengter Theile zu vermeiden. Nach ungefähr einer Viertelstunde wird nachgesehen, ob die Stempel nicht durch den Satz auf den Boden schlagen. Dies kann nämlich sehr leicht erfolgen, wenn die Masse zu feucht ist. Sie spritzt dann umher und legt sich an die Wände des Mörsers, wodurch ein Theil der Masse der Einwirkung der Stempel sich entzieht. Auf der anderen Seite darf die Masse aber auch nicht zu trocken sein, weil sie sonst verstäubt und die Stempel nur die Masse im Grunde des Mörsers zusammenschlagen. Bei richtiger Beschaffenheit bildet sie einen Teig, welcher durch den Schlag der Stempel an den Wänden des Mörsers hinaufgetrieben wird, durch die Neigung desselben sich allmählich loslöst und wieder unter die Stempel zurückfällt. So vollkommen übrigens die Köpfe der Stempel und die Form der Stampflöcher auch sein mögen, so geschieht es doch, daß sich auf dem Boden und an den Stempeln eine fest geballte Masse ansetzt, welche bei fortdauerndem Stampfen so erhärtet, daß eine Entzündung erfolgen kann. Um dies zu vermeiden, muß das sogenannte Wechseln oder Umsetzen erfolgen. Es wird nämlich, nachdem das Wasserrad gestellt und die Stempel gehoben sind, der Satz des ersten Stampfloches in einen Behälter gegeben und dabei Sorge getragen, daß die vorhandenen Klumpen mit der Hand zerdrückt und alles dasjenige, was in und um das Stampfloch sich festgesetzt hat, abgekratzt werde, wozu man sich eines eigenen, aus starkem Kupferbleche angefertigten, schaufelartigen Instrumentes bedient. In dieses entleerte Stampfloch wird der Satz des zweiten unter gleicher Behandlung gebracht und sofort, während der Satz des ersten in das entleerte letzte Loch eingetragen wird. Zur Beschleunigung der Arbeit wird bei zehn Stampflöchern dieses Umsetzen von zwei Arbeitern in dem ersten und sechsten Stampfloche zu gleicher Zeit begonnen.

Das Umsetzen der Masse geschieht das erste Mal nach 2000 Schlägen und wird sodann nach je 4000 Schlägen wiederholt. Bei dieser Gelegenheit wird zugleich der Satz befeuchtet, wenn er zu trocken geworden ist, was der Beurthei-

Mengen und Dichten.

lung des geübten Arbeiters überlassen bleibt, da wegen der Abhängigkeit von der Temperatur genaue Vorschriften nicht gegeben werden können. Dieses Befeuchten geschieht aber immer nur mit kleinen Mengen Wassers, worauf der Satz mit den Händen umgearbeitet wird, was gewöhnlich ein Arbeiter in zwei Stampflöchern zugleich verrichtet. Um nichts von der Masse zu verlieren, die sich an den Händen der Arbeiter beim Umsetzen und Abkehren ansetzt, werden die Arbeiter angehalten, sich die Hände in eigenen Eimern zu waschen, deren Wasser sodann zum Befeuchten benutzt wird. Die Kruste, welche sich von Zeit zu Zeit an dem Bronzebeschlag der Stempel ansetzt, wird nicht durch Abklopfen und dergleichen, was das Lockerwerden der Stempel verursachen könnte, hinweggeschafft, sondern dadurch, daß man nach beendetem Stampfen die Stempel in eigenen, mit Wasser gefüllten Gefäßen über den zugedeckten Mörsern die Nacht hindurch stehen läßt und dann am folgenden Morgen reinigt und trocknet.

Die Anzahl der Stöße beläuft sich im Allgemeinen auf 55 bis 60 in der Minute. Die Dauer des Stampfens ist auf den einzelnen Mühlen ganz verschieden, sie bewegt sich in der Regel zwischen 14 und 36 Stunden.

Bei den Werken der neueren Einrichtung ist ganz derselbe Vorgang, wie er soeben angegeben wurde, nur werden die einzelnen Bestandtheile nicht in Stampfmühlen, sondern in Trommeln zuvor gekleint. Die Bearbeitungszeit ist in diesem Falle auf 36 Stunden festgesetzt und die Menge des Anfeuchtewassers beträgt hierbei nur 4 bis 9 Proc.

In Oesterreich, bei den sogenannten deutschen Stampfen, wo drei Stempel in einem Mörser arbeiten, kommen 25 Kg Satz in ein Stampfloch, bei den Neusohler aber 8,4 Kg, bei den kleineren dieser Art auch nur 6,6 Kg in einen Mörser. Für die Neusohler Stampfen beträgt die Stampfzeit 31 bis 55 Stunden für Scheiben- oder Jagdpulver, 24 bis 44 Stunden für Militärpulver und 16 bis 30 Stunden für Sprengpulver, während dieselbe für die deutschen Stampfen auf 60 beziehungsweise 48, 36 Stunden für die drei genannten Pulversorten festgesetzt ist.

In Frankreich werden in jedes Stampfloch 10 Kg Satz, mit 1 Kg Wasser befeuchtet, eingetragen. Zur Revolutionszeit betrug die Stampfzeit 14 Stunden, später 12 Stunden und im Jahre 1802 sogar 3 Stunden. Im Jahre 1807 ging man wieder auf 14 Stunden, da das in den vorhergehenden Jahren erzeugte Pulver gar nichts taugte.

In Dänemark kommen in jeden Mörser 5 Kg Satz, der je nach der Temperatur mit 10 bis 12 Procent Wasser angefeuchtet wird. Nachdem derselbe umgerührt worden, wird er eine Stunde lang bei 18 Schlägen in der Minute gestampft. Nach einstündiger Arbeit wird der Satz umgesetzt und 35 Stunden lang gestampft, während welcher Zeit noch 2 bis 3 Mal umgesetzt wird und die Stempel 24 bis 36 Schläge in der Minute thun. Wird der Satz sehr trocken, so befeuchtet man ihn während des Stampfens.

b. In Walzmühlen.

Im Allgemeinen ist das Verfahren ganz dasselbe, wie solches bereits oben bei dem Kleinen, Mengen und Dichten in einer Operation beschrieben wurde.

Streitig ist man nur darüber längere Zeit gewesen, ob es vortheilhafter sei, die gekleinten Substanzen direct auf das Lager zu bringen, um sie darauf zu mengen und zu verdichten, oder dieselben zuvor für sich einer vorläufigen Mengung in Tonnen zu unterwerfen. Nach Versuchen, welche in Holland angestellt wurden, scheint das letztere Verfahren sich als sehr empfehlenswerth zu erweisen, weshalb dasselbe auch mehrfach eingeführt worden ist.

Die Dauer der Operation hängt ab von der Qualität des Pulvers, von der Dichte des Kuchens, welche erhalten werden soll, sowie auch von der Menge Wasser, welche der Kuchen enthalten darf. Besitzt der Läufer ein Gewicht von 5000 Kg und macht derselbe acht Umdrehungen in der Minute, so ist es sehr förderlich, wenn die Läufer 4 bis 5 Stunden in Bewegung gehalten werden, indem die Mischung inniger, der Kuchen dichter und endlich eine geringere Menge Wasser genügt, um demselben die zum Körnen nöthige Beschaffenheit zu geben, als wenn man eine kürzere Walzzeit inne hält.

4. Das Mengen der gekleinten Substanzen.

Ehe auf das gewöhnliche, heut zu Tage übliche Verfahren übergegangen wird, sei noch einer Methode gedacht, welche, wie Simienowicz in seiner ars magna Artilleriae erwähnt, bereits im Jahre 1649 bei den Kirgisen gebräuchlich war und gegen das Ende des vorigen Jahrhunderts von Cossigny in Europa eingeführt wurde. Nach dieser Methode löste man den Salpeter in Wasser auf und schüttete sodann in die Salpeterlauge Schwefel und Kohle, nach der gewöhnlichen Art gekleint und gemengt. Nun erhitzte man die Masse unter Umrühren so lange, bis sie etwa noch 15 Proc. Wasser enthielt, ließ sie erkalten, wobei sie noch 10 Proc. Wasser verlor und brachte sie dann zur Verdichtung unter Stampfoder Walzmühlen. Man sollte durch dieses Verfahren viel Zeit und Arbeit ersparen, vor Explosionen sicher sein und ein in feuchten Räumen sich besser haltendes Pulver bekommen; allein nach wiederholt angestellten Versuchen des rühmlichst bekannten preußischen Hauptmanns Dr. Meyer kann auf diese Weise Pulver bereitet werden, welches zwar luftbeständiger sein dürfte, da die Poren der Kohle besser verschlossen werden, keineswegs aber die Dichtigkeit des gewöhnlichen erreicht. Ersparniß an Zeit ist nicht dabei, da der Salpeter heute als Salpetermehl verarbeitet wird und der Gewinn an Stampfzeit ebenfalls durch das Einrühren von Schwefel und Kohle in den gelösten Salpeter verloren geht. Die Methode ist daher auch heute nicht mehr im Gebrauch.

Zum Schlusse sei noch eine Stelle aus Plinius erwähnt, in welcher sich einige Anklänge an das eben geschilderte Verfahren finden. Die Stelle ist in der Naturgeschichte von Plinius lib. 31. cap. 10. § 111 verzeichnet, wo der Salpeter besprochen wird. Es heißt daselbst folgendermaßen: Nam et lapidescit ibi in acervis multique sunt cumuli ea de causa saxei. Faciunt ex his vasa nec non frequenter liquatum cum sulphure coquentes in carbonibus quoque quos inveterari volunt illo nitro utuntur; sunt ibi nitrariae in quibus et rufum exit a colore terrae. Ob die Stelle

Mengen. 77

mit dem Schießpulver in Verbindung gebracht werden kann, sei dem Urtheile ge= übter Forscher überlassen.

Das Mengen auf trocknem Wege geschieht entweder in Mengtrommeln oder unter Walzmühlen.

a. Das Mengen in Trommeln.

In Spandau und Dresden unterscheiden sich die Mengtrommeln nur darin von den Brechtrommeln, daß sie ganz aus Sohlleder angefertigt sind.

In Schweden haben die Mengtrommeln etwa 1 m Durchmesser und eine Länge von 1,4 bis 1,55 m.

In Bouchet sind dieselben wie die Brechtrommeln zu Spandau construirt, und beträgt der Durchmesser und die Länge der Tonne 1,2 m und in der Achse sind statt zwei Böden, drei in gleicher Entfernung von einander eingelassen.

In England ist die zum vorläufigen Mengen gebräuchliche Trommel aus Eisenblech, etwa 1 m im Durchmesser und $1^{1}/_{3}$ m lang. Durch die Trommel läuft eine horizontale Welle, welche sich in entgegengesetzter Richtung zur Trom= mel dreht. Um nun eine innige Mischung herbeizuführen, sind an der Welle fünf eiserne Arme angebracht, breite $^{1}/_{2}$ m lange Schienen, welche mit einer Reihe großer Löcher durchbrochen sind und in eine Gabel mit drei Zinken endigen.

In Bengalen hat man hölzerne Trommeln, welche innen mit Leisten ver= sehen sind.

Bei jeder Operation werden in Spandau 150 Kg Bronzekugeln von 0,654 cm Durchmesser in die Trommel gegeben und 100 Kg Satz aufgeschüttet. Letzterer besteht aus 64 Kg Salpeter, 20 Kg Salpeterschwefel und 16 Kg Kohle.

Der Mengtrommel wird sodann eine Geschwindigkeit von 10 Umdrehungen in der Minute gegeben und so lange in Bewegung erhalten, bis 1440 Umdrehun= gen erfolgt sind. Das Entleeren des Satzes erfolgt in vier Tonnen, wovon jede 25 Kg Satz faßt. Die Abnutzung der Bronzekugeln beträgt monatlich für 10000 Kg Satz 8 Kg.

In Schweden werden in die Mengtrommeln von 1,4 m Länge 60 Kg Satz, und in die von 1,55 m Länge 100 Kg gegeben und 10 Stunden lang mit 150 Kg, beziehungsweise 250 Kg Bronzekugeln von 1,2 cm Durchmesser be= arbeitet, wobei die kleineren Trommeln 27, die größeren 29 Umdrehungen in der Minute machen. Die Kugeln dürfen nur so lange gebraucht werden, als ihr Durchmesser noch nicht auf 6 mm herabgesunken ist.

In Bouchet kommen in jede der beiden Abtheilungen 25 Kg Satz und zwar 19,5 Kg Salpeter und 5,5 Kg der in den Brechtrommeln vorgenommenen Mischung von Kohle und Schwefel. Auf 25 Kg Satz nimmt man 60 Kg Bronzekugeln von 4 mm Durchmesser und giebt der Trommel während 12 Stun= den 25 bis 30 Umdrehungen in der Minute.

In England werden 100 Thle. Salpeter mit 18 Thln. Kohle und 13,3 Thln. Schwefel in der eisernen Trommel gemengt. Sowie der Pulversatz in der= selben emporgehoben wird und bei einer bestimmten Höhe wieder zurückfällt, streicht die Gabel in umgekehrter Richtung hindurch und führt auf diese Weise eine ober= flächliche Mischung herbei.

In Bengalen wird der Pulversatz 3 Stunden lang in den hölzernen Trommeln gemengt.

In England hatte man auf Vorschlag von Congreve 1819 eine Methode eingeführt, welche sich zwar nicht bewährte, wegen ihrer sinnreichen Anordnung aber verdient erwähnt zu werden. Jede der drei für sich gekleinten Substanzen wurde in je einen Trichter gebracht, dessen untere, viereckige Oeffnung durch eine cylinderförmige, scharfe Bürste, welche sich um ihre horizontale Achse drehte, fest geschlossen war. Bei dieser Drehung der Bürsten um eine gemeinschaftliche Achse streifte je nach der mehr oder weniger erhöhten Stellung der Bürsten jede eine gewisse Menge der in dem Trichter befindlichen Substanz auf ein gemeinschaftliches Tuch ohne Ende, welches über zwei Cylinder lief, welchen eine schnellere Umdrehungsgeschwindigkeit als den Bürsten gegeben wurde. Salpeter, Schwefel und Kohle breiteten sich in sehr dünner Lage auf diesem Tuche aus, vermischten sich unter einander und fielen, auf dem zweiten Cylinder angekommen, vermöge ihres Gewichtes von dem Tuche herunter in einen Trichter, welcher mit dem Innern einer Tonne in Verbindung stand. An der Tonnenachse nämlich war ein Trichter angebracht, welcher durch Gewichte in einer aufrechten Stellung gehalten wurde und auf dieselbe Weise, wie oben angegeben, von einer Bürste geschlossen wurde, deren unterer Theil auf ein Messingsieb mit sehr engen Maschen streifte, wodurch ein sehr feines Kleinen und Mengen bewirkt wurde. Die untere Wand der Tonne war mit Leisten oder kleinen Brettchen versehen, welche senkrecht gegen die Oberfläche gestellt waren, in Folge dessen das Gemenge in den oberen Theil der Tonne wieder geschleudert wurde, in den Trichter fiel und von Neuem einer Mengung unterworfen wurde. Nach Verlauf von einer Viertelstunde war das ganze Verfahren beendet, die Tonne wurde entleert und der Pulversatz auf die Presse gebracht.

b. Das Mengen auf Walzmühlen.

Diese Methode ist nur in England und Ostindien üblich. In ersterem Lande werden die vorläufig gemengten Substanzen zur innigeren Mischung auf die bereits oben erwähnten Walzmühlen gebracht. In Waltham-Abbey giebt man den Läufern $7^{1}/_{2}$ Umgänge in der Minute. Jedesmal werden 21 Kg Satz, welchen man vorher nur schwach befeuchtet hat, 3 Stunden bearbeitet, wenn Militärpulver gefertigt werden soll. Bei Jagdpulver wird die Mengzeit auf $3^{1}/_{2}$ Stunden und bei der feineren Sorte sogar auf $4^{1}/_{2}$ Stunden erhöht.

In Ostindien werden die Substanzen zuerst unter hölzernen Walzen 4 Stunden lang bearbeitet und dann unter Bronzeläufer von 3500 Kg Gewicht gebracht.

Für 30 Kg Satz hält man 100 Umgänge für genügend, während in den königlich englischen Fabriken im Durchschnitt 1350 gegeben werden. Deshalb ist das ostindische Pulver schwärzer und weniger gemengt als das englische, in Folge dessen auch nicht so brauchbar, wie das letztere. Es erklärt sich dies sehr einfach, wenn man bedenkt, daß sehr viel darauf ankommt, wie lange gemengt worden ist und wie viel Umdrehungen in der Minute gemacht werden. Wird nämlich das Mengen längere Zeit fortgesetzt, so nimmt die Dichtigkeit des Pulversatzes bis zu einem gewissen Punkte stetig ab, der Satz läßt sich also leichter pressen und man wird

Mengen. — Dichten. 79

ein festeres Korn erhalten, welches sich schneller entzündet und besser transportiren läßt.

Aber auch die Geschwindigkeit, mit welcher die Umdrehungen erfolgen, ist nicht ganz gleichgültig, da nach englischen Beobachtungen wenige und rasche Umdrehungen vortheilhafter wirken als mehr, aber langsam erfolgende, ja durch die Zahl der Umdrehungen die fehlende Geschwindigkeit gar nicht ersetzt werden kann. In welchem Verhältniß das specifische Gewicht des Pulversatzes während des Mengens abnimmt, zeigen folgende Spandauer Beobachtungen:

Es betrug das specifische Gewicht des Pulversatzes

nach 1 Stunde 48 Minuten Mengzeit . . 1,63
„ 2 Stunden 20 „ „ . . 1,42
„ 5 „ 24 „ „ . . 1,36
„ 7 „ 12 „ „ . . 1,36
„ 9 „ 36 „ „ . . 1,30

Eine ähnliche Erscheinung zeigt das cubische Gewicht des Pulversatzes. Nach französischen Untersuchern betrug dasselbe

nach Verlauf von 1 Stunde . . . 0,394
„ „ „ 2 Stunden . . . 0,368
„ „ „ 3 „ . . . 0,355
„ „ „ 4 „ . . . 0,342
„ „ „ 5 „ . . . 0,340
„ „ „ 6 „ . . . 0,337
„ „ „ 7 „ . . . 0,338
„ „ „ 8 „ . . . 0,344
„ „ „ 9 „ . . . 0,352
„ „ „ 10 „ . . . 0,357
„ „ „ 11 „ . . . 0,356
„ „ „ 12 „ . . . 0,357

5. Das Dichten oder Pressen des Pulversatzes.

Diese Operation wird nur da gesondert vorgenommen, wo das Kleinen und Mengen in Trommeln oder auch wohl unter Walzmühlen geschieht, indem, wie bereits oben erwähnt, bei Anwendung von Stampfwerken und zum Theil auch von Walzmühlen das Dichten gleichzeitig mit dem Mengen in derselben Vorrichtung vollzogen wird.

Damit der Pulversatz zum Dichten geeignet sei, wird derselbe, wenn das Mengen in Trommeln erfolgte, vorher angefeuchtet. In früherer Zeit geschah das Anfeuchten des Pulversatzes mit kleinen Gießkannen, in neuerer Zeit aber hat man besondere Apparate dafür erdacht.

In Spandau besteht der Apparat aus einem Tische von Eichenholz, welcher 2,17 m lang und ungefähr 1 m breit ist. Damit der Satz beim Durcharbeiten von der Tischplatte nicht herunter fallen kann, ist ringsum an der äußeren Kante eine aufrecht stehende Leiste angebracht. An der einen der Breitseiten des

80 Dichten.

Tisches in der Mitte befindet sich ein durch die Tischplatte hindurchgehendes Loch, durch welches der angefeuchtete Satz abgelassen wird. Ueber dem Tische, oben an der Decke, ist ein Glascylinder angebracht, welcher an einem ledernen, über zwei Rollen laufenden Riemen derart befestigt ist, daß der Cylinder, wenn er mit Wasser gefüllt werden soll, heruntergelassen und darauf wieder in die Höhe gezogen werden kann. Der Cylinder trägt zehn Theilstriche, der Zwischenraum zwischen je zweien entspricht $1/2$ Kg Wasser. Von der Mitte des Gefäßbodens läuft ein kupfernes Rohr, welches an seinem unteren Ende durch eine fein durchlöcherte Platte geschlossen wird. Kurz oberhalb derselben befindet sich ein kupferner Hahn, durch welchen das in dem Cylinder und dem Rohre befindliche Wasser abgesperrt werden kann. Zum Durcharbeiten der Masse bedient man sich schmaler, hölzerner Bretter, die bei einer Länge von etwa 0,3 m die Gestalt eines Rechtecks besitzen, in dessen Mitte nach dem oberen Ende zu ein halb ovales Loch zum Durchstecken der Finger angebracht ist.

Das Verfahren ist folgendes: Der Pulversatz wird auf dem Tische gleichmäßig ausgebreitet und allmählich mit 10 Proc. Wasser befeuchtet, so daß also auf 25 Kg Satz 5 Theilstriche Wasser kommen. Der Satz wird gehörig durcheinander gearbeitet, damit das Wasser in der ganzen Masse des Satzes möglichst gleichmäßig vertheilt wird, dann durch das Loch an der Breitseite des Tisches in Kübel abgelassen und sofort unter die Presse gebracht.

Bei diesem Verfahren macht sich ein kleiner Uebelstand geltend, nämlich daß der Arbeiter stets in die Höhe schauen muß, wenn er sich vergewissern will, wie viel Wasser er auf den Satz hat fließen lassen. Diese Unbequemlichkeit ist nur äußerst geringfügig, da ein geübter Arbeiter das Anfeuchten so im Griffe haben wird, daß er nur selten zu dem Cylinder hinaufzublicken braucht, auch durch einen auf richtige Weise angebrachten Spiegel das in die Höhe Sehen leicht beseitigt werden könnte.

In Dresden hat man zu einem anderen Aushülfsmittel gegriffen. Der dortige Inspector der königlichen Pulverfabrik, Lieutenant Rudowsky, hat einen Apparat construirt, welcher in seinem Principe genau auf das System herauskommt, welches bereits Champy bei seiner weiter unten zu besprechenden Körnmethode in Anwendung brachte. Die Einrichtung des Apparates ist ungefähr folgende: Eine kleine Handpumpe ist in zwei Abtheilungen getheilt, welche an ihrem unteren Ende mit einander in Verbindung stehen. Ueber der einen Abtheilung ist zum Filtriren des Wassers ein Tuch ausgebreitet, um Unreinigkeiten, wie Sand u. s. w., zurückzuhalten. Durch die in der Pumpe unten angebrachte Oeffnung tritt das filtrirte Wasser in die zweite Abtheilung, von wo es durch ein kupfernes Rohr in ein cylindrisches Gefäß, ebenfalls von Kupfer, mit Hülfe der Pumpe getrieben wird. In dem Cylinder befindet sich ein Schwimmer, welcher durch eine Schnur mit einem Zeiger verbunden ist, der auf einer neben dem Tische befindlichen Tafel spielt, welche in Theilstriche eingetheilt ist, die bestimmten Wassermengen entsprechen. Sowie das filtrirte Wasser in den Cylinder tritt, steigt der Schwimmer empor, während der Zeiger an der Tafel heruntersinkt, bis derselbe beim höchsten Stande des Schwimmers gerade auf Null zeigt. Zum Ablassen des Wassers ist an dem Cylinder eine ähnliche Einrichtung getroffen, wie in

Spandau. Sie unterscheidet sich von der letzteren nur darin, daß das kupferne Rohr, weil der Cylinder unbeweglich ist, zum Theil durch einen Guttapercha=schlauch ersetzt ist. Soweit dem Verfasser bekannt, ist dieser Apparat patentirt.

In Waltham=Abbey, wo der gemengte Satz bereits Feuchtigkeit besitzt, wird derselbe, ehe er unter die Presse kommt, durch zwei über einander liegende Walzenpaare von 18 cm Durchmesser und 6,2 dm Länge zerkleint. Die Wal=zen sind auf ihrer ganzen Oberfläche mit kleinen, vierseitig pyramidalen Zähnen von ungefähr 6 bis 7 mm Höhe besetzt und greifen in einander, so daß das zwi=schen sie gebrachte Pulver in ziemlich kleine Körner zerbröckelt wird. Die zu einem Paare gehörigen Walzen werden durch eine Hebelvorrichtung gegen einander ge=drückt und enthalten auf ihren Achsen gezahnte, in Eingriff stehende bronzene Räder, so daß sie gleichmäßig, obwohl in entgegengesetzter Richtung, umlaufen. Das durch das erste Paar vorläufig zerkleinerte Pulver fällt auf das zweite Walzen=paar, wo die Zerkleinerung bis zur Größe von Kanonenpulver fortgesetzt wird. Zum Aufschütten dient ein Leintuch ohne Ende, welches über zwei Rollen läuft, wo=von die eine (die obere) sich über dem ersten Walzenpaare befindet, während die andere niedriger, mehr zur Seite liegt, so daß das Leintuch sich in geneigter Lage befindet und unter langsamem Fortbewegen das aufgeschüttete Pulver mit in die Höhe nimmt und auf die Walzen überträgt. Um ein Zurückfallen des Pulvers zu verhüten, sind lederne Riemen in etwa 1,6 cm Entfernung von einander quer über das Leintuch genäht. Der Pulversatz fällt aus einem Kasten auf das Tuch, wird von diesem langsam mitgenommen, aber durch ein Streichmesser so weit ab=gestrichen, daß nur gerade so viel, wie von den Walzen verarbeitet werden kann, darauf liegen bleibt.

Nach diesen vorbereitenden Arbeiten, welche allerdings bei dem zunächst zu beschreibenden Dichten unter Mühlsteinen wegfallen, wird der Satz verdichtet, was entweder unter Mühlsteinen oder Pressen geschieht.

a. Das Dichten unter Mühlsteinen.

Die Mühlsteine sind von Bronze, jeder ist mit einem Kupferringe bedeckt. Das Lager, auf welchem die Steine laufen, ist von Ulmenholz. Der Stein hat 1,5 m Durchmesser, 5 dm Dicke und wiegt 2500 Kg. Ein Satz von 50 Kg wird in einer Schicht von 5 cm Dicke auf das Lager ausgebreitet, nachdem er zuvor mit 1 Kg Wasser befeuchtet worden ist. Das Anfeuchten geschieht direct auf dem Lagersteine. Die Umdrehungsgeschwindigkeit ist bei Beginn eine ge=ringe, wird indeß nach und nach in dem Grade erhöht, daß in einer Minute 8 Um=drehungen um die Achse geschehen, welche Geschwindigkeit 1 Stunde bis $1^{1}/_{4}$ Stunde erhalten wird. Nach Verlauf dieser Zeit wird der Pulverkuchen noch einmal mit 1 Kg Wasser besprengt. Nach dem Anfeuchten wendet der Arbeiter die Masse mit Hülfe eines mit Kupfer beschlagenen Meißels um und verlangsamt die Bewegung der Läufer, bis sie nur vier Umdrehungen in der Minute machen. Nach dreiviertel Stunden ist das Pressen beendet. Der Kuchen hat dann eine Dicke von 18 mm. In Frankreich bedient man sich dieser Methode bei der Be=reitung des Jagdpulvers.

b. Das Dichten unter Pressen.

Diese Methode wurde in England bereits 1784 in Anwendung gebracht, es läßt sich aber nicht genau feststellen, ob in diesem Jahre der Gebrauch von Pressen aufkam oder ob derselbe schon früher bekannt war.

Das Dichten unter Pressen geschieht entweder durch Schrauben-, hydraulische oder Walzenpressen.

Die Construction der beiden erstgenannten Arten darf als bekannt vorausgesetzt werden. Hinsichtlich der Schraubenpresse sei nur bemerkt, daß in Schweden die Spindel vorschriftsmäßig mindestens 1,06 dm Durchmesser haben muß. Bei der hydraulischen Presse ist noch eine Einrichtung hervorzuheben, welche sich in einigen Fabriken vorfindet. Um nämlich die Arbeiter vor Explosionen zu sichern, hat man den Preß- und den Druckcylinder durch starke Mauern von einander getrennt, so daß also, so zu sagen, die Presse in zwei Zimmern steht.

Das Verfahren in früherer Zeit war folgendes: Die Pulvermasse, welche zusammengepreßt werden sollte, wurde in einen rechtwinkligen, hölzernen, mit Blei ausgefütterten und mit kupfernen Bändern umschlagenen Kasten gebracht. Um einen besseren Druck ausüben zu können, nahm man viereckige Scheiben von Nußbaumholz, welche 4 dm im Quadrat groß und 2,6 cm dick waren. An den Seiten der Scheiben befand sich eine Leisteneinfassung, die 1,05 bis 1,27 cm hervorsprang. Sowohl die inneren Winkel dieser Leisten als der Rand an der unteren Seite der Scheiben waren sorgfältig geebnet, damit sich die Scheiben leicht an einander fügen ließen (?). Man bedeckte zuerst den Boden einer Scheibe mit einem Stücke angefeuchteter Leinwand, auf diese legte man eine Schicht Pulver und darauf ein Stück feuchter Leinwand. Auf letzteres kam eine Holzscheibe, und so fuhr man mit dem Schichten auf die angegebene Weise fort, bis man in dem Kasten ungefähr 25 Lagen aufgethürmt hatte und brachte dann das Ganze unter die Presse.

Zu Neisse wurde 1812 und in den folgenden Jahren der gemengte Satz in kleinen Quantitäten in angefeuchtete Leinwandtücher geschlagen. Diese Päckchen kamen zu 15 bis 18 Kg in eine Presse, in welcher sie zu festen Platten von 0,31 m im Quadrat und 1,3 cm Dicke zusammengedrückt wurden. Als Presse dienten die großen Stoßwerke aus der eingegangenen Münze zu Glatz.

In neuerer Zeit hat man bei den Schrauben- und hydraulischen Pressen eine kleine Abänderung getroffen, indem man die Holzscheiben durch Kupferplatten und den Kasten durch einen hölzernen Rahmen zu ersetzen gesucht hat. Die Pulverschicht wird in einer Dicke von 9 mm auf die Platten gelegt und dann unter der Presse bis auf 2 mm Dicke zusammengedrückt.

In Waltham-Abbey hat man Bronzeplatten von 7,3 dm im Quadrat, die Pulverschicht besitzt eine Dicke von 2 cm. Zwischen 44 Stück solcher Platten wird der Satz unter einer hydraulischen Presse von 700 000 Kg Druck oder 131 Kg auf 1 ☐ cm auf ein Drittel seiner ursprünglichen Dicke zusammengepreßt.

Die Walzenpressen stammen aus Frankreich, wo sie unter dem Namen laminoir bekannt sind. Ursprünglich bestanden sie aus zwei Walzen, jetzt aber sind sie allgemein noch um eine dritte Walze vermehrt.

Dichten.

Eine eingehende Beschreibung über die Einrichtung dieser Pressen zu geben, wie man sie jetzt in den größeren Pulverfabriken Deutschlands und Frankreichs findet, ist ohne Abbildung schwierig und nur schwer verständlich. Da Verfasser die erforderliche Zeichnung, obwohl sie ihm versprochen worden, nicht erhalten hat, so sieht sich derselbe genöthigt, lediglich im Großen und Ganzen die Einrichtung solcher Pressen anzudeuten.

Das Walzwerk besteht aus drei Walzen, welche vertical über einander mit ihren horizontalen Achsen in einem Gestelle ruhen. Die obere und die untere Walze sind aus Bronze angefertigt, während die zwischen beiden liegende aus Holz besteht. Die untere Walze wird vermittelst Wasserkraft um ihre Achse gedreht und setzt durch die entstehende Reibung mit der zweiten Walze diese in Bewegung, welche ihrerseits wieder durch Reibung eine Umdrehung der oberen, der sogenannten Druckwalze, herbeiführt. Letztere besitzt das größte Gewicht; an ihrer Achse ist ein Zeiger angebracht, der auf einem in 12 Theile getheilten Zifferblatte spielt, welches unabhängig von der Drehung der Druckwalze ist. Um den Druck der oberen Walze zu vermehren, hat man an der Decke des Zimmers zwei lange Hebel angebracht, welche an ihren Enden durch einen Flaschenzug niedergedrückt werden. Dieser letztere wird durch einen kleinen Hebel, der mit Gewichten beschwert ist, angespannt und so ein Druck auf die Achse der oberen Walze ausgeübt, welcher bis 30000 Kg beträgt. Zwischen der Druck- und der hölzernen Walze befindet sich ein aus starker Leinwand angefertigtes Tuch ohne Ende, welches über hölzerne Rollen läuft, die, da zum Theil verschiebbar, ein stärkeres oder schwächeres Anspannen des Tuches gestatten. Vor diesen beiden Walzen steht ein hölzerner, zur Aufnahme des angefeuchteten Pulversatzes bestimmter Kasten, welcher nach den Walzen etwas schräg läuft und an seiner hinteren Seite mit einem Schieber versehen ist. Durch diesen Schieber fällt der Satz auf das Tuch und gelangt so unter die Walzen. Damit der Satz nicht seitlich herabfällt, ist der untere Theil des Füllkastens mit Borsten besetzt. Da nun an den äußeren Enden der Walze der Druck nicht so stark ist, wie nach der Mitte zu, so sind an der Seite der beiden Walzen, wo der Kuchen heraustritt, zwei Schneiden angebracht, um die weniger dichten Theile des Pulverkuchens abzuschneiden.

Walzenpressen dieser Art liefert die Maschinenfabrik von Freund in Berlin zum Preise von 9000 Mark.

In neuester Zeit hat Lieutenant Rudowsky eine Presse construirt, die ebenso gut wie die Freund'sche arbeiten soll und nur 4500 Mark kostet. Verfasser hat die Presse nicht gesehen und kann daher nicht darüber urtheilen.

Soll die Walzenpresse in Gang gesetzt werden, so wird der Füllkasten mit angefeuchtetem Pulversatze beschickt und der Schieber etwa 3 cm hoch in die Höhe gezogen. Der die Presse bedienende Arbeiter hat vorzüglich darauf zu achten, daß der Kasten stets mit Satz angefüllt bleibt. Sowie der Pulverkuchen an der anderen Seite der Walzen in der Dicke von 1 cm heraustritt, bricht er durch sein eigenes Gewicht ab und fällt in einen untergestellten Kasten. Aus diesem werden die einzelnen Stücke in sogenannte Satztubben gelegt. Diejenigen Theile des Pulverkuchens, welche von den Schneiden abgeschnitten werden, werden sofort mit hölzernen Hämmern zerschlagen und darauf wieder in den Füllkasten gebracht. Die Druckwalze macht in 12 Minuten eine Umdrehung, zu deren Controle das oben erwähnte Zifferblatt nebst Zeiger dient. Daß eine bestimmte Umdrehungsgeschwindigkeit vorgeschrieben ist, versteht sich von selbst, da von derselben ja der Druck und somit die Dicke des Pulverkuchens, sowie dessen cubisches und specifisches Gewicht abhängig sind. Die beiden letzteren nehmen, wie wohl keiner Ausführung bedarf, mit zunehmendem Drucke zu.

Die Presse preßt im Sommer täglich 1000 Kg, in der übrigen Zeit 750 Kg Pulversatz. Letzterer verliert in der Sommerzeit beim Pressen $1^1/_2$ Proc., sonst höchstens 1 Proc. an Feuchtigkeit. Zu bemerken ist noch, daß sich im Herbste das Pulver merkwürdiger Weise leichter condensirt, als in den anderen Jahreszeiten.

Wenn oben bemerkt wurde, daß mit zunehmendem Drucke auch das specifische und cubische Gewicht des Pulvers wachse, so sollte damit nicht gesagt sein, daß es rathsam sei, ein möglichst hohes specifisches und cubisches Gewicht zu erzeugen, eben weil dieses auch seine Grenzen hat in Bezug auf die Wirksamkeit des Pulvers. In neuerer Zeit hat man daher auch das specifische Gewicht des Pulvers zu erniedrigen gesucht. So betrug dasselbe in Preußen früher 1,63, während es jetzt sich nur auf 1,58 beläuft. Wie sehr aber ein festes Pressen des Satzes das Pulver bei längerer Aufbewahrung schützt, sieht man aus einem englischen Versuche mit Pulver, welches 1789 theils aus ungepreßten, theils aus gepreßten Kuchen gefertigt 1811 verglichen wurde. Das erstere gab 3628, das letztere 4193 yards Wurfweite, obschon sonst bei der Anwendung bald nach der Fabrikation lockeres Pulver größere Wurfweiten giebt, als festes.

So viel von den einzelnen Verfahrungsweisen, die Materialien zu kleinen, mengen und zu verdichten.

Ueberblickt man nun die sämmtlichen in der Jetztzeit üblichen Methoden, welche ja alle auf das nämliche Ziel hinauslaufen, wenngleich der Weg, wie dasselbe erstrebt werden soll, etwas abweichend ist, so drängt sich fast unwillkürlich die Frage über den Werth der einzelnen Methoden auf. Die Beantwortung dieser Frage ist insofern mit einiger Schwierigkeit verbunden, als vergleichende praktische Resultate nur spärlich in den Fachschriften niedergelegt sind. Hierzu gesellt sich noch der Umstand, daß die Kraftäußerung des Pulvers an und für sich nicht unbedingt durchschlagend sein kann, da auch auf ökonomische Rücksichten und andere Eigenschaften des Pulvers, auf welche man besonderen Werth legt, Bedacht zu nehmen ist. Wie dem nun auch sei, darüber ist man heut zu Tage einig, daß Stampfmühlenpulver am wenigsten zu empfehlen ist. Nach den bisher gemachten Erfahrungen besitzt dasselbe den großen Fehler, wegen seiner Zerreiblichkeit viel Staub zu erzeugen und daher Erschütterungen, wie z. B. beim Transporte im Munitionskasten, nicht ohne Nachtheil auszuhalten vermag. Es verbreitet einen dickeren und stärkeren Rauch, besitzt eine geringere Anfangsgeschwindigkeit der Kugel und giebt einen größeren Rücklauf als Walzmühlenpulver, greift aber die Geschütze weniger an als dieses.

Etwas schwieriger gestaltet sich die Beantwortung der Frage, ob Walzmühlen- oder Tonnenpulver der Vorzug zu ertheilen ist, da darüber einschlagende Versuche fast gar nicht bekannt sind. So ist z. B. in dem sonst so trefflichen Archive für die Officiere der königlich preußischen Artillerie diese Frage von preußischer Seite gar nicht berührt, und in französischen Schriften fand Verfasser nur zwei Notizen, eine über Versuche in Esquerdes, wonach die Fabrikation in Trommeln theuerer als mit Walzen und zur Bereitung sehr guten Pulvers nicht geeignet sein soll, und eine weitere im Mémorial de l'artillerie, wo gesagt ist, daß Tonnenpulver die größte Wurfweite angebe. Es mag nun auch schwer sein, ein endgültiges Urtheil zu fällen, wenn man bedenkt, daß in Frankreich das Kriegs= pulver in den Staatsfabriken nur auf Walzmühlen und in Preußen dasselbe nur in Trommeln bereitet wird, ein Vergleich mit anderswoher bezogenem Pulver aber schon deshalb nicht unbedingt maßgebend sein kann, weil die Dosirungsverhältnisse, das cubische und specifische Gewicht abweichen und die Kohle stets verschiedene Zu= sammensetzung haben wird.

In neuester Zeit ist Metz in den Besitz Deutschlands gekommen und damit auch eine kleine Pulverfabrik, in welcher das Läufersystem üblich ist. Man hat nun dort unter Beobachtung aller derjenigen Verhältnisse, wie sie in Spandau in Gebrauch sind, Schießpulver darstellen lassen und dabei gefunden, daß das Metzer Schießpulver eine größere Trefffähigkeit giebt, während sich bei dem Spandauer Pulver eine größere Anfangsgeschwindigkeit herausstellt, was wohl in dem Pressen, je nachdem der Druck größer oder geringer ist, seinen Grund haben mag. Die Versuche in Spandau laufen nun darauf hinaus, bei dem Trommel= systeme neben der früheren Anfangsgeschwindigkeit eine größere Trefffähigkeit zu erzielen. Die Versuche sind noch nicht abgeschlossen und läßt sich daher ein unbe= dingtes Urtheil über den Werth der einen oder anderen Methode nicht abgeben. Ob man wirklich alle Vortheile des Läufersystems erreichen wird, ohne an den Vorzügen, welche das Trommelsystem bietet, eine Einbuße zu erleiden, mag dahin gestellt bleiben. Auf jeden Fall wird man aber bei einer gewissenhaften Prüfung den Versuch, beide Methoden mit einander zu verschmelzen, nicht unberücksichtigt lassen dürfen, wenn auch damit nicht gesagt sein soll, daß das englische Verfahren, bei welchem eine Verbindung beider Methoden angestrebt ist, dabei als unbedingt maßgebend anzusehen sei.

II. Das Körnen.

In der ersten Zeit wurde das Schießpulver nur in Staubform angewandt. Wann der Uebergang vom staubförmigen zum gekörnten Pulver erfolgte, läßt sich nicht ganz sicherstellen. Erwähnt wird das Körnen bereits im Jahre 1445, wo es in einem Manuscripte über Artillerie heißt, daß die Ballen, welche von den Stampfen kommen, in Knollen zerdrückt werden, und daß Knollenpulver weiter treibe als ungekörntes. Ursprünglich wurde nur Büchsenpulver gekörnt, nicht aber Geschützpulver, wie der Mathematiker Tartaglia (Quesiti e investioni diversi 1546) bemerkt. In eben dieser Weise spricht sich 1550 Biringuccio aus in seiner Pyrotechnia. Gegen Anfang des 17. Jahrhunderts wurde alles Pulver gekörnt. Nur beiläufig sei bemerkt, daß die Türken im Jahre 1656 noch keine Kenntniß von gekörntem Pulver besaßen.

In früherer Zeit erfolgte das Körnen in der Weise, daß man den verdichte=

en Pulversatz mit hölzernen Hämmern zerschlug, auf Siebe brachte und mit Hülfe iner kleinen Walze die Pulverstücke durch das Sieb drückte. Später ersetzte nan die Walze durch hölzerne Scheiben und bewegte das Sieb mit der Hand. Der Siebboden bestand entweder aus einem Drahtgeflechte, einer durchlöcherten Eisenplatte oder aus Pergament. Die Maschen des Siebes waren ursprünglich, als man das Geschützpulver zu körnen anfing, ziemlich weit. So sagt Boillot 1598 in seinen modèles d'artifices de feu, daß für grobes Geschütz die Körner erbsengroß, für kleineres so dick wie Linsen gemacht wurden. Später ging man auf kleinere Dimensionen herunter. Zur Vereinfachung des Körnens setzte man die einzelnen Siebe, Schrotsiebe, in einen hölzernen Rahmen, in der Regel drei bis vier Siebe neben einander. Um dem Rahmen die entsprechende Bewegung geben zu können, hing man denselben an Schnüren an der Decke des Arbeitsraumes auf. In die Siebe kam der gröblich gekleinte Pulverkuchen und auf diesen eine linsenförmige Scheibe aus Guajakholz oder einem anderen harten Holze. Die Scheibe hatte 21 cm Durchmesser und eine Dicke von 55 mm in der Mitte und 45 mm im Umfange. Unter den Sieben war ein Kasten, in welchen die verschieden großen und eckigen Körner fielen. Das Sortiren derselben geschah durch Siebe von Messingdraht mit einer bestimmten Anzahl Maschen auf den Quadratzoll. In manchen Fabriken hatte man unmittelbar unter dem Schrotsiebe noch mehrere Siebe angebracht, um so das Körnen und Sortiren in einer Operation vorzunehmen.

Neben diesem Verfahren bürgerte sich ein anderes ein, welches auf dem Princip der Rüttelmaschine beruht, wie solche in Mahlmühlen üblich ist. Der Rahmen wird durch Wasserkraft in rüttelnde Bewegung gesetzt, die durchfallenden Körner gelangen auf ein schräg liegendes Sieb mit Maschen von bestimmter Weite. Die zu großen Körner rollen über das Sieb, welches ebenfalls in rüttelnder Bewegung sich befindet, herunter in einen Kasten, während die Körner, welche kleiner als die Maschen des Siebes sind, durch dieselben auf ein zweites Sieb mit kleineren Maschen fallen, wo der nämliche Vorgang sich wiederholt.

In neuerer Zeit hat die Lefebvre'sche Körnmaschine vielfach Eingang gefunden. Sie ist seit einer Reihe von Jahren in Spandau und Neiße in Gebrauch. Für letztere Pulverfabrik ist zu bemerken, daß von 1815 bis 1829 das Körnen zwischen zwei gegen einander laufenden, metallenen Walzen geschah. Aus der zerbrochenen Masse wurden die Körner ausgesiebt; die zu groben gingen noch einmal durch die Walzen, während das entstandene Mehlpulver zu Kuchen wieder gepreßt wurde.

Die Einrichtung der Lefebvre'schen Körnmaschine, Fig. 10, ist folgende. Auf einem achteckigen Rahmen a von 2,5 m Durchmesser sind 8 bis 12 Siebsysteme angebracht. Durch die Mitte dieses Rahmens läuft eine verticalstehende schmiedeeiserne Kurbel c, welche an ihrem unteren Ende durch in einander fassende Zahnräder mittelst einer von Wasser getriebenen, horizontal liegenden Welle in Bewegung gesetzt werden kann und an ihrem oberen Ende in einem horizontal liegenden Balken einen Stützpunkt findet. Das Zapfenlager ist von hartem Holze, bei 0,65 bis 1,3 cm Spielraum. Der Rahmen ist mit Seilen oder kupfernen Stangen b, b an dem horizontal liegenden Balken derart aufgehängt,

Körnen. 87

daß durch die hindurchgehende und in Bewegung gesetzte Kurbel mittelst des Krummzapfens dem Rahmen und somit auch dem ganzen Siebsysteme eine kreisende, jedoch nicht drehende Bewegung mitgetheilt werden kann.

Fig. 10.

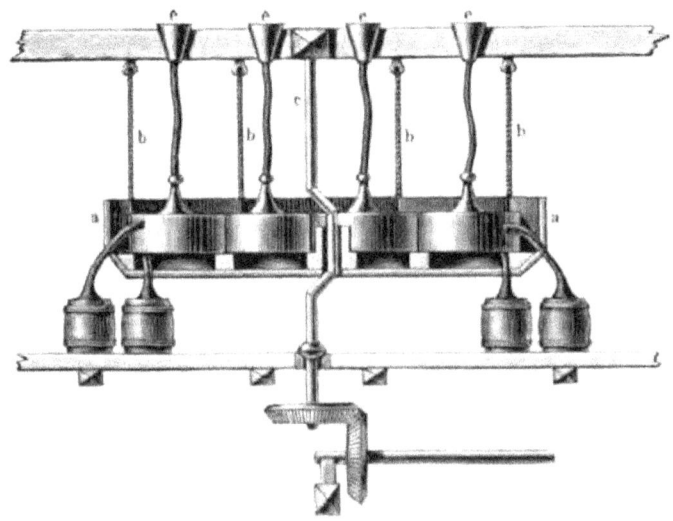

Das Siebsystem, Fig. 11 und 12, ist aus drei Sieben zusammengesetzt: aus dem Schrotsiebe *A*, worin der zerschlagene Pulverkuchen in Körner zerbrochen

Fig. 11.   Fig. 12.

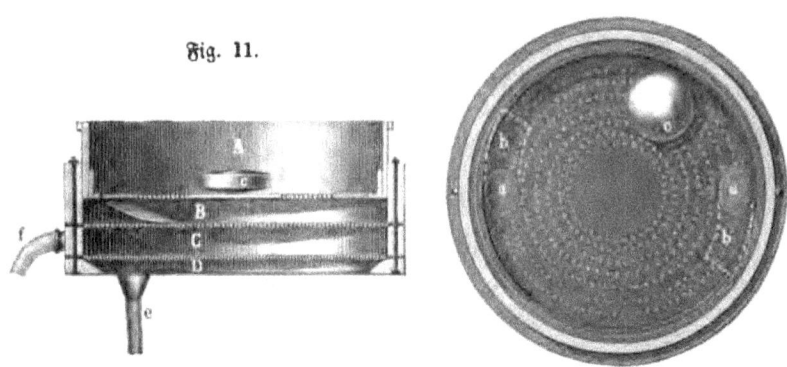

wird; aus dem Kornsiebe *B* und dem Staubsiebe *C*. An der Stelle, wo der Rand des Staubsiebes auf dem Rahmen steht, ist letzterer zur besseren Befestigung des ganzen Siebsystemes mit einem innerhalb mit Tuch bekleideten Leistenkranze versehen.

Körnen.

Der Boden des Schrotsiebes ist entweder aus gelochtem Kupfer- oder Messingblech und in der Nähe seiner Peripherie, wie aus Fig. 12 ersichtlich, mit zwei großen Oeffnungen a versehen, von welchen aus eine schräge und dem Sinne der Bewegung entgegengesetzt liegende kupferne Rinne b (s. auch Fig. 11) bis nahe an den Boden des Körnsiebes läuft. Die im Körnsiebe befindlichen größeren Pulverstücke werden bei der Drehung des Rahmens gegen die Rinne geschleudert und durch die Centrifugalkraft auf der Rinne herauf in das Schrotsieb zurückgeführt. Das Schrotsieb ist während der Arbeit mit einem hölzernen Deckel verschlossen, welcher durch Flügel- und Stellschrauben festgehalten wird.

Der Boden des Körnsiebes besteht aus einem Messingdrahtgeflechte, bei welchem 220 Maschen auf den Quadratcentimeter kommen.

Das Staubsieb ist nichts weiter als ein Haarsieb, welches die Körner aus dem Kornsiebe zurückhält, den Staub aber nach D durchläßt.

Zum Kleinen des Pulverkuchens dient eine aus Weißbuchenholz angefertigte Scheibe c, welche auf der unteren Seite strahlenförmig ausgearbeitet ist und ein Gewicht von 3 Kg besitzt. Wenn sich die Scheibe durch die Reibung abnutzt, so wird sie mit Blei ausgefüllt, so daß stets das Gewicht derselben 3 Kg bleibt.

Um das Eintragen des zerschlagenen Pulverkuchens bewerkstelligen zu können, ist in dem Balken (Fig. 10) ein kupferner Trichter e angebracht, an dessen Hals ein Tuchschlauch angeschnallt ist. An dem unteren Ende des Schlauches befindet sich eine kupferne Tülle, welche mit einer solchen auf dem Siebdeckel angebrachten leicht verbunden werden kann. In neuerer Zeit hat man die Trichter unmittelbar an die Seile bzw. Stangen b, b befestigt.

Unter jedem Siebsysteme stehen zwei hölzerne Kasten. Durch den unteren Schlauch gelangt der Staub in den einen Kasten, während durch den an der vorderen Seite des Staubsiebes angebrachten Schlauch das Gewehr- und Geschützpulver in den zweiten Kasten fallen.

Da die Maschine in der Minute 70 bis 75 Umdrehungen macht, so läuft, um eine allzustarke Erwärmung zu vermeiden, der untere Zapfen der Welle c in einem Kasten unter Wasser; der Krummzapfen muß an der Stelle, wo er den Rahmen faßt, hinreichenden Spielraum haben und stets gut in der Schmiere gehalten werden.

Vor dem Eintragen in die Trichter wird der Pulverkuchen mit hölzernen Hämmern zerschlagen. Es werden jedesmal 2,5 Kg aufgeschüttet. Sowie die Maschine in Bewegung gesetzt wird, läuft die Scheibe, indem sie sich stets um sich selbst dreht, an der Peripherie des Siebes entlang, zerkleint die ebenfalls dahin geschleuderten Pulverstücke und drückt diese durch die Löcher des Siebes hindurch. Die zu großen Stücke gelangen durch die Rinne wieder auf das Schrotsieb, wo sie einer erneuten Körnung unterliegen. Durch die angebrachten Schläuche gelangen dann Körner und Staub in die dafür bestimmten Kasten. Das Auffüllen wird so lange fortgesetzt, bis sich nach Ausweis der staubigen Beschaffenheit des Pulvers die Siebe verstopft haben. Die Maschine wird dann angehalten, um die Siebe durch neue zu ersetzen. Die verstopften Siebe werden mit Bürsten gereinigt, die aber allzu fest anhaftenden Pulverstücke mit kupfernen Meißeln entfernt.

Körnen.

Die Pulverkörner, welche jetzt noch 8 Proc. Feuchtigkeit enthalten, werden in Tonnen geschüttet und dann in das Trockenhaus geschafft. Der Staub, welcher dieselbe Zusammensetzung wie der Satz besitzt, wird nach dem Anfeuchte=apparat gebracht und nachdem er daselbst 2 Proc. Wasser erhalten hat, wieder gepreßt.

In Wetteren geschieht das Körnen nach alter Art mit dem Siebe. Die Pulvermasse wird mittelst bronzener Kugeln von verschiedenem Durchmesser gekleint. Bei diesem Verfahren entsteht viel mehr Staub als beim Kleinen mit der Scheibe, auch werden die Siebe von den Kugeln stark angegriffen.

In Holland hat man statt der Bronzekugeln Kugeln aus Blei oder Kupfer von 0,5 bis 2,5 Kg Gewicht angewandt.

In der Schweiz, wo die unter den Hämmern gestampfte Masse in nuß=großen Stücken hervorkommt, geschieht das Körnen in Sieben, welche aus dem Baste der Haselnußstaude angefertigt sind. Sie sind äußerst dauerhaft und haben den Vortheil, daß sie durch die Feuchtigkeit weder erweichen noch sich ausdehnen. Die Scheiben sind von Nußbaumholz und etwas linsenförmig gestaltet. Ihr Durchmesser beträgt 0,23 m, die Dicke in der Mitte 0,05 m und gegen den Rand hin 0,02 m. In dem Mittelpunkte der Scheibe befindet sich ein Knopf, welchen der Arbeiter anfaßt und dadurch die Scheibe in Bewegung setzt, um die größten Stücke zu zerkleinern. Die Körner fallen in einen unter dem Siebe befindlichen Trog. Nachdem dieselben abgestäubt worden, werden sie gerundet.

In Frankreich geschah das Körnen auf ähnliche Weise wie früher in Deutschland. An der Wand des Körnhauses standen ringsum Körntröge, offene hölzerne Kasten, welche von 2 zu 2 m durch Scheidewände getrennt waren, wodurch der Platz des Arbeiters begrenzt wurde. Dieser Arbeiter nahm eine bestimmte Menge Pulverkuchen, brachte sie in das Schrotsieb, legte die Scheibe darüber und ertheilte dem Siebe, welches auf eine Kante einer viereckigen Latte über den Körntrog aufgestellt wurde, eine kreisende Bewegung. Die Siebe waren kreisrund und hatten einen Boden, welcher aus einem mit Löchern versehenen Felle bestand. Die Felle waren Schweins= oder Kalbsfelle, die Löcher wurden mit einer Maschine hineingestochen.

In neuerer Zeit hat man vielfach die bereits erwähnte Maschine von Lefebvre eingeführt.

In Bouchet bedient man sich zum Körnen des Stampf= und Walzmühlen=pulvers eines ganz eigenthümlichen Apparates, écureuil genannt. Derselbe besteht aus einer cylindrischen Trommel, deren convexe Wand aus einem Metallgeflechte gebildet ist. Durch eine Oeffnung, welche sich in der Mitte eines der Böden befindet, werden die Satzstücke eingetragen und durch 20 hölzerne Kugeln von 3 bis 4 cm Durchmesser zerschlagen. Die auf diese Weise in Körner verwandelten Stücke Pulverkuchen fallen durch die Maschen des Metallgeflechtes und werden von dem Staube durch Haar= oder Pergamentsiebe getrennt.

Für sehr harte Kuchen, wie sie z. B. aus dem laminoir hervorgehen, kann der Apparat in der oben beschriebenen Form nicht in Anwendung gebracht werden, da hölzerne Kugeln nicht im Stande sind, die harten Satzstücke zu zerkleinern, Metallkugeln aber das feine Drahtgewebe bald zertrümmern. Aus diesen Gründen hat man an dem Apparate einige Abänderungen getroffen. Derselbe besteht aus zwei Trommeln, von welchen die kleinere in die größere eingesetzt ist. Die Längswand der innern Trommel ist aus Leisten zusammengesetzt, welche um 2 bis 3 mm von einander entfernt sind. In diesen Raum wird die Pulvermasse gebracht und durch 8 bis 10 Kg Zinnkugeln von der Größe einer Flintenkugel gekleint. Die Längswand der äußeren Trommel besteht aus einem Metallgeflechte, dessen Maschen die erforderliche Größe haben. Auf dieses Geflechte fallen die Pulverkörner. Diejenigen, welche die gewünschte Größe besitzen, gehen durch das Metallnetz, während die noch zu großen Stücke vermöge der Centrifugalkraft durch eine schräggestellte kupferne Rinne wieder in die innere Trommel zurückgeführt werden, um dort von Neuem gekleint zu werden. Der Apparat macht 30 Umdrehungen in der Minute und körnt binnen 24 Stunden 100 Kg Jagdpulver oder 500 Kg Kriegspulver.

In England bedient man sich seit 1819 der Congreve'schen Körnmaschine, welche einige Aehnlichkeit hat mit der bereits auf S. 81 beschriebenen Vorrichtung, in welcher der Pulversatz, ehe er zur Presse gelangt, gekleint wird. Die Maschine besteht aus drei Walzenpaaren, welche über einander liegen, aber etwas nach der Seite mit einem Neigungswinkel von etwa 35° angeordnet sind. Für Militärpulver sind diese Walzenpaare mit dreikantigen Stacheln besetzt, für Jagdpulver glatt. Die zerschlagenen Stücke Pulverkuchen, welche gekörnt werden sollen, befinden sich in einem Kasten, dessen Boden sich wie der Kolben in einem Pumpenstiefel auf und nieder bewegen läßt. Sowie der Boden gehoben wird, fällt die Pulvermasse durch einen Ausschnitt in der Vorderwand auf ein über zwei Rollen geschlungenes als Zubringer dienendes Leintuch und von diesem auf das oberste Walzenpaar.

Das durch das oberste Walzenpaar Durchgegangene gelangt in ein darunter befindliches weitmaschiges Sieb. Bei der Darstellung von Militärpulver geht alles durch, was ein dem Geschützpulver gleiches Korn besitzt oder feiner ist, und zwar auf ein zweites langes geneigtes Sieb, welches das Geschützpulver abscheidet, das Gewehrpulver aber und den Staub auf ein drittes darunter befindliches ganz gleiches aber feineres Sieb durchläßt.

Dieses dritte Sieb hält das Gewehrpulver zurück, während der Staub durchgeht. Diejenigen Stücke, welche gröber als Geschützpulver auf dem ersten Siebe zurückbleiben, fallen von diesem auf das zweite Walzenpaar, werden darauf gekleint und durch ein gleiches System von Sieben gerade so getrennt, wie das Product des ersten Walzenpaares in Staub, Gewehr-, Geschützpulver und gröbere Stücke. Diese letzteren werden endlich auf dem dritten Walzenpaare und dem dritten Siebsysteme aufgearbeitet.

Bei Jagdpulver verfährt man ebenso, nur sind da nicht zwei Pulversorten von verschiedener Größe zu trennen, sondern lediglich die gröberen Stücke und der Staub abzuscheiden.

Sämmtliche Siebe werden in schüttelnder Bewegung erhalten und leiten die verschiedenen Producte jedes in einen besonderen Kasten.

Diese Maschine ist etwas complicirt und hat ihre Anwendung insofern einen Nachtheil im Gefolge, daß zu viel Pulver verzettelt und verstäubt, wodurch leicht Explosionen herbeigeführt werden können. Um die Gefahr vor solchen für den

Körnen.

Arbeiter zu mindern, ist an der Maschine eine Weckervorrichtung angebracht, welche jedesmal den Arbeiter in Kenntniß setzt, wenn es Zeit ist, den Zubringer zu füllen.

In neuerer Zeit hat man Versuche angestellt, dem Geschützpulver eine bedeutend größere Form zu geben. Da nun die Entstehungsgeschichte dieser Pulversorte mit der Geschichte des prismatischen Pulvers zusammenhängt, so soll weiter unten bei den gepreßten Pulvern davon gesprochen werden.

Nach den angeführten Methoden erhält man stets mehr oder weniger eckige Körner. Zum Schlusse sei daher noch ein Verfahren erwähnt, welches ganz runde Körner liefert. Die Methode stammt von Champy und verdankt ihre Entstehung einem im Jahre 1795 zu Vincenne ausgeführten Versuche, wo es sich zeigte, daß eine feuchte Pulvermasse sich durch bloßes Rütteln in Kornform bringen läßt.

Eine hölzerne Trommel von 1,5 m Durchmesser und 0,6 m Breite ist um eine horizontale, eiserne Achse beweglich, welche durch einen der Trommelböden läuft und daselbst befestigt ist. Der andere Boden hat in seiner Mitte eine ziemlich weite kreisrunde Oeffnung von 0,5 m Durchmesser, deren obere Seite durch einen hölzernen Kreisausschnitt von etwa 140° theilweise geschlossen ist. Dieser Kreisausschnitt stützt sich auf die Achse und der Trommelboden bewegt sich um ihn. Neben der Trommelachse liegt noch eine Röhre, welche durch die von dem Kreisausschnitte freigelassene Oeffnung läuft. Das Ende, welches sich im Innern der Trommel befindet, ist geschlossen und wird dort unbeweglich durch eine Stütze getragen, die ebenfalls durch die Seitenöffnung hineinreicht, an dem Ständer außerhalb befestigt ist und zugleich durch jene Seitenarme den erwähnten Kreisausschnitt festhält. Die Röhre ist außerhalb des Cylinders durch eine dünnere Röhre gehalten, welche aus einem obenstehenden, mit einem Hahne verschlossenen Wassergefäße kommt. Die Röhre in der Trommel hat auf einer Seite der Länge nach in einer Linie 24 feine Löcher. Ueber diese Röhre ist eine zweite geschoben, welche um die erstere gedreht werden kann und auf einer Seite in ihrer ganzen Länge eine breite Oeffnung hat. Die Längsfläche der Trommel ist mit Leisten bekleidet, welche einen Hammer in die Höhe heben, damit dieser gegen die Wände der Trommel schlage, um so das Anhaften der Masse an denselben zu verhindern.

Das Verfahren ist nun folgendes. Durch eine Thür in der Längswand der Trommel trägt man 50 Kg Pulvermasse in äußerst feinen Körnern ein, dreht die äußere der beiden Röhren im Cylinder über die innere so herum, daß ihre Oeffnung nicht auf deren Löcherreihe trifft, wodurch diese geschlossen wird, und füllt nun das Wassergefäß. Dann setzt man die Trommel in Bewegung, so daß sie acht Umdrehungen in einer Minute macht.

Der Hahn, der das Wassergefäß mit der inneren, durchlöcherten Röhre in Verbindung setzt, wird nun geöffnet und die äußere Röhre so umgedreht, daß die Löcherreihe der inneren frei wird, worauf das Wasser in feinen Strahlen ausspritzt und die Pulverkörner befeuchtet. Man läßt nun so lange Wasser zufließen bis ein Zeiger, der an einem Schwimmer im oberen Gefäße befestigt ist, anzeigt, daß 5 Kg Wasser ausgelaufen sind, dann wird die äußere Röhre in der Trommel wieder umgedreht, so daß die Löcherreihe der inneren verschlossen wird und zugleich wird der Verbindungshahn mit dem Wassergefäße abgesperrt. Diese Operation dauert etwa 8 Minuten. Zu den feuchten Körnern bringt man 50 Kg Pulversatz in die Trommel. Die feuchten Körner hüllen sich nun in eine Schicht dieses Staubes und werden dadurch bedeutend größer, da jedes fast so viel Staub aufnimmt, als es selbst schwer ist. Das Pulver wird schließlich sortirt.

Diese Methode ist jetzt nicht mehr im Gebrauche, da die Körner, abgesehen von ihrer Form, nie eine genügende Dichtigkeit besitzen, auch den Fehler haben, daß die äußersten Schichten größtentheils aus Kohle bestehen, während die am meisten verdichtete Masse an den Wänden der Trommel hängt. Endlich läßt sich die große Menge Wasser, welche in den Körnern steckt, durch Trocknen nicht entfernen, ohne die Haltbarkeit des Pulvers bedeutend abzuschwächen.

Die Vortheile, welche man durch das Körnen erlangt, sind folgende. Vor allen Dingen wird durch dasselbe einer Entmischung des Pulvers vorgebeugt, in dem das Mischungsverhältniß der drei Bestandtheile sicherer beibehalten wird, als es bei Anwendung des Pulvers in Staubform sein würde, wo durch das Schütteln auf dem Transporte immerhin zu befürchten ist, daß die einzelnen Bestandtheile sich nach ihrer Dichtigkeit lagern würden. Auch erzielt man weiterhin den Vortheil einer größeren Haltbarkeit, indem die Anziehungsfähigkeit des Pulvers für Feuchtigkeit in gekörntem Zustande geringer ist als in Staubform, wobei jedoch zu bemerken ist, daß die Anziehungsfähigkeit für Feuchtigkeit je nach der feineren oder gröberen Körnung verschieden ist. Nach den Untersuchungen, welche Vogel jun. über diesen Gegenstand angestellt hat, nahm Jagdpulver feinster Körnung, welches 5 Tage lang in einem Keller gelegen hatte, 1 Proc. Wasser auf, während in derselben Zeit etwas gröber gekörntes Gewehrpulver 1,3 Proc. und Geschützpulver gröbster Körnung 4,8 Proc. aufgenommen hatten. Die Pulver 1 und 2 waren polirt, Nr. 3 dagegen hatte eine nicht glänzende, rauhe Oberfläche. Ferner wird durch das Körnen die Gefährlichkeit auf dem Transporte sehr gemindert, da das Durchstäuben durch Säcke und Fässer vermieden wird. Schließlich und dies ist mit der Hauptpunkt, wird die Möglichkeit der raschen Verbrennung des Pulvers gefördert, indem die Flamme von dem zuerst entzündeten Theile schnell durch die hinlänglich großen Zwischenräume der übrigen Pulvermasse durchzudringen im Stande ist, während dies bei locker zusammengehäuftem Staube viel schwerer und daher nach längerer Zeit erfolgt, bei dichtgepreßten Kuchen aber nur ganz langsam, schichtenweise stattfinden wird. Je dichter und feinkörniger das Pulver ist, um so größer ist seine Wirkung und um so größere Anfangsgeschwindigkeit wird erzielt, wie Washingtoner Versuche bewiesen haben. Ist das Korn eckig, so wird die Verbrennung rascher von statten gehen als bei rundem, weil letzteres nicht so viele Angriffspunkte besitzt wie ersteres.

III. Das vorläufige Lufttrocknen.

Wollte man das Pulver sofort in die Polirtrommel bringen, so würde diese durch die Menge Wasser, welche das Pulver noch in sich schließt, vollkommen verschmiert und so der Zweck des Abrundens der Körner gänzlich verfehlt werden. Das Pulver muß daher zuvor getrocknet werden.

Vorläufiges Lufttrocknen.

Soll das Trocknen mit Vortheil geschehen, so muß dasselbe in der Weise geleitet werden, daß der Festigkeit des Kornes möglichst wenig geschadet, die Porosität des letzteren also nur unbedeutend erhöht wird, weil sonst das Pulver zu begierig Wasser in sich aufnimmt und dadurch dem Verfalle entgegengeht. Aus diesem Grunde darf die Temperatur nicht zu plötzlich gesteigert werden, denn die Körner würden sonst sehr schnell an der Oberfläche trocknen und dem im Inneren enthaltenen Wasser den Durchgang erschweren. Bei dem vorläufigen Trocknen macht man daher nicht von der künstlichen Wärme, sondern nur von der natürlichen Gebrauch, weil die Körner durch erstere zu poröse werden.

Das Trocknen an der Luft kann auf doppelte Weise geschehen, entweder im Freien oder im geschlossenen Raume.

Im ersten Falle wählt man einen nach Süden gelegenen Ort, welcher gegen Staub geschützt ist. Das Pulver wird bei heiterem Wetter nach Sonnenaufgang aus den Magazinen herausgebracht und in dünnen Lagen von etwa 5 bis 10 mm Dicke auf wollene oder leinene Tücher ausgebreitet, welche über etwas nach Süden geneigte Tische gelegt sind. Die Tische sind in der Regel aus beweglichen Planken gefertigt, welche auf Unterlagen ruhen, deren Höhe gegen Süden zu abnimmt. Die Tücher werden mit Hülfe von Ziegelsteinen festgehalten. Sehr häufig schützt man den Trockenplatz gegen Osten, Westen und Norden durch Mauern, welche man weiß angestrichen hat, um ein Zurückprallen der Sonnenstrahlen hervorzurufen. Um alle Körner möglichst gleichmäßig der Wärme auszusetzen, werden dieselben mit hölzernen Krücken häufig umgewandt. Nach Verlauf von einigen Stunden wird die ganze Masse umgearbeitet. Zu diesem Zwecke nimmt man die Ziegelsteine von dem Tuche herunter und hebt die beiden Enden desselben so viel in die Höhe, daß sich alles Pulver in der Mitte sammelt. Man breitet es dann von Neuem aus und wendet von Zeit zu Zeit mit den Krücken um, bis es noch 3 Proc. Feuchtigkeit besitzt. Zur Controle hierfür werden von verschiedenen Stellen gleiche Mengen Pulvers entnommen, diese durch einander gemengt und 100 g davon auf dem Wasserbade getrocknet. Aus der Differenz des Gewichtes ergiebt sich die Menge Feuchtigkeit in Procenten.

Bei dem vorläufigen Trocknen im geschlossenen Raume erfolgt dasselbe in sogenannten Vortrockenhäusern. Dieselben bestehen aus einem langen, hölzernen Gebäude, welches auf beiden Seiten eine Reihe von Fenstern in Klappenform besitzt, welche nach außen geöffnet werden können. Am Dache des Hauses sind Jalousien angebracht, durch welche man den Luftzug regeln kann. In dem Trockensaale befinden sich zwei oder auch mehrere Reihen von Realen, in deren einzelne Fächer das auf Hürden ausgebreitete Pulver gestellt wird. Die Hürden sind ganz von Holz und zum besseren Durchströmen der Luft mit einem Boden aus Gitterwerk versehen. Ueber dieses sind wollene Decken gebreitet, auf welchen das Pulver ruht. In Spandau befinden sich an den einzelnen Fächern kleine Täfelchen, auf welchen der Tag verzeichnet ist, an welchem das Pulver in den Trockensaal gebracht worden ist. Um den Abzug der Feuchtigkeit zu fördern, wird das Pulver von Zeit zu Zeit umgewendet und die etwa zu feuchte Decke durch eine neue trockne ersetzt. Auf diesen Hürden bleibt das Pulver so lange, bis es nur noch 3 Proc. Feuchtigkeit in sich schließt. Die Feuchtigkeitsprobe erfolgt auf die oben angegebene Weise.

94 Vorläufiges Sortiren und Ausstäuben. — Abrunden.

Hat das Pulver den richtigen Gehalt an Wasser, so wird es in Tonnen geschüttet, diese werden zugedeckt und darauf in den Raum zum Sortiren und Ausstäuben gebracht.

In Dänemark hat das Pulver, wenn es in die Polirtrommel kommt, noch 5 Proc. Feuchtigkeit.

IV. Das vorläufige Sortiren und Ausstäuben.

Während des Trocknens bildet sich Staub; dieser muß entfernt werden, ehe das Pulver in die Polirtrommel gebracht werden kann. Da nun beim Körnen das von dem Staubsiebe in die untergestellten Kasten gefallene Pulver aus Geschütz- und Gewehrpulver besteht, so sucht man mit dem Ausstäuben des Pulvers zugleich auch ein Sortiren des letzteren zu verbinden.

Der Apparat hierfür hat einige Aehnlichkeit mit der Körnmaschine von Lefebvre.

An der Decke des Zimmers ist mit Hülfe von vier ledernen Riemen ein hölzerner Rahmen aufgehängt, welcher, wie z. B. in Spandau, in zehn Abtheilungen getheilt ist. In jeder Abtheilung befindet sich ein Siebsystem von drei Sieben. Auf dem oberen Siebe werden alle Körner, welche die Dimensionen des Geschützpulvers überschreiten, zurückgehalten. Die Maschen des Mittelsiebes sind derart, daß darauf nur Geschützpulver liegen bleibt, während das Gewehrpulver auf das Untersieb fällt. An dem Untersiebe, dem Haarsiebe, ist ein Lederschlauch angebracht, welcher in einen Kasten führt, in welchen der Staub gelangt.

Wenn das Obersieb beschickt ist, wird dasselbe durch einen Lederdeckel verschlossen und die Maschine von zwei Arbeitern in Bewegung gesetzt. Sind 120 Stöße erfolgt, so wird jede Sorte in eine besondere Tonne geschüttet. Die zu dicken Körner und der Staub werden nach dem Anfeuchteapparat gebracht, dort mit 7 Proc. Wasser befeuchtet und dann gepreßt.

V. Das Abrunden oder Poliren.

Die nun folgende Operation hat weniger den Zweck, das Pulver zu glätten, da die eigentliche Politur dem Pulver erst in den Staubsäcken gegeben wird, als vielmehr die scharfen Kanten und Ecken der Körner abzustumpfen und die äußeren Poren der einzelnen Körner zu verstopfen, indem hierdurch das Pulver weniger empfindlich für die Feuchtigkeit der Atmosphäre und minder geneigt wird, Staub abzusetzen. Durch das Abrunden erlangt also das Pulver eine größere Dauerhaftigkeit. Wenn nun auch frisch bereitetes und abgerundetes Pulver sich langsamer entzündet als nicht abgerundetes, vorausgesetzt, daß letzteres staubfrei ist, wie Versuche zu Washington und ein Beispiel in Dr. Meyer's Vorträge über Artillerie-Technik beweisen, wonach Pulver aus Kuchen gebildet nicht abgerundet 98 Ellen weit warf, im abgerundeten Zustande aber nur 75, so verändern sich

Abrunden.

doch im Laufe der Zeit diese Verhältnisse, indem nicht abgerundetes Pulver durch den größeren Einfluß, den es gegen abgerundetes von der Feuchtigkeit erleidet, den Vorzug der größeren Entzündlichkeit einbüßt. So sagt Meyer a. a. O., daß nicht abgerundetes Pulver nach einer dreißigjährigen Aufbewahrung nur eine Wurfweite von 36 Ellen, hingegen abgerundetes und fünfunddreißig Jahre aufbewahrt, eine Wurfweite von 42 Ellen gegeben hat.

Die heut zu Tage in Deutschland üblichen Abrundetrommeln, welche einen Durchmesser von ungefähr 1,8 m und eine Tiefe von etwa 0,6 m besitzen, unterscheiden sich dadurch von den Mengtrommeln, daß sie auf der Mantelfläche keine Leisten besitzen und die eiserne Achse nicht durch die Trommel gelegt ist, sondern in vier rechtwinkligen, starken eisernen Armen endigt, welche an der hinteren, kreisförmigen Seitenwand durch mehrere starke Bolzen mit derselben verbunden sind. Die beiden kreisförmigen Seitenwände, deren vordere in der Mitte gerade über der Achse eine runde, mit einem Metallring eingefaßte Oeffnung zum Eintragen des Pulvers und zum Entweichen der während des Abrundens auftretenden Wasserdämpfe besitzt, sind durch metallene Bolzen mit Schraubenmuttern, welche außerhalb über die ganze Mantelfläche von der einen Seite bis zu der anderen gehen, fest verbunden und sämmtliches Eisenwerk ist mit hölzernen Futtern versehen. Zum Verschlusse der Oeffnung dient eine Vorsatzthür von Messingblech. Eine schwere, metallene Thür, welche über die ganze Breite der Mantelfläche geht, dient zum Ablassen des abgerundeten Pulvers, welches, wie bei den Mengtrommeln, durch einen Lederschlauch in untergestellte Tonnen fällt. Zur Controle der Umdrehungen, welche der Trommel gegeben werden sollen, dient eine Uhr oder ein Pendel.

Bei den in Frankreich noch üblichen Rollfässern läuft durch die Mitte der Tonne die eiserne Achse hindurch. Bisweilen bringt man auch in geringer Entfernung von der Wand des Fasses noch Leisten an, welche parallel mit der Achse laufen. Sie sollen, ebenso wie die Achse, dazu dienen, den Körnern ein Hinderniß zu bieten und so das Abrunden fördern.

Diese Einrichtung kann nicht als vortheilhaft empfohlen werden, da sich bei ihr zu viel Staub bildet.

In Bouchet ist die Tonne 2,7 m lang und bei einem Durchmesser von 1,2 m in vier Abtheilungen getheilt, wovon jede eine besondere Thür hat. Die Achse läuft durch, aber die Leisten fehlen.

Die Trommeln in England haben häufig eine Länge von 3 m und 0,8 m Durchmesser in der Mitte und 0,6 m Durchmesser an beiden Enden.

Die zu Waltham-Abbey gebräuchliche Trommel besteht aus einem mit Stramin überzogenen Holzgerüste, welches eine Länge von $2^{1}/_{3}$ m und 2,7 m Durchmesser besitzt.

Zu Wetteren sind die Trommeln 0,7 m lang und 0,55 m tief.

Das Verfahren in Deutschland beim Abrunden des Kriegspulvers ist folgendes: In die Trommel werden 200 Kg Pulver eingetragen. Obwohl dieselbe bedeutend mehr faßt, so trägt man doch nicht mehr hinein, da die Körner, wenn die Trommel voll ist, nicht über einander rollen können, und die Wirkung der Bewegung um so größer ist, je mehr freier Raum in der Trommel sich befindet.

In der ersten halben Stunde giebt man der Trommel 9 Umdrehungen in der Minute, die man in der nächsten halben Stunde auf 12 und sodann auf 16 erhöht. Die Gesammtzahl der Umdrehungen muß mindestens 3600 betragen, wozu eine Zeit von etwa 4 Stunden erforderlich ist. Die allmähliche Steigerung der Umdrehungsgeschwindigkeit hat darin ihren Grund, daß man ein allzu plötzlich starkes Auftreten von Wärme und damit ein Klümpen des Pulvers vermeiden will. So wie sich die Bearbeitung ihrem Ende nähert, wird die Trommel angehalten und die Vorsatzthür herausgenommen, damit der entstandene Wasserdampf aus der Trommel entweichen kann. Das abgelassene Pulver wird sofort nach dem Trockenhause geschafft. Durch die in der Trommel sich entwickelnde Hitze backt ein Theil der Körner an dem Boden der Trommel an. Diese Kruste darf nicht nach jeder Operation entfernt werden, weil sie zur Schönheit des Pulvers beitragen soll; das Reinigen der Trommel geschieht erst am Abend, nachdem den Tag über dieselbe dreimal in Thätigkeit gesetzt worden ist.

In Oesterreich werden 125 Kg in die Trommel eingetragen und zwar $1/_3$ bis $1/_2$ durch Luft abgetrocknetes Pulver mit Zusatz von $2/_3$ bis $1/_2$ ungetrocknetem von derselben Gattung. Die Abrundezeit beträgt 6 bis 10 Stunden.

In Frankreich bringt man in die neueren Trommeln, wie sie in Bouchet gebräuchlich sind, 100 Kg in jede Abtheilung. Die Umdrehungsgeschwindigkeit beträgt für Jagdpulver, welches 36 Stunden lang in der Trommel verbleibt, in den ersten 12 Stunden 9 bis 10 Umdrehungen in der Minute, sie wird im zweiten Drittel bis auf 30 Umdrehungen in der Minute beschleunigt und im letzten Drittel allmählich wieder verlangsamt, damit das Pulver, welches sich bis auf 60° C. erhitzt, langsam abkühlen kann.

In England ist für Jagdpulver während der ersten 2 Stunden eine langsame Umdrehung vorgeschrieben, für die folgenden 5 Stunden eine Geschwindigkeit von 38 Umdrehungen in der Minute, für die nächsten 3 Stunden von 20 und für die beiden letzten Stunden wieder eine sehr langsame Bewegung.

In Waltham-Abbey giebt man der Trommel eine Beschickung von 150 Kg und eine Geschwindigkeit von 35 Umgängen in der Minute. Nach einer Bearbeitung von fünf viertel Stunden wird das Pulver getrocknet und schließlich in derselben Trommel nachpolirt. Man giebt nämlich dann, um dem Pulver einen schönen Glanz zu verleihen, etwas Graphit in die Trommel wie solcher nach Brodie's Verfahren dargestellt ist. Nach demselben wird grob gepulverter Graphit mit dem zweifachen Gewichte concentrirter Schwefelsäure und dem vierzehnten Theile seines Gewichtes chlorsaurem Kalium in einem eisernen Gefäße auf dem Wasserbade so lange erhitzt, bis keine chlorige Säure mehr entweicht. Durch Zusatz von Fluornatrium wird etwa vorhandene Kieselsäure als Fluorsilicium entfernt. Nach dem Erkalten wird die Masse in Wasser geworfen, ausgewaschen und sodann getrocknet, bis zum Rothglühen erhitzt, wodurch sich der Graphit in ein außerordentlich fein vertheiltes Pulver verwandelt. Löwe glüht gewöhnlichen Graphit mit der doppelten Menge kohlensaurem Kalium in einem bedeckten Thontiegel, digerirt den Rückstand mit verdünnter Salpetersäure, filtrirt, wäscht aus und bringt nach dem Trocknen den Graphit in einer Retorte bis zur Rothgluth. Eisen, Sulfate und Carbonate werden darauf mit Salzsäure ausgezogen.

Abrunden.

Die verschiedene Wirkung des rohen und nach Brodie's Verfahren dargestellten Graphits beim Glätten zeigten zu Waltham-Abbey angestellte Wurfproben. Während die Wurfkraft bei ungeglättetem Pulver 353 Fuß entsprach, war sie bei mit gewöhnlichem und mit Brodie'schem Graphit geglätteten Pulver 295 beziehungsweise 327 Fuß.

In Wetteren, wo die Körner erst nach dem Abrunden und Trocknen sortirt werden, weil man die Beobachtung gemacht hat, daß die Anwesenheit von dicken Körnern für das Abrunden von Vortheil ist, trägt man etwa 50 Kg in die Trommel. Kriegspulver wird während 4 Stunden, Jagdpulver während 5 Stunden bearbeitet.

Ein ganz eigenthümliches Verfahren, welches auch früher in England Sitte war, beobachtet man in Bern. Dort wird das gekörnte Pulver in zwillichene Säcke gebracht, welche mit einem an der Seite befindlichen Schlauche versehen sind, durch welchen das Füllen und Entleeren des Sackes geschieht. Ist auf diese Weise der Sack gefüllt, so wird der Schlauch um den Sack herumgeschlagen und letzterer einer rollenden Bewegung ausgesetzt, wodurch die Körner abgerundet werden. Um dies auszuführen, hat man folgende Einrichtung getroffen: Durch die Mitte eines kreisrunden, horizontal liegenden, mit abgerundeten Latten in der Richtung der Radien benagelten Tisches läuft eine aufrecht stehende Welle, die um sich selbst beweglich ist. Etwas über der Tafel geht durch diese Welle in horizontaler Richtung eine eiserne Achse, auf welcher sich eine hölzerne, lose aufpassende Röhre mit einer kreisrunden Scheibe an jedem Ende befindet, damit man den aufgelegten Sack an beiden Enden festbinden kann. Die erwähnte Röhre ist so lang wie der Sack, dieser aber etwas weiter als die Scheiben an der Röhre im Durchmesser messen. Wenn nun der an der Röhre befestigte Sack mit Pulver beschickt und die Welle in Bewegung gesetzt ist, so wälzt sich der Sack auf dem Lattentische um die horizontal liegende Achse wie ein Rad am Wagen in kreisförmiger Bewegung um. Die Umdrehung der Welle wird durch ein an ihrem unteren Theile befindliches Rad bewerkstelligt, in welches ein am Wasserrade angebrachtes Getriebe eingreift. Das Pulver wird ungefähr $1^1/_2$ Stunde auf dem Tische gerollt und kommt dann zurück in das Kornhaus, wo es ausgesiebt wird, um es von dem vielen Staube zu befreien, der sich bei dieser Operation bildet.

Diese Methode hat den Vortheil, daß die Körner äußerst dicht werden, da durch das beständige Reiben an den Leisten des Tisches fast alle Poren verstopft werden.

In kleineren Fabriken der Schweiz füllt man Säcke von dichtem Gewebe mit 1,5 bis 7,5 Kg eckig gekörnten Pulvers und bindet dieselben sehr nahe an der eingefüllten Masse zu, ohne letztere aber zusammenzudrücken. Sodann rollt man die Säcke, beide Hände kräftig darauf stützend, auf einer Tafel umher. So oft die Masse in einem Sacke locker wird, muß durch Zurückführen des Bundes abgeholfen werden.

In den Lehrbüchern findet man noch vielfach die Bemerkung, daß das specifische Gewicht des Pulvers während des Abrundens zunehme. Durch Untersuchungen in Spandau hat man nun nachgewiesen, daß diese Angaben vollkommen unrichtig sind, da das specifische Gewicht des Pulvers ganz unverändert bleibt.

98   Abrunden. — Trocknen.

Für die Richtigkeit dieser Untersuchungen spricht auch schon der Umstand, daß eine Vergrößerung des specifischen Gewichtes nur insoweit erfolgen könnte, als das Abrunden mit einem in feuchtem Zustande befindlichen Pulver vorgenommen würde, in welchem es noch einer Zusammenpressung fähig wäre, eine Voraussetzung, welche bei einem Pulver, das nur 3 Proc. Feuchtigkeit enthält, nicht Platz greifen kann. Es ist nicht das specifische Gewicht, sondern vielmehr das cubische, welches während des Abrundens stetig zunimmt, wie folgende Tabelle zeigt:

Cubisches Gewicht vor dem Abrunden . . . 0,810
„   „   nach 4 Stunden Abrundezeit 0,833
„   „   „   8   „   „ . 0,846
„   „   „   20   „   „ . 0,869
„   „   „   25   „   „ . 0,878
„   „   „   30   „   „ . 0,889
„   „   „   42   „   „ . 0,893

VI. Das Trocknen.

Bei dem Trocknen des Pulvers muß man unterscheiden zwischen dem natürlichen und künstlichen Trocknen.

1. Das natürliche Trocknen.

Das natürliche Trocknen oder das Trocknen an der Luft erfolgt, wie bereits oben S. 93 hervorgehoben wurde, entweder im Freien oder in Trockenhäusern. Die Einrichtungen zum Trocknen und das dabei zu beobachtende Verfahren ist ganz dasselbe, wie solches bei dem vorläufigen Trocknen angegeben wurde, nur daß man jetzt das Trocknen so lange fortsetzt, bis möglichst alle Feuchtigkeit verschwunden ist.

Setzt man das Pulver unmittelbar den Sonnenstrahlen aus, so ist in der Sommerzeit gewöhnlich nach 4 Stunden das Trocknen vollendet; ein in das Pulver eingesenktes Thermometer zeigt in diesem Falle 60 bis 70° C. Trocknet man im Schatten, so sind 9 Stunden erforderlich, und das Thermometer zeigt dann selten mehr wie 25° C.

In der Schweiz breitet man die besseren Pulversorten zuerst im Schatten und später in der Sonne aus.

Erfolgt das Trocknen im Trockenhause, so sind im Durchschnitte 8 bis 10 Tage nothwendig.

Ist man mit der Fabrikation nicht gedrängt und hat man hinlänglich Raum, ist überdies die Jahreszeit günstig, so ist das Trocknen an der Luft dem künstlichen Trocknen vorzuziehen, indem das Pulver desto sicherer seine Festigkeit und Dichtigkeit beibehält, dabei ist aber der Nachtheil nicht unerwähnt zu lassen, daß die Ergebnisse des Trocknens je nach dem Feuchtigkeitsgehalte der Luft auch verschieden ausfallen.

Trocknen. 99

2. Das künstliche Trocknen.

Ein Hauptvorzug dieses Verfahrens liegt in dem Umstande, daß man dasselbe zu jeder Jahreszeit und bei jedem Wetter in Anwendung bringen kann und in jedem Falle eine vollständige Trocknung erhält, was bei dem natürlichen Trocknen nicht eintritt.

Das künstliche Trocknen, wie es sich im Laufe der Zeit ausgebildet hat, läßt sich in drei verschiedene Classen bringen, in:
 a. Das Trocknen durch warme Ofenluft,
 b. Das Trocknen durch Wasserdampf,
 c. Das Trocknen durch kalte, aber vorher getrocknete Luft.

Ad a. Obgleich ursprünglich das Trocknen nur durch gewöhnliche, atmosphärische Luft herbeigeführt wurde, so suchte man doch schon ziemlich früh dieselbe durch künstliche Erwärmung zum Trocknen geeigneter zu machen. So berichtet Furtenbach 1632, daß das Pulver in kupfernen Kesseln über dem Feuer getrocknet, zu seiner Zeit dieses Verfahren aber abgeschafft worden sei, weil Menschen dabei umgekommen.

Der nächste, naturgemäße Ideengang war nun der, das Pulver nicht in die unmittelbare Nähe des Feuers zu bringen, sondern nur die strahlende Wärme desselben zu benutzen. Man setzte daher in die Mitte des Trockensaales einen Ofen, welcher also in demselben Raume, wo das Trocknen vor sich gehen sollte, gespeist werden mußte. Da durch Unvorsichtigkeit eine Reihe von Unglücksfällen eintraten, so verlegte man den Ofen an eine Wand des Trockenhauses und den Herd in einen benachbarten Raum, welcher keinen Zusammenhang mit dem Trockensaale hatte. Um das in nächster Nähe des Ofens befindliche Pulver vor einer allzugroßen Hitze zu schützen, umgab man denselben mit einem kupfernen Mantel. Diese Art zu trocknen findet man noch in Norddeutschland, Holland und Schweden. Am Oberharze befindet sich der mit Lehm dick überstrichene Ofen außerhalb des Trockensaales, die heiße Luft wird durch mit Klappen verschließbare Oeffnungen, die oben und unten in der Scheidewand angebracht sind, zugeführt.

Diese Methode ist im Allgemeinen nicht sehr zu empfehlen, da man hinsichtlich der Temperatur gar keine Sicherheit hat, der Ofen sehr leicht heiß wird, aber auch sehr bald erkaltet, so daß von einer sich gleich bleibenden Temperatur gar keine Rede sein kann. Am besten ist noch das Verfahren am Oberharze, wo die schnelle Abkühlung des Ofens durch die Lehmbekleidung gemindert wird.

Ad b. Das Trocknen mit Wasserdämpfen wurde 1780 von den Engländern eingeführt. Kupferne Schalen, auf welche das Pulver geschüttet wurde, dienten als Deckel eines hölzernen Kastens oder eines kleinen, aus schlechten Wärmeleitern angefertigten Behälters, in welchen durch kupferne Röhren Wasserdampf geleitet wurde, dessen Temperatur zwischen 54° bis 75° C. betrug. Während des Trocknens wurde das Pulver beständig umgerührt, um ein Zusammenbacken desselben zu verhindern. Diese Methode soll jetzt noch in England in Gebrauch sein. Aus den größeren Fabriken Englands ist sie aber längst verdrängt. Man

7*

hat dort, wie auch in anderen Ländern, statt das Pulver durch unmittelbare Berührung mit erwärmten, metallischen Oberflächen zu trocknen, die Temperatur der Luft durch heißen Wasserdampf zu erhöhen gesucht.

Die am meisten übliche Einrichtung ist folgende: In dem Trockensaale befindet sich ein hölzerner Kasten, welcher etwa 3,5 m lang, 1 m breit und an der hinteren Seite etwas höher ist als an der vorderen. Der obere Rand dieses Kastens ist mit einer hölzernen Zarge versehen, in deren Falz ein mit Messingdraht überspannter Holzrahmen paßt. Auf dieses Drahtgeflecht werden leinene Decken gelegt und über diese das Pulver ausgebreitet. Ein solcher Trockenkasten faßt 75 Kg Pulver. In dem Trockenkasten befinden sich mehrere große, hohle Cylinder aus Kupfer, welche eine Länge von 1,35 m und einen Durchmesser von 0,32 m besitzen. Durch eine Röhrenleitung, welche mit einem Dampfkessel in Verbindung steht, werden sie mit heißem Wasser gespeist. In dem Innern eines jeden dieser Cylinder befinden sich eine Reihe kleinerer Röhren von 5 cm Durchmesser, welche an beiden Enden offen sind. Durch diese Röhren wird mit Hülfe eines Ventilators atmosphärische Luft getrieben, welche durch die Wärme, die in Folge der Verdichtung des Wasserdampfes frei wird, sich erwärmt. Im Allgemeinen sieht man darauf, daß die Temperatur der Luft nicht die von 60° C. überschreitet. Die Regulirung der Temperatur wird durch mehr oder weniger enges Verschließen der Heizröhren beim Eintritte in den Trockensaal bewerkstelligt.

Ist das Pulver in den Trockenkasten geschüttet, so wird es darin in einer Schicht von 1 bis 2 cm Dicke ausgebreitet und beständig umgewendet. Die erwärmte Luft wird durch die neu hinzuströmende verdrängt und so genöthigt, durch das Pulver von unten nach oben zu streichen und das in demselben enthaltene Wasser mit wegzuführen. Da das Pulver, wenn es aus der Abrundetrommel kommt, in der Regel nur noch $1\frac{1}{2}$ Proc. Feuchtigkeit besitzt, so ist gewöhnlich in Verlauf von fünf viertel Stunden die ganze Operation des Trocknens beendet. Um sich zu vergewissern, ob alle Feuchtigkeit aus dem Pulver gewichen ist, wird eine bestimmte Menge des letzteren, in der Regel 100 g, abgewogen und auf das Wasserbad gestellt. Es darf dann bei abermaligem Wägen keine Gewichtsdifferenz auftreten. Ist dies der Fall, so wird das Pulver nach dem Abkühlen in Tonnen geschüttet und nach der Abstäubemaschine gebracht.

In einigen Fabriken ist das Dampfröhrensystem etwas anders eingerichtet. Der Wasserdampf wird dort durch eine kupferne Röhre in das Trockenhaus geleitet, wo sie sich in mehrere Röhren verzweigt, welche längs der Wände des Trockenhauses mehrfach hin- und herlaufen. Die Röhren ruhen auf eisernen Stützen, welche mit Blei ausgegossen in die Wände eingelassen sind. Die Röhren haben eine kleine Senkung nach dem Dampfkessel zu, damit der zu Wasser verdichtete Dampf zurückfließen kann.

Diese Einrichtung hat den Nachtheil, daß die Luft nicht so gleichmäßig erwärmt wird, wie nach dem kurz vorher erwähnten Verfahren.

Daß bei diesen beiden Trockenmethoden für das Abziehen der mit Wasserdampf übersättigten Luft, sei es nun durch einen Schornstein, sei es durch zeitweiliges Oeffnen von Thüren oder Fenstern, Sorge zu tragen ist, bedarf wohl einer weiteren Erwähnung.

Trocknen. — Ausstäuben.

Ad c. Die Methode mit trockner, aber nicht erwärmter Luft dem Pulver die Feuchtigkeit zu entziehen, beruht darauf, daß man die atmosphärische Luft, ehe sie in das Trockenhaus eintritt, durch einen oder mehrere Räume leitet, in welchen frisch gebrannter Kalk aufgeschüttet ist. Die Luft tritt von oben in den Raum, streicht durch die einzelnen Kalkschichten hindurch, um sodann mit Hülfe eines Ventilators in das Trockenhaus getrieben zu werden.

Vom wirthschaftlichen Standpunkte aus ist diese Methode nur dann zu empfehlen, wenn der Kalk leicht zu beschaffen ist und nach der Benutzung noch weiter verwerthet werden kann. Unter dieser Voraussetzung ist die Methode sehr vortheilhaft, wenn man von der Zeit, welche das Trocknen erfordert, absieht; denn das Trocknen des Pulvers wird für die Dichtigkeit des Kornes um so vortheilhafter verlaufen, je weniger hoch die dabei angewandte Temperatur ist, weil der Wasserdampf ohne Schwierigkeit aus den Poren des Pulvers heraustreten kann. Die letzteren werden dadurch nicht erweitert und das Pulver wird daher nicht so leicht Feuchtigkeit anziehen, sich also auch besser halten.

VII. Das Ausstäuben.

Da sich während des Trocknens ungefähr $1/7$ Proc. vom Gewichte des Pulvers an Staub bildet, so sucht man denselben durch Ausstäuben in Säcken zu entfernen und zu gleicher Zeit dem Pulver bei dieser Operation einen schönen Glanz zu verleihen.

In früherer Zeit geschah das Ausstäuben in leinenen Säcken, deren zehn sich in einem luftdicht verklebten und mit Brettern verschalten Raume befanden. Mit dem offenen Ende wurden die Säcke an in der Wand angebrachten kupfernen Ringen angebunden. Neben den Ringen befanden sich in der Wand ovale Oeffnungen, durch welche die Beschickung der Säcke geschah, von welchen jeder 5 bis 6 Kg faßte. So wie die Säcke gefüllt waren, wurden sie zugebunden, die ovalen Oeffnungen mit einem Deckel verschlossen. An dem anderen Ende der Säcke waren Lederösen angebracht, durch welche nun Seile gesteckt wurden, welche mit einer über der Decke des Arbeitsraumes liegenden Hebelvorrichtung in Verbindung stehend die Säcke auf- und niederbewegten.

In neuerer Zeit hat man diese Ausstäubemaschine etwas abgeändert, wie Fig. 13 (a. f. S.) zeigt, welche die in Dresden gebräuchliche Einrichtung darstellt.

An der Staubwelle sind acht Staubflügel angebracht, welche schraubenförmig an der Welle angeordnet sind, so daß bei einer gleichen Belastung aller Flügel die Welle nach allen Seiten gleichmäßig angestrengt wird. Jeder Staubflügel, etwa 1,7 m lang und 0,1 m breit, ist an der vorderen und hinteren Seite mit kupfernen Haken versehen, so daß an jedem Flügel zwei Staubsäcke befestigt werden können. Die Staubsäcke sind 1,32 m lang und 2,6 dm breit und an beiden Enden mit Lederösen versehen.

Die Einrichtung in Spandau ist ganz ähnlich, nur sind dort zwei neben einander liegende Staubwellen angebracht, welche länger sind als die zu Dresden üblichen.

Wenn die Staubsäcke benutzt waren, so werden sie vor der Beschickung zur Entfernung des in den Poren befindlichen Staubes ausgeklopft und untersucht, ob sie noch dicht sind. Ist dies der Fall, so werden sie in Dresden mit 5 Kg, in Spandau mit 7 Kg Pulver gefüllt, zugebunden und an die Staubflügel befestigt. Die Maschine wird sodann in Bewegung gesetzt und derselben eine Geschwindigkeit von 15 Umdrehungen in der Minute gegeben. Die Körner wälzen sich in dem Sacke hin und her und erhalten durch die gegenseitige Reibung, sowie durch die an den Gespinnstfasern des Sackes Glanz, während der Staub durch

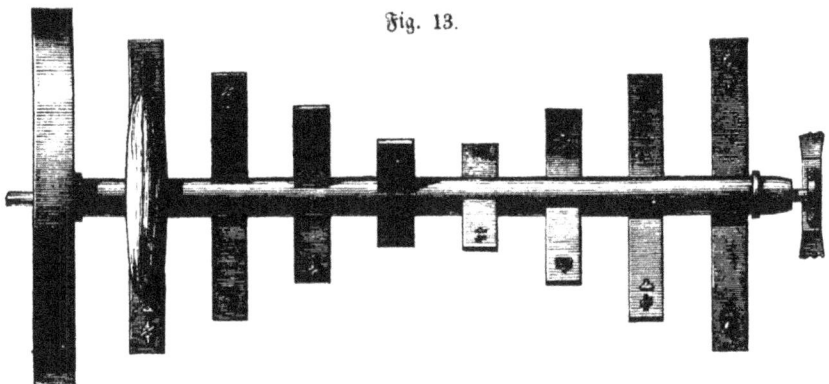

Fig. 13.

die Poren des Sackes geschleudert wird. Zur Vermeidung des Umherfliegens von Staub setzt man in Dresden eine Wand von Leinwand vor die Maschine. Die Zeit für das Ausstäuben ist verschieden, in Dresden läßt man das Geschützpulver 1 Stunde und das Gewehrpulver 2 Stunden lang in den Säcken hin- und hergehen, in Spandau begnügt man sich mit ungefähr der Hälfte der Zeit. Letztere läßt sich nämlich für Spandau nicht genau angeben, da der Oberarbeiter bei der Maschine die Verpflichtung hat, das Pulver staubfrei und blank abzuliefern, weshalb er auch berechtigt ist, die Maschine jeder Zeit anzuhalten, um das Pulver auf die verlangten Eigenschaften zu untersuchen.

Diejenigen Körner, welche durch den Sack fallen, werden nochmals in einem besonderen feinen Sacke ausgestäubt und dann zum Gewehrpulver geschüttet. Der Staub besteht hauptsächlich aus Kohle. Man fand in 100 Gew.-Thln. 74,0 Kohle, 14,5 Schwefel und 11,6 Salpeter. Man sammelt den Staub und laugt ihn aus, um den Salpeter daraus zu gewinnen.

In Schweden wird der Staub zu Bergwerkspulver verarbeitet.

Wie bereits oben bei den Mischungsverhältnissen des Pulvers S. 60 hervorgehoben wurde, erleidet die Mischung des Pulvers bei jeder Operation eine gewisse, wenn auch unbedeutende Veränderung. Einen Beleg hierfür geben folgende Zahlen, welche Analysen über preußisches Pulver entnommen sind:

	Salpeter		Schwefel		Kohle	
Vorschriftsmäßiger Satz	74	Proc.	10	Proc.	16	Proc.
Gemengter Satz	74,03	„	10,13	„	15,84	„
Der Pulverkuchen	73,60	„	10,25	„	16,15	„
Gekörnter Pulverkuchen	73,66	„	10,38	„	15,96	„
Lufttrocknes Pulver	73,94	„	10,20	„	15,86	„
Abgerundetes Pulver	74,43	„	9,73	„	15,84	„
Abgestäubtes Pulver	74,49	„	9,72	„	15,79	„

VIII. Das Sortiren.

Durch das Abrunden, Trocknen und Ausstäuben wird die Gestalt und Größe der Körner, welche sie nach dem vorläufigen Sortiren besaßen, wieder verändert, es ist deshalb nothwendig, die beiden Pulversorten einem nochmaligen Sortiren zu unterwerfen.

Die Sortirmaschine besteht aus einem hölzernen Rahmen, welcher an der Decke des Zimmers an vier ledernen Riemen aufgehängt ist. In dem Rahmen sind Siebsysteme angebracht, von welchen jedes aus zwei Sieben besteht. Das obere Sieb ist das Geschützpulversieb, dessen Maschen etwa 1,04 mm groß sind, das untere Sieb das Gewehrpulversieb, dessen Maschenweite ungefähr 0,67 mm beträgt. In den Deckel, welcher auf das Obersieb paßt, ist ein Trichter eingelassen, durch welchen das Pulver eingeschüttet wird. An dem Untersieb befindet sich ein Schlauch, welcher in eine unter dem Rahmen stehende Tonne mündet, in welche das Gewehrpulver fällt.

Sind die Siebe beschickt, so wird die Maschine von zwei Arbeitern in Bewegung gesetzt und derselben 120 Stöße gegeben, ebenso wie bei dem vorläufigen Sortiren. Auf dem Obersiebe verbleiben alle Körner, welche größer als Geschützpulver sind, während diejenigen, welche die richtige Größe des Geschützpulvers besitzen, auf dem Gewehrsiebe liegen bleiben. Das Gewehrpulver fällt in die untergesetzte Tonne.

Wie man sieht, verläuft dieser Proceß in derselben Weise, einerlei ob Geschütz- oder Gewehrpulver sortirt wird. Diejenigen Körner, welche für Geschützpulver zu groß sind, werden angefeuchtet, gepreßt und dann weiter verarbeitet.

In Dänemark wird das getrocknete Pulver auf einer Maschine sortirt, die aus einem von Messinggespinnst gebildeten Cylinder besteht; derselbe ruht bei einer Neigung von 5° auf zwei Stühlen; parallel zu ihm befindet sich eine Achse, auf der ein Ventilator angebracht ist, welcher den Staub aus dem Pulver bläst, während das letztere in die 0,15 m unter dem Cylinder stehenden Kasten fällt. Der Staub wird in eine besondere Staubkammer geweht. Das Messinggeflecht hat an verschiedenen Theilen des Cylinders verschieden große Oeffnungen und unter jeder Abtheilung einen besonderen Kasten, in welchen die betreffenden Körner fallen. Die feinsten Oeffnungen befinden sich an dem oberen Theile, durch welche das Pulver mittelst eines Trichters in den Cylinder gebracht wird.

Das in dieser Weise sortirte Pulver wird schließlich noch über Siebe laufen gelassen.

In der Schweiz wird das Pulver auf einer Art Pulverfege sortirt. Diese Vorrichtung besteht aus schief gestellten Drahtsieben von verschiedener Maschenweite, auf welche das Pulver geschüttet und mittelst einer rüttelnden Bewegung in mehrere Sorten gesondert wird, indem die größeren Körner über die Siebe fortrollen, die kleineren aber durchgehen und in untergestellte Kasten fallen.

IX. Das Vermengen.

Durch das Sortiren wird das Pulver in Geschütz- und Gewehrpulver geschieden. Für die beiden Siebe, welche diese Scheidung bewirken, ist zwar eine bestimmte Maschenweite vorgeschrieben, allein die Natur der Sache bringt es schon mit sich, daß in jeder Pulversorte Körner von verschiedener Größe sich befinden werden. In den einzelnen Tonnen, in welche das sortirte Pulver hineinfiel, kann dieses Verhältniß verschieden sein und danach wird auch in den einzelnen Tonnen das cubische Gewicht verschieden sein. Um nun ein Pulver von möglichst gleicher Beschaffenheit und möglichst gleichem cubischem Gewichte zu erhalten, nimmt man mit jeder Pulversorte für sich noch eine Vermengung vor.

Der hierzu dienende Vermengungsapparat ist folgendermaßen eingerichtet: An der Decke des Zimmers ist ein starker, runder Balken senkrecht herabhängend befestigt, welcher an seinem unteren Ende, etwa in einer Entfernung von 1,2 m vom Fußboden, einen hölzernen Bretterkranz trägt. In diesem Bretterkranz sind sechs kupferne Trichter eingelassen, welche nach unten hin sich verjüngen. Sie laufen von dem Kranze in schräger Richtung und münden sämmtlich in einer Röhre, deren Mittelpunkt in demjenigen der verlängert gedachten Achse des Balkens liegt. Ein solcher Trichter faßt in Spandau 100 Kg, in Dresden 200 Kg Pulver. An dem unteren Ende der gemeinschaftlichen Röhre befindet sich ein kurzer Lederschlauch, der durch eine Schnur umgeknickt werden kann, so daß also in diesem Falle ein Ausfließen des Pulvers verhindert wird.

Bei dem Vermengen muß man unterscheiden zwischen einer Specialvermengung und einer Generalvermengung.

Bei der Specialvermengung in Spandau werden, nachdem der Lederschlauch angezogen, in jeden Trichter zwei Tonnen von dem sortirten Pulver geschüttet, und wenn alle Trichter gefüllt, der Lederschlauch, unter welchem eine Tonne steht, losgelassen. Zwölf solcher Tonnen bilden eine Specialvermengung, welche in Dresden, da die Trichter das Doppelte von dem in Spandau fassen, 24 Tonnen ausmacht.

Hat man nun auf diese Weise 12 beziehungsweise 6 Specialvermengungen vorgenommen, so schreitet man zu der Generalvermengung, welche in der Weise erfolgt, daß man von jeder Specialvermengung je 1 Faß beziehungsweise 2 Fässer nimmt und dieselben auf die oben angegebene Art mit einander vermengt, bis sämmtliche Specialvermengungen unter sich vermengt sind.

Nach dieser Generalvermengung wird das Pulver in Tonnen gepackt. Bevor die Verpackung näher besprochen wird, seien noch die Versuche erwähnt, welche man in neuerer Zeit mit gepreßtem Pulver angestellt hat.

X. Die gepreßten Pulversorten.

Die praktischen Anfänge des gepreßten Pulvers sind in dem amerikanischen Bürgerkriege zu suchen. Bei dem ungemein großen Verbrauche von Pulver während des Unionskrieges konnte die gewöhnliche Fabrikation mit den Bedürfnissen nicht Schritt halten und versuchte man daher, aus dem Pulversatze unmittelbar durch Pressen Kartuschen und Patronen zu erzeugen. Den gehegten Erwartungen konnten diese Kartuschen und Patronen nicht entsprechen, da alle Zwischenräume fehlten, das Pulver also langsam verbrannte und dadurch ein großer Theil

Gepreßte Pulversorten.

der Ladung aus dem Rohre herausgeworfen wurde, ehe derselbe zur Verbrennung gelangt war. Um diesen Uebelstand zu beseitigen, durchbohrte man die Patronen der Länge und Quere nach und erhielt so, insbesondere bei Geschützen größeren Kalibers, günstige Resultate.

Zu gleicher Zeit versuchte man nun auch bereits gekörntes Pulver zu comprimiren, wobei man namentlich die Eigenschaft des Schwefels, bei 111° C. zu schmelzen, berücksichtigte. Dieser Gedanke war nicht neu, denn Paolo di San Roberto hatte ihn schon 1852 ausgesprochen, allein den Amerikanern blieb es vorbehalten, diesem Gedanken durch Versuche im Großen wirklichen Ausdruck zu verleihen. Man brachte das Pulver in Blechgefäße mit doppelten Wänden, deren Zwischenräume mit siedendem Wasser angefüllt waren. Bei der Temperatur von 100° C. wird der Schwefel weich, in Folge dessen die Körner an einander kleben, ohne ihre Gestalt zu verlieren. Solches erwärmtes Pulver wurde darauf in cylindrische Formen gefüllt und gepreßt. Man erhielt dadurch Patronen, deren Körner noch vollständig erkennbar waren, aber fest an einander hafteten. Die Patronen waren hart wie Stein, schwarzglänzend und konnten auf die Erde geworfen werden, ohne zu zerbrechen. Die Ergebnisse der Proben waren sowohl bei Geschützen wie Gewehren sehr gleichmäßig und der im Rohre verbleibende Rückstand war nur gering.

Die comprimirten Kartuschen wurden bald aufgegeben, während mit den gepreßten Patronen fast in allen Staaten Versuche angestellt wurden, bei welchen man die Wärme durch ein anderes Bindemittel, wie Gummi-, Zucker- oder Collodiumlösung, zu ersetzen suchte, späterhin aber auch die Patrone ohne jegliches Bindemittel aus den Pulverkörnern preßte. Es zeigte sich hierbei, daß zur Erlangung einer günstigen Verbrennung die Pressung des Pulvers weder zu stark noch zu schwach sein darf, weil bei zu starker Pressung das Pulver nicht vollständig verbrennt, während bei zu schwacher Pressung eine zu rasche Gasentwicklung stattfindet und der Vortheil eines geringen Druckes zur Verhinderung des Zerreißens der Patronenhülse nicht erreicht wird.

Bei den in Oesterreich angestellten Versuchen[*] erwies sich als von ganz entschiedenem Einflusse der Umstand, ob der dichtere oder weniger dichte Theil der comprimirten Ladung der Zündungsstelle zunächst lag. Im ersteren Falle erhielt man nämlich eine geringere Geschoßgeschwindigkeit. Hierzu gesellte sich noch der weitere Uebelstand, daß die Schießergebnisse sehr ungleich ausfielen, wenn Pulvervorräthe von verschiedenem specifischen Gewichte verwendet wurden. Aus diesen Gründen und wegen der Schwierigkeit einer gefahrlosen, maschinenmäßigen, gleichartigen Fabrikation stand man in Oesterreich von weiteren Versuchen ab.

In Europa ist Frankreich der einzige Staat, in welchem comprimirte Ladungen bis jetzt zur Anwendung kamen. Bekannt in dieser Beziehung ist ja die Patrone für die im deutsch-französischen Kriege gebrauchte Mitrailleuse (canon à balles). Die Patrone enthält sechs cylindrische Pulverkörner, jedes zwei Gramme

---

[*] Das Nähere hierüber findet sich in dem Werke des Hauptmann Kropatschek über das österreichische Hinterladungsgewehrsystem kleinen Kalibers mit Werndl-Verschluß.

schwer, so daß die ganze Ladung zwölf Gramme beträgt. Das drei Kaliber lange Geschoß wiegt fünfzig Gramme und enthält am Boden eine Lage Talg zum Einfetten des Laufes, die Talgschicht ist durch eine Papierplatte von dem obersten Pulverkorne getrennt. Diese Patrone bildet daher gleichsam ein Mittelglied zwischen der zu einem Stücke gepreßten Ladung einer eigentlichen comprimirten Patrone und der aus einer Zahl von prismatischen Pulverkörnern gebildeten Ladung eines schweren Geschützes.

In England führte man im Jahre 1868, als man senische Unruhen ernstlich befürchtete, die Rehpostenpatrone des Oberst Boxer*) ein. Diese Buckshot cartridge hat eine Boxerhülse mit Centralzündung, in welcher sich außer 16 Rehposten ein gepreßter Pulvercylinder von fein gekörntem Pulver befindet. Der Cylinder hat oben und unten eine Anbohrung; über demselben ist eine Schicht Baumwolle ausgebreitet, welche den 16 Rehposten, deren Zwischenräume mit Gyps ausgegossen sind, als Unterlage dient.

Diese gepreßten Patronen waren vorzugsweise für ein Landgefecht berechnet, denn für die Benutzung im Seekriege stellte sich ein Hinderniß entgegen, als man zu Anfang der sechsziger Jahre die Kriegsschiffe mit dicken, eisernen Panzerplatten zu umkleiden begann, um so die vernichtenden Wirkungen der Geschosse aus den Schiffskanonen zu paralysiren. Die praktische Lösung der Frage, wie der Sieg über die Panzerschiffe zu erringen sei, trat zuerst an die Vereinigten Staaten heran, wo, wie bekannt, im Bürgerkriege die Panzerschiffe in Anwendung kamen.

Um die Panzerplatte durchbohren zu können, mußte vor allen Dingen die Ladung verstärkt werden, ohne daß dabei das Geschützrohr selbst erheblich mehr angestrengt wurde. Das gewöhnliche Geschützpulver konnte dazu nicht benutzt werden, weil bei großen Ladungen seine Einwirkungen sich zu zerstörend erwiesen, eben weil die plötzlich auftretende Gasspannung eine allzu hohe war; das Zusammenbrennen der Ladung mußte also verlangsamt werden. Die Richtigkeit dieser Anschauung ergab sich aus einer Reihe von Versuchen, welche Rodman im Jahre 1860 über Gasspannungen anstellte, welche entstehen, wenn man Pulver von sehr verschiedener Körnergröße als Ladung benutzt. Die hierbei gemachten Erfahrungen ergaben, daß sich mit der Verkleinerung des Kornes Gasspannung, Anfangsgeschwindigkeit und Schußweite vergrößern. Da aber durch das kleine Korn die Geschützrohre sehr angestrengt werden, so vermied dies Rodman dadurch, daß er recht große Körner nahm und die dadurch eintretende Verminderung der Anfangsgeschwindigkeit der Geschosse durch Vermehrung der Pulverladung wieder auszugleichen suchte. In Folge dieser und ähnlicher Beobachtungen wurde 1862 das Mammuthpulver eingeführt, dessen Körner einen Durchmesser von 1,56 bis 2,34 cm haben, später sogar über 2,6 cm Durchmesser ausgedehnt wurden. Aus diesem Mammuthpulver ging dann das prismatische Pulver hervor, ein aus gekörntem Pulver gepreßtes sechseckiges Prisma mit sieben Durch-

---

*) Eine ausführliche Beschreibung über diese eigenthümliche Patrone findet sich in dem Werke des Capitäns Vivian Dering Majendie und Orde Browne: Military Breech loading rifles with detailed notes on the Snider and Martini-Henry rifles and Boxer ammunition p. 116 sqq.

Gepreßte Pulversorten.

bohrungen. Der Gedanke, welcher bei Benutzung des prismatischen Pulvers zu Grunde liegt, ist folgender: Wendet man zu größeren Ladungen ein feinkörniges Pulver an, so ist im ersten Augenblicke der Entzündung vermöge der sehr großen Oberfläche der größte Theil der Ladung verbrannt, daher eine sehr bedeutende Maximalspannung eingetreten und somit ein sehr offensives Verhalten die Folge des Pulvers, während der Rest der entwickelten Kraft im Verhältniß zum ersten Theile nur gering ist. Diesem Processe gegenüber muß ein Pulver Vortheil bieten, welches im Augenblicke der Entzündung eine kleine Oberfläche darbietet, die sich aber während der Verbrennung stets vergrößert und dadurch eine progressive Steigerung der Gasspannung veranlaßt. Dieser Vorgang soll durch das prismatische Pulver erreicht werden, welches von den Durchlöcherungen nach außen brennend die Brennflächen zunehmend größer werden läßt. Da hiernach das prismatische Pulver beim Beginne der Verbrennung eine geringere Menge Pulvergase als das gewöhnliche Geschützpulver erzeugt, so erhält das Geschoß im Anfange seiner Bewegung eine geringere Geschwindigkeit. Die Folge hiervon ist ein gleichförmiger Eintritt des Geschosses in die Züge, eine regelmäßigere Bewegung desselben und eine geringere Deformation des Bleimantels. Der gleichförmigen Bewegung des Geschosses in der Seele entspricht gleichförmige Richtung des Fluges und gleichförmige Geschwindigkeit; der Schonung des Bleimantels entspricht gleichförmige Bewegung in der Luft.

Wie bereits angedeutet, fand das prismatische Pulver seine Entstehung in Nordamerika und gelangte von dort über Rußland nach Preußen.

In Betreff der Fabrikation mag im Allgemeinen bemerkt werden, daß die Satzverhältnisse dieselben sind, wie man sie für das gewöhnliche Kriegspulver in Anwendung bringt. Da man nun für das prismatische Pulver ein specifisches Gewicht von 1,66 erzielen will, so folgt daraus, daß man das gewöhnliche Pulver hierzu nicht benutzen kann, da dasselbe ein geringeres specifisches Gewicht besitzt. Um letzteres zu erhöhen, muß also ein ungewöhnlich hoher Druck auf dasselbe ausgeübt oder die Fabrikation derart abgeändert werden, daß man mit den gewöhnlichen Einrichtungen diese Dichte erlangt. Hat man nun auf die eine oder andere Weise einen Pulverkuchen von der verlangten Eigenschaft hergestellt, so wird derselbe gekörnt, das allzufeine Pulver von dem grobkörnigeren abgesiebt und darauf unter die Presse gebracht. Letztere besteht der Hauptsache nach aus drei Theilen, einem unbeweglichen Mitteltheile, in welchem sich die sechseckige Form befindet und einem Ober- und Untertheile, welche nach entgegengesetzter Richtung beweglich sind. Da man nun dem prismatischen Pulverkorne 7 Durchlöcherungen giebt, so sind in dem Untertheile 7 Stahlnadeln angebracht, welche sich in der Richtung nach dem Mitteltheile bewegen lassen. Durch den Druck, welcher von dem Obertheile sowohl wie von dem Untertheile auf die Pulverkörner ausgeübt wird, erfolgt ein Zusammenpressen der letzteren, woraus nothwendig sich ergiebt, daß das Obertheil 7 Canäle enthalten muß, damit die mit zunehmender Pressung emporsteigenden Nadeln in dieselben eintreten können.

Die prismatischen Pulverkörner besitzen, wenn sie unter die Presse kommen, in Rußland einen Wassergehalt von 7 Proc. Sie werden 14 Tage lang einer Wärme von mehr als 32° C. ausgesetzt, bis ihre Feuchtigkeit auf 1 Proc. herabgesunken ist. In Spandau erfolgt das Trocknen bei 40⁰ C. und ist in 48 Stunden beendet. Dieses schnellere Trocknen mag daher auch der Grund sein, daß die Spandauer Pulverkörner eine durch den Salpeter hervorgerufene etwas grauschwarze Farbe besitzen, während die zu Ockta bei St. Petersburg angefertigten schwärzer aussehen.

Die Form, welche die prismatischen Pulverkörner nach dem Pressen und Trocknen besitzen, ergiebt sich aus Fig. 14, wo eine Seitenansicht gegeben ist. Fig. 15 stellt die Vorderansicht und Fig. 16 das Prisma im Längsdurchschnitte dar. Die Pulverkörner sind reguläre Säulen von sechsseitiger Grundfläche; der

Fig. 14.   Fig. 15.   Fig. 16.

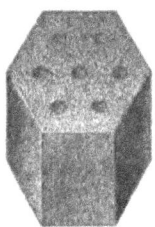 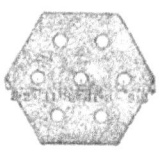 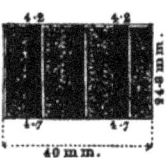

Durchmesser der Grundfläche von einer Ecke bis zu der diametral gegenüberliegenden gemessen beträgt 40 mm, die Höhe 24,8 mm. Von den der Länge nach durch das Prisma gehenden Canälen, 7 an der Zahl, liegt der mittlere in der Achse, die anderen 6 zwischen dieser und jeder der sechs Ecken, jedoch letzteren etwas näher, wie aus Fig. 15 ersichtlich ist, wo die Entfernungen angegeben sind. Der Durchmesser dieser Canäle beträgt in der Grundfläche 4,7 mm, an der oberen Fläche 4,2 mm.

Hinsichtlich der Form sei noch bemerkt, daß das sechseckige Prisma vor der cylindrischen Form den Vortheil hat, daß die Aneinanderlagerung der einzelnen prismatischen Pulverkörner sich viel leichter bewerkstelligen läßt und man nicht so viele Zwischenräume erhält als bei der cylindrischen Gestalt, welche allerdings den Vortheil gewährt, daß durch Stoß oder Druck nicht so leicht eine Verletzung der Pulverkörner vorkommen kann, wie dies bei den Kanten der prismatischen Form möglich ist.

Das absolute Gewicht der zu Spandau fabricirten prismatischen Pulverkörner beträgt 37,5 g, derjenigen, wie sie von Ritter zu Altenkirchen bei Hamm an der Sieg angefertigt werden, 40,5 g.

Das specifische Gewicht der prismatischen Pulverkörner ist 1,66; in jüngster Zeit hat man dasselbe bis zu 1,74 und 1,76 erhöht, auch Versuche angestellt, die sieben Canäle durch einen Canal von 15 mm Durchmesser zu ersetzen.

In England, wo man bis jetzt das prismatische Pulver noch nicht eingeführt hat, benutzte Armstrong seit 1860 für seine Geschütze grobkörniges Pulver, dessen Körner etwa die Größe von Haselnüssen hatten — large grained rifle powder. — Um die Schnelligkeit der Verbrennung zu mäßigen, wurden die Körner in hölzernen Trommeln mit Graphit polirt. Die Größe der Körner ist so bemessen, daß sie auf einem Siebe von acht Maschen pro 2,6 cm liegen bleiben, dagegen durch ein Sieb von vier Maschen pro 2,6 cm hindurchfallen. Durchschnittlich gehen 13 000 Körner auf 0,454 Kg.

Gepreßte Pulversorten.

Einige Zeit später wurden Versuche mit sogenanntem Kieselpulver (pebble powder) angestellt, welches seinen Namen von der Aehnlichkeit der Körnerform mit gewöhnlichen Kieselsteinen hat. In seiner Zusammensetzung ist es ganz gleich dem grobkörnigen Pulver für gezogene Geschütze und unterscheidet sich von diesem nur durch seine Größe und Dichtigkeit. Man stellt es dar, indem man den Pulversatz auf die Dichtigkeit von 1,8 zusammenpreßt und den Pulverkuchen in Stücke zerschlägt, welche durch Siebe von 1,7 cm Maschenweite noch hindurchgehen, aber auf einem Siebe von 1,3 cm Maschenweite liegen bleiben. Die Stücke werden darauf in einer Polirtrommel mit Graphit polirt. Die Dichtigkeit liegt zwischen 1,78 und 1,82. Nach vorläufigen Versuchen ist die hierbei erzielte Anfangsgeschwindigkeit etwas größer sogar als bei prismatischem Pulver, die Gasspannung im Rohre aber ziemlich viel geringer als bei letzterem Pulver.

Zur Beurtheilung dieser Versuche verdient bemerkt zu werden, daß sämmtliche Schüsse aus einem 2 dm weiten Woolwich-Vorderlader geschahen, so daß man hieraus noch keine bestimmte Folgerungen auf den bei uns üblichen gezogenen Hinterlader ziehen darf, um so weniger als bei dem Vorderlader nur das Gewicht des Geschosses in rotirende Bewegung zu versetzen ist, während bei unserem Hinterlader vor allen Dingen der Bleimantel in die Züge gepreßt werden muß, so daß also schon von vornherein eine erhebliche Spannung nothwendig ist, bevor das Geschoß seinen Weg antreten kann.

Neben diesem Kieselpulver hat man in England auf Vorschlag der Pulvercommission und des Ordonance Select Committee im Jahre 1867 für großkalibrige Geschütze das gepreßte Pulver oder Cylinderpulver (pellet powder) eingeführt, da man die Beobachtung machte, daß die schweren Geschütze bei der erforderlich schweren Ladung (mindestens 30 Kg) weniger von dem gepreßten Pulver angegriffen wurden als von dem gewöhnlichen grobkörnigen.

Zur Darstellung dieses Pulvers hat John Anderson zu Woolwich eine Maschine erfunden, welche jetzt in der königlichen Pulvermühle zu Waltham-Abbey in Gebrauch ist.

Die Maschine besteht aus einer Drehscheibe von ungefähr 1,86 m Durchmesser, welche in ihrer Peripherie gezahnt ist und von der Hand durch ein Getriebe in Bewegung gesetzt wird. Die Scheibe enthält vier rechtwinklig zu einander und resp. sich gegenüberliegende runde Metallplatten von ungefähr 5,2 cm Dicke und 0,46 m Durchmesser, deren jede mit 200 Kammern, d. h. cylindrischen Löchern von 1,7 cm Durchmesser versehen ist. Ueber jeder Kammer befindet sich eine bewegliche Stoßdecke, welche fest gegen die Platte angedrückt werden kann. In die 200 Kammern greifen ebenso viele Stempel ein, welche sich nach unten verschließen und durch eine hydraulische Presse von unten her emporgehoben werden können. Mit den Kammern je zweier einander gegenüber liegenden Platten wird immer gleichzeitig dieselbe Operation vollzogen. Sind die Absperr- oder Stoßdecken gelüftet und die Köpfe der Stempel ungefähr 3,2 cm unter der Plattenoberfläche gehoben, so werden die Kammern mit Mehlpulver gefüllt, Fig. 17 (f. S.), und darauf die Platten rein gekehrt. Sobann werden die Stoßdecken niedergelassen und festgestellt, so daß sie die Kammern oben verschließen und darauf die Stempel in die Kammern hineingetrieben, wodurch die vorher 3,4 cm hohen

Gepreßte Pulversorten.

Pulverschichten bis auf 1,7 cm zusammengedrückt werden. Fig. 18. Nachdem dies geschehen, lüftet man die Stoßdecken und hebt die Stempel weiter aufwärts bis zur Oberfläche der Platten, wobei sie die nunmehr gebildeten Pulvercylinder aus den Kammern herausdrücken. Fig. 19.

Man läßt die Drehscheibe darauf eine Viertelumdrehung machen und kehrt dann die Pulvercylinder von den beiden Kammerplatten ab, während die beschriebene Operation nun bei den beiden anderen Kammersystemen ausgeführt wird. Die Pressung beträgt 512,5 Kg auf 6,84 ☐ cm, mit Berücksichtigung der Reibung etwa 500 Kg. Die Maschine wird von drei Arbeitern bedient.

Das Korn des gepreßten Pulvers ist ein flacher Cylinder, dessen eine Grund-

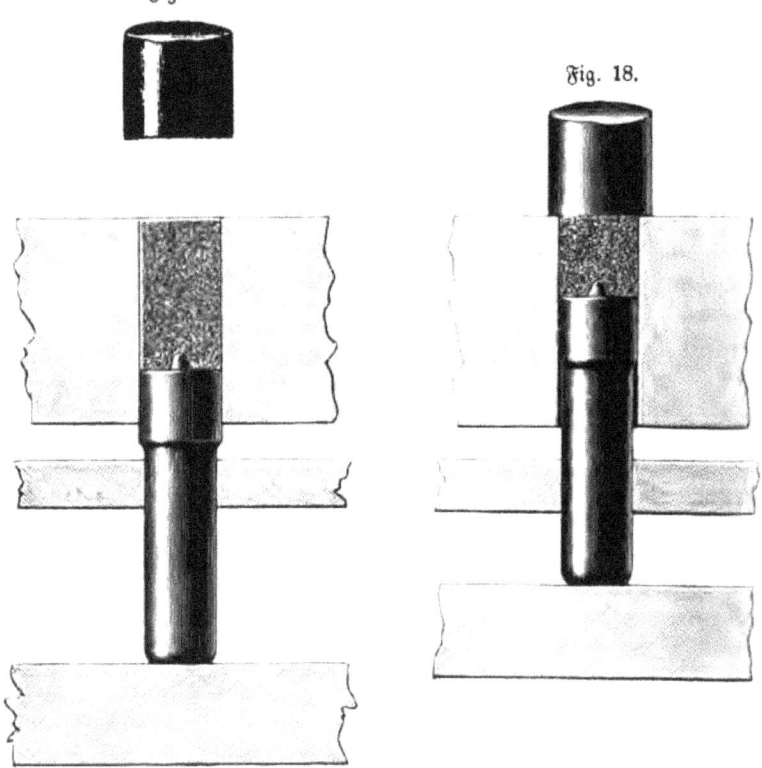

Fig. 17.

Fig. 18.

fläche in der Mitte eine Aushöhlung in Gestalt eines abgestumpften Kegels hat. Der Durchmesser des Cylinders beträgt 18 mm, seine Höhe 12 mm, und die Tiefe der Aushöhlung 6 mm. Das specifische Gewicht liegt zwischen 1,65 und 1,7; das absolute Gewicht beträgt 6,43 g. Das gepreßte Pulver brennt langsamer zusammen als das gewöhnliche grobkörnige Pulver und ist daher weniger offensiv. Nach englischen Versuchen ist seine Anfangsgeschwindigkeit größer als die des grobkörnigen Pulvers und die Gasspannung um die Hälfte geringer.

XI. Das Verpacken.

Das Verpacken des Schießpulvers geschieht in Pulvertonnen, in welche eine bestimmt abgewogene Menge geschüttet wird. Das Abwiegen geschieht entweder direct in die tarirte Tonne oder wie in Spandau auf einer besonderen, zu diesem Zwecke construirten Wage. Die Stelle der einen Wageschale vertritt ein conisch geformter Blechcylinder, welcher oben zum Einschütten eine trichterförmige Oeffnung besitzt und an seinem unteren Ende in eine mit einem Deckel verschließbare Tülle ausmündet. Die andere Wagschale wird durch ein Gewicht ersetzt, welches den Blechcylinder im Gleichgewicht zu halten bestimmt ist. Dieses Gewicht wird in einen Haken gehängt; ein daneben befindlicher zweiter Haken dient dazu, dasjenige Gewicht aufzunehmen, welches die Menge des Pulvers bestimmt, das in die Tonne geschüttet werden soll. Wenn man also, wie z. B. in Spandau, 52,5 Kg Pulver verpacken will, so werden die beiden Gewichte angehängt, der Deckel an der Tülle wird verschlossen und nun in den Cylinder so lange Pulver eingeschüttet, bis Gleichgewicht eintritt. Darauf wird der Deckel geöffnet und das Pulver fließt in die unterstehende Tonne. In Dresden werden in jede Tonne 50 Kg Pulver abgewogen.

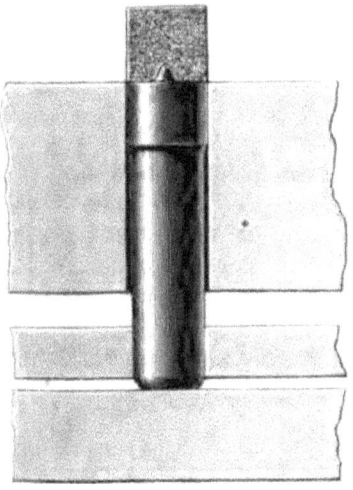

Fig. 19.

Im 17. und 18. Jahrhundert wurde in Deutschland das Pulver in Tonnen gepackt, welche mit Leinöl angestrichen waren, um dadurch das Pulver vor Feuchtigkeit zu schützen. Im Jahre 1780 machte man in dieser Beziehung in Hannover einen interessanten Versuch, der aber von keinen weiteren praktischen Folgen begleitet war. Gefüllte Pulvertonnen wurden mit stark geleimtem und mit Alaun getränktem Papier verklebt, in Pech getaucht und einen Monat lang unter Wasser aufbewahrt. Das Pulver blieb unversehrt.

In demselben Jahre wurde in Preußen eine Verordnung erlassen, wonach das Pulver zuerst in Zwillichsäcke geschüttet und diese in eine Tonne gesteckt, welche ihrerseits wieder in eine etwas größere Tonne gesetzt werden sollte. Diese Art zu verpacken kam aber bald ab und schüttete man das Pulver direct in eine Tonne, von deren Dichtigkeit man sich dadurch überzeugte, daß man beim Hineinsehen von einem etwas dunklen Raume aus gegen das Licht nicht die kleinste Oeffnung bemerken durfte. Da nun nach dem Füllen der Tonne die oberen Reifen sämmtlich gelüftet, zum Theil sogar abgenommen werden, damit der Aufschlageboden eingesetzt werden kann, so dehnen sich die Dauben etwas aus und die entstehenden Oeffnungen werden durch Pulverkörner sofort ausgefüllt, welche beim Zuschlagen der Tonne zerquetscht werden. Kommt nun ein Körnchen Sand oder sonst ein als Holz festerer Körper hinzu, so kann durch den Schlag mit den Holzhämmern eine Entzündung geschehen. Aus diesem Grunde wird heut zu Tage in den Staatsfabriken Deutschlands das Pulver zuerst in einen Sack geschüttet und dieser darauf in die Pulvertonne hineingesetzt. In Betreff der Tonnenreisen verdient noch bemerkt zu werden, daß nach angestellten Versuchen geschälte weidene Reifen den Vorzug vor ungeschälten verdienen, indem bei ersteren der Wurmfraß fast gar nicht oder doch nur höchst selten vorkommt. Deshalb sollen z. B. in Preußen nur geschälte weidene Reifen verwendet werden und zwar so viel als möglich solche, welche aus im Winter geschnittenen Stöcken hergestellt sind, weil diese eine größere Dauer besitzen als die im Sommer geschnittenen.

Sind die Säcke mit Pulver gefüllt, so werden sie zugebunden und in die Pulvertonnen gesetzt, welche sodann mit hölzernen Hämmern zugeschlagen werden.

Diejenigen Tonnen, welche Gewehrpulver enthalten, werden in preußischen Staatsfabriken auf dem Boden der Tonne mit einer gelben Etiquette, diejenigen, welche Geschützpulver enthalten, mit einer rothen Etiquette versehen. Auf der betreffenden Etiquette wird darauf das cubische Gewicht, das Jahr und der Ort der Fabrikation, die Nummer der Lieferung bemerkt und unter den Fabrikationsort der Stempel der Pulverprobirungscommission gedrückt.

Beim Verpacken der prismatischen Pulverkörner fällt der Sack weg und an die Stelle der Tonne tritt ein etwa 6 dm langer, 3 dm breiter und ungefähr 1,5 dm hoher Kasten, welcher 50 Kg Prismen faßt. Bei Beginn des Verpackens wird an eine der schmalsten Seiten des Kastens eine Filzplatte angelegt, die Prismen werden alsdann in den Kasten hineingelegt, so daß sie fest an einander liegen. Sowie die letzte Reihe eingepackt ist, wird über dieselbe der ganzen Länge nach eine zweite Filzplatte gebreitet und dann der Deckel aufgeschraubt. Die Filzplatten haben den Zweck, eine Bewegung der Prismen und somit ein Abstoßen der Prismenkanten zu verhindern.

Das für die Marine bestimmte Pulver wird in hermetisch verschlossenen, kupfernen Kisten transportirt.

In Oesterreich wird das Kriegspulver auf dieselbe Weise verpackt wie in Preußen. Die Zwillichsäcke sind 0,9 m breit und etwa 1 m lang. Die Pulverfässer, welche 100 Kg halten, haben 0,7 m Höhe und 0,5 m im größten Durchmesser, bestehen aus 23 Dauben und 2 Böden mit 12 hölzernen Reifen. Man hat auch Fässer von 50 Kg Inhalt, jedoch selten.

In Frankreich wurde im 17. Jahrhundert das Pulver auf dieselbe Weise verpackt, wie dies heut zu Tage bei uns geschieht. Zu Anfang des vorigen Jahrhunderts (1704) wurden statt der Säcke Tonnen eingeführt. Die eigentliche Pulvertonne (baril) war im Innern mit Leinwand gefüttert und wurde nach dem Füllen mit 50 Kg Pulver in eine zweite Tonne (chappe) gestellt. Diese Art von Verpackung hat man bis heute beibehalten. Das eigentliche Pulverfaß hat 0,6 m Höhe, im größten Durchmesser 0,45 m und besteht aus 14 Dauben,

Verpacken.

die an beiden Enden 0,013 m und in der Mitte 0,01 m dick sind. Die beiden Böden sind aus je drei Theilen zusammengesetzt. Die Reifen, 12 an der Zahl, umgeben das Faß in der Weise, daß jedesmal je drei Reife zusammengebunden sind. Nachdem man sich überzeugt hat, daß das Faß allen Anforderungen entspricht, wird es zugeschlagen und in das größere, zweite Faß hineingestellt. Auf einem Boden der äußeren Tonne wird das Jahr und der Ort der Anfertigung bemerkt, die Art des Pulvers (P. C. oder P. M. poudre à canon, à mousquet), die mittlere Wurfweite und mittlere Anfangsgeschwindigkeit. Ist das Pulver wiederhergestellt, so deutet man dies durch den Buchstaben R (radoubée) an.

Das Jagdpulver wird in Büchsen von Weißblech, die 1 Kg enthalten, oder in cylindrischen Papierhülsen mit einer Bleifütterung, die 500, 200, 100 und 50 g aufnehmen, aufbewahrt. Diese Büchsen und Hülsen werden behufs Transports in Kasten zu 25 Kg oder auch in Tonnen verpackt.

Das Pulver zu den Minen und für den auswärtigen Handel wird in Leinwandsäcke geschüttet, diese werden in eine Tonne gesteckt, welche nicht wie beim übrigen Pulver von einer zweiten umgeben ist.

Für das Schiffspulver fütterte man zu Anfang dieses Jahrhunderts die hölzernen Kisten mit Blei aus, wählte aber 1820 Kupferkasten, welche in hölzerne durch kupferne Schrauben zusammengehaltene Kasten eingesetzt werden. Bei dieser Verpackung hat man die Beobachtung gemacht, daß das Pulver bei längerer Aufbewahrung an den Wänden des kupfernen Kastens eine Kruste von Schwefelkupfer absetzt, weshalb Oberflächen von Zink oder Zinn wohl vorzuziehen sein möchten.

In England wird nach Pichat's Methode (1810) das Pulver in die Tonnen, welche doppelten Boden und kupferne Reifen haben, nur zu $9/10$ des ganzen Raumes angefüllt, weil man glaubt, daß das Pulver durch das Umrollen der Tonnen mehr vor dem Zusammenballen gesichert werde, weshalb diese Operation auch alljährlich auf dem mit starkem Sohlleder bezogenen Fußboden des Pulvermagazines vorgenommen wird.

Um die Gefahr zu beseitigen, welche mit der Aufbewahrung größerer Mengen Schießpulver verbunden ist, hatte Piobert 1840 empfohlen, die Verpackung zu ändern, statt der reinen Pulverkörner dieselben mit sehr feinem Pulverstaube gemengt in die Tonnen zu schütten, weil, wenn alle zwischen den Körnern befindlichen Räume mit Staub angefüllt, die Fortpflanzung des Feuers nur sehr langsam erfolge. Nach seinen Untersuchungen beträgt in diesem Falle die Geschwindigkeit der Verbrennung nur 0,018 bis 0,30 m in der Secunde, je nachdem die Masse fest zusammen gedrückt ist oder nicht.

Auf Grund dieser Andeutungen hat Fadéieff eine Reihe von Versuchen angestellt, denen zufolge er nachstehendes Verfahren empfiehlt. Holzkohle und Graphit werden fein gepulvert mit einander vermischt, sodann mit der doppelten Menge Schießpulver in Tonnen innig vermengt und darauf in möglichst cylinderförmige Pulvertonnen derart gefüllt, daß der Boden des Fasses mit einer 5 bis 6 cm hohen Schicht von Kohlengraphit, wie der Kürze wegen das Gemenge aus Kohle und Graphit bezeichnet werden soll, bedeckt ist. Diese Unterlage wird mit Hülfe einer Presse zusammengedrückt und darauf die Tonne mit dem gemengten Pulver fast ganz angefüllt. Die Masse wird jetzt noch einmal zusammengepreßt, mit einer Schicht Kohlengraphit überdeckt und die Tonne darauf zugeschlagen. Der Graphit verleiht der ganzen Masse plastische Eigenschaften, welche das Gemenge compacter machen, so daß sich die Pulverkörner nur sehr schwer durch den Stoß absondern.

Das Pulver wird durch diese Verpackung nicht allein schwer entzündlich, sondern brennt auch nach der Entzündung langsam und ohne alle Explosion ab. Eine Pulvermasse von 32 Kg (den Kohlengraphit nicht einbegriffen) brauchte zum gänzlichen Verbrennen 67 bis 75 Secunden. Die Feuergarbe, welche der Mündung der Tonne entstieg, war 1,50 bis 2 m lang. Man konnte ohne irgend eine Gefahr neben der Tonne stehen bleiben und nach vollendeter Verbrennung erwies sich das Pulverfaß als noch vollkommen brauchbar.

Bei diesen Versuchen bemerkte Fadéieff auch noch, daß solches mit Kohlengraphit gemengtes Pulver viermal weniger Feuchtigkeit aufnimmt als ein gleiches Gewicht reines Pulver.

Das so verpackte Pulver wird vor dem Gebrauche durch Siebe von seiner Beimengung befreit, während das abgesiebte Gemenge wieder zu gleichem Zwecke verwendet werden kann.

Ein anderes Verfahren, welches am 20. Juni 1866 von Seiten des Feldzeugamtes in London einer sorgfältigen Prüfung unterworfen wurde, schlug Gale vor.

Hiernach erhitzt man ordinäres Glas bis zum Weißglühen, taucht es dann in kaltes Wasser, wodurch es bekanntlich an Elasticität verliert, verwandelt es in ein feines Pulver und mischt dieses mit dem Schießpulver im Verhältniß von 2 : 1 oder 3 : 1 oder 4 : 1, je nachdem man Schießpulver bloß nichtexplosiv oder geradezu unbrennbar machen will. So gemengtes Pulver kann ohne die geringste Gefahr transportirt, ja sogar in das Feuer geworfen werden. Um es wieder brauchbar zu machen, wird es gesiebt.

So empfehlenswerth nun diese beiden Methoden auch im Allgemeinen sein mögen, so sprechen doch gegen die praktische Anwendung derselben folgende Bedenken.

Im Falle eines schleunigen Bedarfes, also ganz insbesondere bei Ausbruch eines Krieges, erfordert das Aussieben so viel Arbeit, daß dazu nicht immer Zeit und Kräfte genug vorhanden sein werden.

Diese Arbeit aber steigert die Gefahr weit mehr, als sie früher durch das aufbewahrte Gemenge vermieden wurde. In Betreff des Verfahrens von Fadéieff ist noch ganz besonders hervorzuheben, daß der Graphit die Pulverkörner überzieht; das Pulver wird nach dem Aussieben dadurch weit langsamer zusammen brennen und daher namentlich für das kleine Gewehr weniger wirksam. Wenn nun auch, wie Fadéieff behauptet, das hygroskopische Kohlengemenge bei mehrtägiger Aufbewahrung vortheilhaft ist, so wird sich doch bei Jahre langer Aufbewahrung das Verhältniß ganz anders gestalten, indem die Kohle allmählich an das Pulver die Feuchtigkeit, wenigstens zum größeren Theile, abtreten wird, wie dies ja bei der innigen Mischung gar nicht anders möglich ist.

XII. Die Pulvermagazine.

Nach dem Verpacken wird das Pulver in die Magazine gelagert. Wegen der großen Gefahr von Explosionen müssen dieselben außerhalb der Stadt in einer bestimmten Entfernung von bewohnten Gebäuden liegen.

Man baut die Pulvermagazine entweder aus Stein oder, was noch besser ist, aus Holz und bedeckt sie mit einer leichten Dachbekleidung. Die Gestalt des Magazines ist in der Regel viereckig, der Boden gedielt. Die inneren Wände sind häufig mit Strohdecken belegt, um die Trockenheit des Raumes zu fördern. Der Eingang ist gewöhnlich von Osten. Die Thür, welche durch ein Wetterdach geschützt ist, besteht aus zwei Flügeln, ebenso wie die Fenster.

In Schweden sind die Pulvermagazine meistens aus Stein gebaut. In die Wände sind dicke Holzzapfen eingesetzt, welche nach innen vorstehen. Auf diese nagelt man Bretter, haut auf der inneren Fläche dieser Bretter Späne ein und bringt einen Kalkanwurf darauf, der sehr fest hält.

Das Magazin ist von einem Graben umgeben, welcher seinerseits wieder von einem hohen Erdwalle begrenzt ist. Um das Einschlagen des Blitzes zu verhindern, sind in der Nähe mehrere Blitzableiter angebracht. An manchen Orten pflanzt man hohe Bäume, welche dann die Blitzableiter ersetzen.

In Frankreich soll auf Grund eines Berichtes der pariser Akademie die Telegraphenlinie wenigstens 100 m von einem Pulvermagazine entfernt sein, widrigenfalls die Telegraphendrähte unterirdisch zu legen sind. In der Nähe der unterirdischen Leitung soll ein Blitzableiter von 15 bis 20 m Höhe angebracht sein.

Um das Eindringen von Feuchtigkeit in das Innere des Raumes abzuhalten, hat man verschiedene Vorsichtsmaßregeln getroffen.

Enthält der Untergrund Wasser, so daß dieses vermöge Capillarwirkung in die Mauern hinaufsteigen kann, so bedeckt man die Mauern, wenn sie ungefähr 1 m hoch über dem Boden aufgemauert sind, in jedem Falle aber etwas über der Höhe des Fußbodens des Magazines mit einer dicken Bleiplatte, welche etwa 1 cm aus dem Abputz hervorragt und nach unten etwas umgebogen ist, damit das Wasser sich darauf nicht sammeln kann, und mauert dann erst weiter.

Kommt die Feuchtigkeit von außen her durch große Regenmengen, welche an die äußeren Mauerwände schlagen, so begegnet man dieser durch einen Trockenbewurf an den inneren Wänden. Nachdem man letztere mit Hülfe eines leicht beweglichen Ofens getrocknet hat, bewirft man die Wände mit dem Trockenbewurf. Dieser besteht aus 1 Thl. Bleiweiß vertheilt in 10 Thle. Leinöl, welchem man noch 2,2 Thle. Wachs oder 13 Thle. Harz beigefügt hat.

Rührt die Feuchtigkeit aus der Luft her, welche sich bei der niederen Temperatur im Inneren des Magazines niederschlägt, so versieht man die Mauern mit schlechten Wärmeleitern und setzt in den Raum selbst Töpfe mit Kalk oder anderen Wasser in sich aufnehmenden Körpern, wobei man aber nicht außer Augen lassen darf, daß diese Körper bei sehr trockener Luft wieder Feuchtigkeit an die Atmosphäre abgeben.

Im Allgemeinen ist nichts geeigneter ein Magazin vor Feuchtigkeit zu schützen, als es oft bei heiterem und trockenem Wetter zu lüften. Thür und Fenster öffnet man nach Sonnenaufgang und schließt sie wieder vor Sonnenuntergang.

Die Pulverfässer werden in einiger Entfernung von der Wand in Reihen aufgestellt und zwar stapelt man von den auf Realen liegenden Fässern in der Regel 3 bis 4 über einander. Pulver von derselben Sorte pflegt man zusammenzulegen. Die Fässer müssen so angeordnet sein, daß man die auf dem Boden derselben angebrachten Etiquetten von dem Zugange aus deutlich sehen kann.

In Schweden ruhen die Pulverfässer nicht über einander, sondern jede Reihe wird von hölzernen, in der Wand befestigten Stützen gehalten.

Das Betreten des Magazines erfolgt in Filzschuhen. Die Benutzung von Licht sucht man möglichst zu vermeiden; da aber diese nicht immer zu umgehen ist, so hat man besondere Laternen construirt. Die Laterne ist äußerlich von einem starken Drahtnetze umgeben und hat oben wie unten eine durch eine Klappe geschlossene Oeffnung.

Nach dem Oeffnen der oberen Klappe kann der auf den Glascylinder geschobene, dessen oberen Rand umfassende Deckel und hierauf leicht der Glascylinder herausgenommen werden. Nach dem Oeffnen der unteren Klappe läßt sich die in der Laterne befindliche Lampe so drehen, daß die beiden an ihrem unteren Rande befindlichen Lappen in zwei für sie passende Ausschnitte im Boden der Laterne treten, worauf die Lampe herausgenommen werden kann. Beim Einsetzen der letzteren wird dieselbe so in die für sie bestimmte Oeffnung gebracht, daß die an ihr befindlichen Lappen durch die diesen entsprechenden Ausschnitte hindurchgehen, dann um so viel umgedreht, daß sie festen Halt in der Laterne gewinnt und hierauf die untere Klappe geschlossen. Befindet sich Oel in der Lampe, so darf die Laterne nicht in eine zu stark geneigte Lage gebracht werden. Das Anzünden der Laterne muß an einem durchaus gefahrlosen Orte stattfinden. Vor dem Hineinbringen in das Magazin wird die angezündete Laterne mit einem kleinen Messingschlosse, dessen Schlüssel sich beim Aufseher befindet, verschlossen. Beim Gebrauche in der Nähe von Pulver muß sie an einem sicheren Orte aufgehängt werden.

Zum Schutze der Pulvermagazine auf Kriegsschiffen hat William Newton eine Sicherheitsvorrichtung angegeben, welche darin besteht, daß bei ausbrechendem Feuer durch die Hitze Guttaperchacylinder so weich werden, daß dadurch die Hähne von Röhren, welche mit dem Meerwasser in Verbindung stehen, geöffnet werden und so das Magazin unter Wasser gesetzt wird.

XIII. Das Umrütteln.

In Frankreich wird alle Jahre einmal das Pulver auf seine Feuchtigkeit untersucht und zu diesem Zwecke in den Magazinen umgerüttelt. Man verfährt hierbei folgendermaßen. Die Pulvertonnen werden auf dem Boden des Magazines, welcher mit Haardecken bedeckt ist, gerollt. Vernimmt man gar keinen

Ton oder nur einen gedämpften, so darf man auf Feuchtigkeit im Pulver schließen; ist der Ton ungleich, untermischt mit Stößen, so deutet dies auf geklümptes Pulver; ist der Ton jedoch rein und gleichartig, so ist das Pulver gut. Das als feucht erkannte Pulver wird, wenn sein Feuchtigkeitsgehalt nicht mehr wie 6 bis 7 Proc. beträgt, ebenso wie die betreffenden Pulvertonnen an der Luft getrocknet und nach dem Ausstäuben wieder verpackt. Hat sich das Pulver zusammengeklümpt, so zertheilt man die Klümpchen mit der Hand, schüttet es, wenn die Tonne feucht ist, in eine trockne und rüttelt es hin und her, um die Klümpchen vollständig zu zertheilen. Solch' hergerichtetes Pulver wird nicht wieder an seinen ursprünglichen Platz gebracht, sondern wenn es unten lag nach oben gestellt und umgekehrt.

Beträgt die Feuchtigkeit des Pulvers mehr als 7 Proc. oder beginnt der Salpeter auszuwittern, so wird das Pulver von Neuem gestampft, nachdem man sich zuvor durch eine quantitative Analyse überzeugt hat, daß die Mischungsverhältnisse sich nicht geändert haben.

Um den Feuchtigkeitsgrad zu bestimmen, nimmt man drei Proben von dem zu untersuchenden Pulver, eine von dem Boden, eine aus der Mitte und eine von der Oberfläche der Tonne, mischt dann sorgfältig die Proben und wägt davon 5 g sofort und nach dem Trocknen wieder.

In Preußen erfolgte das Pulversonnen früher in einem Turnus von 2 zu 2 Jahren, findet aber jetzt in einem Turnus von 8 bis 10 Jahren statt in allen Fällen, wo die Aufbewahrungslocale trocken und zur guten Erhaltung der Bestände geeignet sind.

XIV. Der Transport.

Ehe man die Pulvertonnen aufladet, werden dieselben sorgfältig auf ihre Dauerhaftigkeit und ihr Gefüge untersucht. Bei einem Transporte zu Land über 113 Km und zur See wird der letzte Reifen an jedem Ende der Tonne mit drei kleinen messingenen Nägeln befestigt. Wassertransport ist dem Landtransporte wegen der geringeren Gefahr stets vorzuziehen, obschon letzterer der häufigere ist.

1. Der Transport zu Land.

Wird das Pulver auf Wagen geladen, so werden die Tonnen derart gestellt, daß gar keine Reibung unter den einzelnen Tonnen stattfinden kann. Der Wagen wird mit Zelttuch überdeckt und mit einem schwarzen Fähnchen versehen.

Besteht ein Friedenstransport aus einer beträchtlichen Anzahl Landwagen, welche nicht mehr als 600 Kg geladen haben, so werden 2 bis 3 Wagen wie beim Kriegstransporte zu einer Gruppe vereinigt. Die einzelnen Wagen sollen 40 Schritt von einander entfernt sein und die Pferde nur im Schritt gehen; läßt sich ein Pflaster umgehen, so muß dies geschehen.

Wenn die zum Pulvertransporte benutzten Straßen von Eisenbahnen durchschnitten werden, so hat 400 Schritt vor dem Uebergange der Transport Halt

Transport zu Lande.

zu machen. Ist nach den von dem Transportführer bei dem nächsten Eisenbahnbeamten eingezogenen Erkundigungen noch eine Viertelstunde Zeit bis zur Ankunft des nächsten Zuges, so setzt sich der Transport aufgeschlossen in Bewegung und nimmt nach 400 Schritten jenseits des Bahnkörpers wieder seine frühere Entfernung an. Kommt jedoch der Zug schon vor einer Viertelstunde an, so wartet der Transport und fährt erst dann weiter, wenn der Führer sich überzeugt hat, daß keine brennenden Kohlen auf den Weg gefallen bzw. daß dieselben ausgelöscht sind.

Nähert sich eine Eisenbahn der Landstraße an einzelnen Stellen mehr als auf 400 Schritt oder laufen beide eine Strecke neben einander in solcher Nähe, so gilt dasselbe, wie oben angegeben.

Im Falle eines unerwarteten Aufenthaltes z. B. durch Brechen eines Wagentheils muß, wenn der Transport näher als 400 Schritt von der Eisenbahn sich befindet, der davon in Kenntniß gesetzte Eisenbahnbeamte dem etwa herannahenden Zuge ein Haltsignal geben. Ist der Aufenthalt beseitigt, so passirt zunächst der Transport die betreffende Stelle und dann erst der Dampfwagen.

Besteht ein Kriegstransport aus reglementmäßigen Munitionswagen, so können letztere vermittelst eines Dampfzuges auf der Eisenbahn fortgeschafft werden. Hierbei werden zwei Protzen oder Munitionswagen, ohne daß die Deichseln herausgenommen werden, auf einem offenen Eisenbahn-Transportwagen und zwei Protzen oder ein Munitionswagen in einem bedeckten Güterwagen sicher untergebracht, die Räder der aufgeladenen Fuhrwerke durch Kreuzholz gehemmt und die nöthigen Maßregeln zur Beaufsichtigung und Vermeidung von Feuersgefahr beobachtet.

In Nordamerika hat man für den Transport auf Eisenbahnen besondere Wagen eingerichtet. Der Wagen besteht aus einem viereckigen Kasten von dickem Kesselblech. Das Innere des Kastens ist mit eichenen Bohlen bekleidet, die am Boden 5,2 cm, an den Wänden und der Decke aber nur 3,9 cm dick sind. Die Bohlen werden an den beiden Enden vertical gestellt, damit sie dem Seitendrucke der vollen Tonnen den nöthigen Widerstand leisten.

In der Mitte der Decke befindet sich zum Verpacken eine Oeffnung von 0,68 m Länge und 0,62 m Breite im Lichten. Zur Schließung derselben wird das Eisenblech der Decke an dieser Stelle 5,2 cm hoch aufgebogen und der um eben soviel nach unten gebogene Deckel enthält einen 6,5 cm breiten Kranz, unter welchen ein 6,5 mm dicker Streifen aus vulcanisirtem Kautschuk gelegt wird, der genau zwischen den Deckel und die Decke paßt. Der Deckel wird mit Hülfe von Schrauben befestigt und außerdem mit einem Vorhängeschlosse versehen. Die Achsen der Räder sind 5,2 bis 7,8 cm dick und werden mittelst zwei Bändern oder Bügeln an die Kasten genietet. Die Enden der Achsen sind auf einen Durchmesser von 6,5 cm abgedreht; auf dieselben werden die Räder aus Pockholz gesteckt, welche 3 dm Durchmesser und 1,04 dm Dicke haben. Ein mittelgroßer amerikanischer Stehwagen nimmt drei solcher Pulverwagen auf, die quer in denselben gestellt werden. Jeder Kasten hat Raum für 80 Pulvertonnen. Alle Nieten und Bolzen sind aus Bronze angefertigt.

2. Der Transport zu Wasser.

Jedem Fahrzeuge werden die nöthigen Geräthschaften zum Transport und Umschütten des Pulvers, zur Ausbesserung der Tonnen u. s. w. mitgegeben. Auf der an jedem Fahrzeuge angebrachten schwarzen Flagge befindet sich ein weißes großes P.

Alle dem Transporte begegnenden Kähne müssen das auf denselben befindliche Feuer auslöschen. Ein sich näherndes Dampfschiff muß immer über dem Winde, d. h. an der Seite passirt werden, woher der Wind kommt, damit der aus dem Schornstein kommende Rauch und die etwa darin befindlichen Funken nicht auf das Pulverschiff niederfallen.

Schleusen werden gleichzeitig mit so viel Pulverfahrzeugen als die Größe der ersteren gestattet, aber nicht gleichzeitig mit anderen Schiffen passirt.

Wird die Wasserstraße von einer Eisenbahn durchschnitten, so kann der Transport nur dann die Brücke passiren, wenn der nächste Zug erst in einer halben Stunde ankommt. Im Uebrigen gilt dasselbe wie für den Landtransport.

Die Eigenschaften des Schießpulvers.

In der Praxis wird es gewöhnlich so gehalten, daß sofort nach dem Vermengen des Pulvers eine Prüfung auf die Eigenschaften des fabricirten Pulvers stattfindet. Wenn nun an der benannten Stelle der vorliegenden Schilderung auf die fragliche Untersuchung nicht eingegangen ist, so geschah dies lediglich aus dem Grunde, weil bei jener Prüfung nicht auf sämmtliche Eigenschaften des Pulvers Rücksicht genommen wird. Es wäre somit stets auf spätere Capitel zu verweisen gewesen, so daß dadurch der Gesammtüberblick über die Eigenschaften des Pulvers erschwert und eine scharfe Trennung zwischen der Technik der Pulverfabrikation und dem darauf folgenden mehr theoretischen Theile unmöglich geworden wäre.

Hinsichtlich der Anordnung des Stoffes dürfte es wohl als zweckmäßig erscheinen, zuerst die physikalischen und dann die chemischen Eigenschaften des Schießpulvers abzuhandeln.

I. Die physikalischen Eigenschaften des Pulvers.

Bei den physikalischen Eigenschaften des Pulvers kommen in Betracht:

1. Die Farbe.

Gutes Schießpulver soll eine vollkommen gleichmäßige Schieferfarbe besitzen. Geht die Farbe ins Bläulichschwarze oder ganz ins Dunkle, so enthält es zu viel Kohle oder es ist zu feucht. Ebenso darf sich auch, selbst an zerriebenem Pulver, nicht die geringste Verschiedenheit der Farbe, auch nicht dem bewaffneten Auge zeigen; es dürfen sich nicht dem Gefühle scharfe Theile wahrnehmen lassen; ersteres würde auf ungleiche Mischung, letzteres auf nicht hinlängliche Zerkleinerung der Bestandtheile deuten. Einzelne schimmernde Punkte oder weißliche Flecken zeigen an, daß durch Feuchtwerden und darauf folgendes Trocknen Salpeter aus dem Pulver ausgewittert ist, wodurch ebenfalls die gleichmäßige Mischung gestört wäre.

Eigenschaften. 121

2. Der Staubgehalt.

Das Pulver darf nicht abfärben, wenn man es über die Hand oder einen Bogen Papier laufen läßt, widrigenfalls das Pulver zu viel Feuchtigkeit oder eine Beimengung von Mehlpulver besitzt. Letzteres läßt sich sehr leicht ermitteln, wenn man das Pulver auf einem Staubsiebe siebt.

3. Die Körnergröße.

Die Körner müssen die vorgeschriebene Größe haben und darin nicht zu verschieden sein. Bei der Untersuchung auf die Körnergröße werden in Preußen auf jedes von zwei einander gegenüberliegenden Sieben des letzten Sortirapparates (f. S. 103) 2,5 Kg Pulver geschüttet und mit 120 Stößen des Apparates hin- und hergerüttelt. Hierauf dürfen beim Geschützpulver 200 g als zu grob auf dem Geschützpulversiebe zurückbleiben und 266 g zu fein durch das Gewehrpulversieb fallen; beim Gewehrpulver dürfen 133 g als zu grob auf dem Gewehrpulversiebe zurückbleiben. Die Untersuchung wird nöthigenfalls wiederholt und ist dann das gewonnene Resultat maßgebend.

4. Die Kornfestigkeit.

Das Pulver darf beim Drücken mit der Hand nicht knirschen und sich mit den Fingern auf der Hand nicht leicht zerreiben lassen.

Da nun diese beiden Operationen keinen eigentlichen Maßstab für die Festigkeit des Kornes abgeben, so bringt man 0,5 Kg Pulver in einen ledernen Beutel und legt denselben in die Abrundetrommel, welche man bei einer Geschwindigkeit von 15 Umdrehungen in der Minute eine Viertelstunde herumgehen läßt. Der Gewichtsverlust darf höchstens 7,75 g betragen.

5. Die Dichtigkeit.

Unter der Dichtigkeit des Schießpulvers kann ein Dreifaches gemeint sein, nämlich das cubische Gewicht, das relativ- und das absolut-specifische Gewicht des Pulvers. Unter cubischem Gewichte oder der gravimetrischen Dichtigkeit versteht man das Gewicht der einzelnen Pulverkörner mit Einschluß der atmosphärischen Luft, welche sich zwischen denselben befindet. Unter relativem specifischem Gewichte versteht man das Gewicht der einzelnen Pulverkörner einschließlich der nur in den Poren befindlichen Luft und unter absolutem specifischem Gewichte jenes der einzelnen Pulverkörner mit Ausschluß aller atmosphärischen Luft.

Das cubische Gewicht des Pulvers findet man, wenn man den Raum ermittelt, welchen eine Menge Pulver von bestimmtem Gewichte einnimmt oder umgekehrt, wenn man das Gewicht einer Menge Pulvers bestimmt, welche einen gewissen Raum ausfüllt. In der Praxis bedient man sich des letzteren Verfahrens.

In Deutschland läßt man das Pulver durch einen an einem Gestelle angebrachten Trichter in ein Hohlgefäß von einem Cubikfuß Inhalt und bekanntem Gewichte fließen, streicht darauf mit einem Holze das überschüssige Pulver ab und wägt sodann. Das cubische Gewicht schwankt in der Regel zwischen 29,5 und 30,5 Kg, ist also etwas geringer als dasjenige des Wassers, welches 33 Kg beträgt. — In Preußen ist laut Verfügung vom 14. März 1858 das mittlere cubische Gewicht auf 28,25 Kg mit einer Toleranz von $\pm$ 0,625 Kg festgestellt.

In Frankreich hat das Hohlgefäß (gravimètre) den Rauminhalt eines Liters. Ueber demselben befindet sich ein Scheidetrichter, welcher mit Pulver gefüllt wird. Man dreht sodann den Stöpsel des Trichters um und verfährt wie soeben angegeben. Für Geschützpulver beträgt das cubische Gewicht 0,831, für Gewehrpulver 0,793 bis 0,813 oder mit anderen Worten: 1 cbcm Pulver wiegt 0,831 g u. s. w., also ein Liter 831 g u. s. w.

In Belgien, wo man das französische Verfahren angenommen hat, soll das cubische Gewicht für Geschützpulver 0,866 und für Gewehrpulver 0,835 betragen.

Betrachtet man die Einrichtung des Apparates, so leuchtet sofort ein, daß das cubische Gewicht des Schießpulvers sehr verschieden ausfallen wird, je nach dem Durchmesser der Oeffnung des Trichterhalses, durch welchen das Pulver in das Hohlgefäß läuft. Aber auch abgesehen hiervon wird das cubische Gewicht stets von der Anzahl und Größe der Zwischenräume abhängen, welche zwischen den einzelnen Pulverkörnern bleiben werden. Von besonderer Bedeutung ist hierbei der Umstand, ob die Pulverkörner bei sonst gleicher Beschaffenheit rund oder eckig, kleiner oder größer, ob die Oberfläche mehr oder weniger glatt ist.

Um das relative specifische Gewicht des Pulvers zu ermitteln, hat man die verschiedenartigsten Verfahren in Anwendung zu bringen gesucht.

Eine der ältesten Bestimmungsmethoden scheint die gewesen zu sein, die Zwischenräume, welche sich zwischen den Körnern des zu untersuchenden Pulvers befinden, mit Lycopodium (Bärleppschsamen) auszufüllen. Das Verfahren ist folgendes: Ein von unten nach oben in Cubikzolle eingetheilter, etwas enger Meßcylinder wird bis zu einer gewissen Höhe mit fein zerriebenem Lycopodium angefüllt. Nachdem man sich den Stand desselben gemerkt hat, wird es sorgfältig aus dem Cylinder herausgeschüttet und nun mit einer genau abgewogenen Menge Pulver derart in den Cylinder zurückgebracht, daß abwechselnd auf eine kleine Schicht Pulver eine Decke von Lycopodium zu liegen kommt. Aus der Zunahme des Volumens, welches man jetzt gegenüber dem früheren Volumen von Lycopodium beobachtet, läßt sich leicht das specifische Gewicht berechnen. Ein Beispiel wird dies klar machen. Gesetzt das Volumen des eingeschütteten Lycopodium habe 2 Cubikzoll betragen, nach dem Einschütten von 2 Loth Schießpulver sammt dem Lycopodium sei das Volumen auf 3,05 Cubikzoll gestiegen, so beträgt für die 2 Loth des Schießpulvers das Volumen 1,05 Cubikzoll. Demnach

Dichtigkeit. 123

würde also ein Cubikfuß (= 1728 Cubikzoll) dieses Pulvers $2 \cdot \frac{1728}{1,05}$ Loth = 102,9 Pfund wiegen und somit das specifische Gewicht des fraglichen Pulvers, da das Gewicht von einem Cubikfuß destillirten Wassers 66 Pfund beträgt, $\frac{102,9}{66} = 1,559$ sein.

Diese Methode hat sich nicht als vortheilhaft erwiesen, da sie mehrere Fehlerquellen in sich birgt, welche nicht zu beseitigen sind. Faßt man nämlich die Eigenschaften des zerriebenen Lycopodium näher in das Auge, so folgert sich daraus schon von selbst, daß man, je nachdem das Lycopodium feinkörnig oder staubförmig gepulvert ist, auch verschiedene Volumverhältnisse erhalten muß, ganz abgesehen davon, daß das Ausgießen aus dem Cylinder und Wiedereinfüllen in denselben stets mit Substanzverlust verbunden ist, indem zum Theil etwas wegstäubt, zum Theil an den Wandungen des Meßcylinders hängen bleibt. Hierzu kommt noch, daß die geringste Erschütterung eine Volumänderung bedingt, in Folge dessen die Ergebnisse immer verschieden ausfallen müssen. Letzterer Factor ist von ganz besonderer Bedeutung, wie eine Reihe von Versuchen, welche man in dieser Richtung angestellt, bewiesen haben. Zur besseren Illustrirung dieser Behauptung mögen hier einige Versuche folgen, welche mit ein und derselben Pulversorte ausgeführt wurden.

A. Das Lycopodium wurde eingemessen und zwar:
   a. lose wie es fällt.
      α. Stand des Lycopodium = 2 Cubikzoll, abwechselnd
       mit 2 Loth Geschützpulver eingeschüttet = 3,28,
       also Volumen des Pulvers in Cubikzoll . . . . = 1,28
       und specifisches Gewicht desselben . . . . = **1,30**
      β. Stand des Lycopodium = 2 Cubikzoll abwechselnd
       mit 2 Loth Geschützpulver eingeschüttet = 3,05,
       also Volumen des Pulvers in Cubikzoll . . . . = 1,05
       und specifisches Gewicht desselben . . . . = 1,56

B. Das Lycopodium wurde eingemessen und zwar:
   b. festgeschüttelt.
      α. 2 Cubikzoll Lycopodium wurden auf 1,75 Cubikzoll
       zusammengeschüttet und standen dann mit 2 Loth
       Geschützpulver auf 2,875 Cubikzoll, also Volumen
       des Pulvers in Cubikzoll . . . . = 1,125
       und specifisches Gewicht desselben . . . . = 1,45
      β. 2 Cubikzoll Lycopodium wurden auf 1,50 Cubikzoll
       zusammengerüttelt und standen dann mit 2 Loth
       Geschützpulver auf 2,35 Cubikzoll, also Volumen
       des Pulvers in Cubikzoll . . . . = 0,85
       und specifisches Gewicht desselben . . . . = **1,92**

Zu noch abweichenderen Resultaten gelangte man, als man das Lycopodium abwog.

Ganz ähnlich verhielt es sich, als man andere feste Substanzen statt des Lycopodium in Anwendung brachte.

Man war deshalb zur Bestimmung des specifischen Gewichtes auf Flüssigkeiten angewiesen und zwar auf solche, in welchen Salpeter wie Schwefel und Kohle unlöslich sind. Als ein höchst geeignetes Mittel erschien in dieser Beziehung der absolute Alkohol.

Das Verfahren gestaltete sich danach äußerlich sehr einfach. Man brauchte bloß in den oben erwähnten Meßcylinder wasserfreien Alkohol zu gießen, den Höhestand desselben abzulesen und dann eine abgewogene, getrocknete Menge des zu untersuchenden Pulvers hineinzuschütten, um aus der Differenz zwischen dem jetzigen Höhenstande und dem früheren das specifische Gewicht berechnen zu können.

Bei genauerer Prüfung dieser Methode bemerkte man indeß, daß der Alkohol nicht allein die Pulverkörner umspülte, sondern auch in dieselben hineindrang und demgemäß die in denselben enthaltene atmosphärische Luft verdrängte.

Man suchte daher den Alkohol durch Quecksilber zu ersetzen. In dieser Beziehung ist die von Marchand vorgeschlagene Methode ganz insbesondere zu erwähnen, welche wohl manchem Leser neu sein dürfte. Ein Cylinder A, Fig. 20, bestimmt das zu untersuchende Pulver aufzunehmen, ist unten mit einem feinen, eisernen Siebe verschlossen, dessen Löcher zu eng sind, um das feinste Pulver durchzulassen. Das Sieb ist fest auf A aufgeschraubt und hat nach unten eine feine Elfenbeinspitze, welche in den kleinen, mit A zusammengeschraubten Cylinder B hineinragt. Der letztere steht mit dem genau eingetheilten Cylinder D durch die Röhre C in Verbindung, in welcher letzteren sich ein Hahn C' von Stahl befindet. Auf den oberen Theil von D ist eine calibrirte Glasröhre G aufgeschraubt, welche in $^{1}/_{10}$ cbcm getheilt ist und an welcher man noch bequem $^{1}/_{50}$ davon ablesen kann. Auf den oberen Theil von A ist eine Fassung aufgeschraubt, an der sich der kurze Cylinder E befindet, welcher mit A durch das unten weite, oben sehr enge Glasrohr F communicirt. Auf dieser Glasröhre F befindet sich ein horizontaler, feiner Strich als Marke. Zwischen der Röhre F und dem Cylinder A ist eine dünne Buchsbaumholzplatte eingeschraubt oder eine Scheibe von Sämischleder ausgespannt. Auf E wird eine Handluftpumpe aufgeschraubt. Alle Schrauben müssen luftdicht schließen.

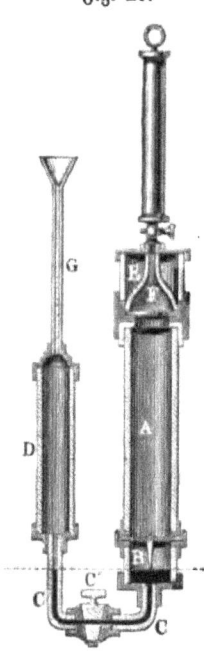

Fig. 20.

Durch die Röhre G gießt man so viel Quecksilber in B, daß die Elfenbeinspitze gerade davon berührt wird. Sodann schüttet man von einer genau abgemessenen Menge Quecksilber so viel durch G hinein, daß man durch die Luftpumpe den Cylinder A genau bis zu der Marke auf der Röhre F füllt und das Quecksilber in C denselben Stand einnimmt, wie bei der ersten Füllung bis zur Elfenbeinspitze. Dadurch erfährt man den Inhalt von A und dem Theile von B oberhalb der Elfenbeinspitze. Man schließt den Hahn in C und gießt nun genau dieselbe Menge Quecksilber durch G in D. D, welches kleiner als A ist, kann nicht die ganze Menge des Quecksilbers fassen, so daß ein kleiner Theil davon in G bleibt; man zeichnet den Stand des Quecksilbers hier genau auf.

Nun schraubt man E von A ab und bringt auf das Sieb, nachdem das Quecksilber ausgeschüttet ist, so viel Schießpulver, daß fast der ganze Cylinder A angefüllt wird; sodann schraubt man den Apparat zusammen, gießt durch G Quecksilber genau bis an die Elfenbeinspitze und darauf die vorher abgemessene Menge Quecksilber, welche den Cylinder A füllte. Man zieht jetzt mittelst der Luftpumpe das Quecksilber langsam bis zum Striche auf F in die Höhe und bemerkt die Differenz zwischen der jetzigen Stellung des Quecksilbers in G und der vorher aufgezeichneten. Diese Differenz giebt den Unterschied zwischen dem Volumen des Schießpulvers und dem Volumen des angewandten Quecksilbers an.

Auch diese Methode ist nicht lange in Gebrauch gewesen, denn der Apparat ist viel zu zusammengesetzt, künstlich und wegen der Länge der Röhre G zu zerbrechlich. Soll im Stande des Quecksilbers nur ein einigermaßen merklicher Unterschied hervortreten, so müssen wenigstens 33 g Pulver zur Untersuchung gezogen werden. Die Richtigkeit der Ergebnisse hängt davon ab, bei jeder einzelnen Ermittelung das Quecksilber zweimal genau unter der Elfenbeinspitze in B einzustellen und ein und dieselbe Menge Quecksilber zweimal in einem von dem Apparate unabhängigen Gefäße abzumessen. Zu diesen technischen Schwierigkeiten gesellt sich noch der experimentelle Fehler, daß das mittelst Entfernung der Luft durch und über das Pulver gehobene Quecksilber keineswegs sämmtliche Zwischenräume zwischen den Körnern ausfüllt, was sich einerseits aus der großen Cohäsion des Quecksilbers erklärt, andererseits in dem Umstande seine Begründung findet, daß die Luft nur durch Verdünnung entfernt werden kann und dieser Verdünnung dann auch gleichzeitig die Luft in den Poren der Körner unterworfen wird. Bei dem schnellen Eintreten des Quecksilbers in die Zwischenräume zwischen den Pulverkörnern schon nach der geringsten Luftverdünnung kann in den untersten Pulverschichten der Fall eintreten, daß in Folge der fortgesetzten Luftverdünnung die Luft aus den Poren erst dann hervortritt, nachdem die Körner bereits mit Quecksilber umgeben sind. Da nun wegen der darüber stehenden Quecksilbersäule die Luft nicht gänzlich entweichen kann, so wird sie ein nachträgliches Zurückschieben des Quecksilbers um diese Körner herum bewirken.

Zu ganz unrichtigen Resultaten gelangte man, als man zur Bestimmung des Volumens des Schießpulvers auf das Mariotti'sche Gesetz verfiel und das Volumenometer von Kopp und das Stereometer von Say für diese Zwecke auszubeuten suchte. Die beiden Apparate sind aus der Physik hinreichend bekannt und mag es daher genügen, auf die fraglichen Originalabhandlungen: Annalen der Chemie und Pharmacie, Bd. 35, und Annales de chimie par Guyton, Lavoisier T. 23. 1797 zu verweisen*). Nach der Methode von Kopp sucht man

---

*) Für diejenigen, welchen diese Abhandlungen nicht zugänglich sein sollten, dürfte Müller, Lehrbuch der Physik, 7. Auflage, Bd. 1, S. 187 fgg. ausreichen.

aus der abgesperrten, comprimirten Luft, nach der Methode von Say aus der abgesperrten, verdünnten Luft auf das Volumen zu schließen, welches der zu untersuchende Körper einnimmt. Auf diese Weise läßt sich aber nicht das Schießpulver seinem specifischen Gewichte nach bestimmen, indem hierdurch unvermeidlich auch die Luft mit in Betracht kommt, welche die Poren der Körner ausfüllt, diese Poren daher als nicht vorhanden erscheinen, so daß also die mit diesen Apparaten gewonnenen Resultate nur das Atomgewicht des Satzverhältnisses der verschiedenen Pulversorten bezeichnen können. So zeigten z. B. Pulversorten von gleichem Satzverhältnisse, die in Alkohol ein specifisches Gewicht von 1,56; 1,77; 1,67; 1,82 ergaben, in den eben genannten Apparaten immer dasselbe specifische Gewicht und zwar im Kopp'schen Volumenometer, je nachdem man nach der einen oder anderen Spitze bestimmte 2,704 oder 2,499, im Say'schen Stereometer 2,441.

Fig. 21.

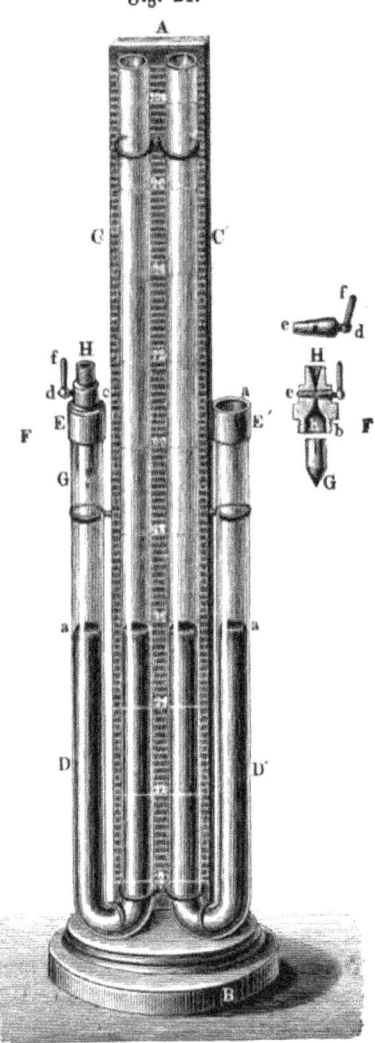

Zu ähnlichen Ergebnissen gelangte man bei Anwendung des Volumenometers von Regnault und des Stereometers von Leslies.

Um die Schwierigkeiten der directen Bestimmung zu umgehen, construirte Hauptmann Hoffmann einen Apparat, um die Porosität des Pulvers zu messen und so auf das specifische Gewicht des Pulvers schließen zu können.

An einer von unten nach oben in Pariser Linien eingetheilten Metallplatte A, Fig. 21, welche durch den Fuß B einen festen Stand erhält, sind die langen Schenkel C und C' zweier doppelschenkligen, etwa 1,8 cm weiten Glasröhren befestigt. Die kurzen Schenkel D und D' dieser Glasröhren sind mit einem Stahlringe E, E' versehen, mittelst deren Schraubenmuttern a und der Schrauben b die stählernen Körper F so mit D und D' verbunden werden können, daß die stählernen hohlen Cylinder G in D und D' hineinragen, die Theile H dagegen oberhalb D und D' vorstehen. D und D' werden gleichzeitig hierdurch luftdicht verschlossen. Die Durchbohrung von H von oben nach unten setzt sich auch durch den stärkeren

Dichtigkeit. 127

Theil c dieser Stahlkörper fort und ist bei h mit einem sehr feinen Drahtsiebe verschlossen. Dieser stärkere Theil c von H ist außerdem auch in horizontaler Richtung mit einem Canal durchbohrt, in welchem der Zapfen d luftdicht bewegt werden kann. Je nachdem daher dessen senkrechte Durchbohrung e mit dem Inneren von D und D' in Verbindung gesetzt oder davon abgeschlossen wird, zu welchem Zwecke der kleine in d befestigte Kurbelarm f dient, kann der Zutritt der Luft nach D und D' bewerkstelligt oder verhindert werden. G ist nur durch die Reibung seines oberen an vier Stellen eingespaltenen Randes in b festgehalten und kann leicht darin befestigt oder entfernt werden. In den doppelschenkligen Glasröhren befindet sich etwa bis a, a Quecksilber. Werden nun in die beiden Cylinder G, G, welche in ihrem spitz ausgehenden Boden feine Löcher haben, die das Eindringen des Quecksilbers eben gestatten, das Durchfallen selbst der kleinsten Pulverkörner aber nicht zulassen, mit zwei verschiedenen Sorten Pulver Nr. 1 und 2 gefüllt und demnächst die von jedem aufgenommene Menge gewogen, hierauf die beiden Körper F, F in D und D' eingeschraubt und mittelst einer Gummiröhre R, Fig. 22, welche durch die in H eingesetzte, luftdicht schließende Stahlspitze T mit dem Inneren von D und D' und durch die Platte Z mit dem Teller einer Luftpumpe in Verbindung gesetzt wird, die Luft oberhalb des Quecksilbers entfernt, so steigt das Quecksilber

Fig. 22.

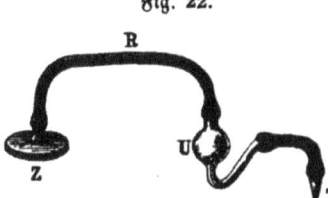

in D und D' und füllt die Zwischenräume zwischen den Pulverkörnern in G, G aus. Schließt man daher, sobald dies erreicht ist, d. h. sobald sich das Quecksilber in der kleinen Glasröhre U, Fig. 22, zeigt, mittelst dem bisher mit seiner Bohrung von unten nach oben gerichteten Zapfen d durch dessen Umdrehung die äußere Luft ab, entfernt die Gummiröhre aus H, H und bringt den Apparat unter die Glocke einer Luftpumpe, entleert die Glocke, so wird die Luft aus den langen Glasschenkeln oberhalb des Quecksilbers entfernt, die bisher in den Poren der in G, G befindlichen Pulverkörner enthaltene Luft tritt aus diesen und vertreibt das Quecksilber wieder aus G, G, welches in die kurzen Schenkel der Glasröhre zurücktretend ein demgemäßes Steigen in den langen Schenkeln der Glasröhre veranlaßt. Hatte man daher, nachdem die Zwischenräume zwischen den Pulverkörnern in G, G mit Quecksilber ausgefüllt waren, den Stand des Quecksilbers an der Eintheilung der Metallplatte abgelesen und beobachtet denselben abermals nach vollständigem Zurücktreten des Quecksilbers, so muß sich hierdurch die Größe des Druckes gegen das letztere oder die Menge der Luft, welche in den Poren der Körner enthalten war, ergeben und sich so, wenn auch nicht in absoluten Zahlen, so doch immer vergleichsweise von je zwei auf einmal zum Versuche gekommenen Pulversorten deren Porosität ermitteln lassen. Würde nämlich die Differenz des Quecksilberstandes der Pulversorte Nr. 1, von der g Gramme eingewogen waren, $= r$, und von Nr. 2, von welcher man g' Gramme eingewogen hatte $= t$ sein, so verhält sich die Porosität von Nr. 1 zu der von Nr. 2 $= \dfrac{r}{g} : \dfrac{t}{g'}$.

Das Quecksilber ist hier das Mittel, um die Zwischenräume zwischen den

Pulverkörnern auszufüllen. Die Unanwendbarkeit des Quecksilbers für diesen Zweck ist bereits oben bei der Methode von Marchand nachgewiesen worden. Ein weiterer Uebelstand ist noch der, daß das Quecksilber bei dem Aufsteigen nicht allein die Zwischenräume zwischen den Pulverkörnern nur unvollkommen ausfüllt, sondern auch nachher nicht wieder vollständig zurücktritt, so daß die Resultate sehr ungenau ausfallen.

Die Methode überhaupt, selbst wenn man von den Fehlerquellen absieht, ist für die Beurtheilung des specifischen Gewichtes des Pulvers nicht gut zu gebrauchen, da man nur relative Zahlen erhält, aus welchen man allerdings ersehen kann, daß die eine der untersuchten Pulversorten poröser ist als die andere, allein die Hauptsache gerade, um wie viel größer die Porosität der einen Sorte vor der anderen ist, bleibt vollkommen unaufgeklärt. Man ließ daher auch diese Methode bald fallen, um zu dem früheren Verfahren, das Pulver in Alkohol zu schütten, wieder zurückzukehren und versuchte dabei das Eindringen des Alkohols in die Pulverkörner möglichst zu vermeiden. In dieser Beziehung sind zwei Methoden zu erwähnen.

Nach der einen Methode wird in eine genau calibrirte, in $1/10$ cbcm eingetheilte und mit einem angegossenen Glasfuße versehene Glasröhre wasserfreier Alkohol eingetragen, welcher bereits einige Zeit vor seinem Gebrauche in dem Raume, in welchem die Gewichtsbestimmung stattfinden soll, gestanden hat. In der Regel füllt man die Röhre bis zu 35 cbcm, wartet dann einige Minuten, damit die Tropfen, welche an den Wänden der Röhre hängen blieben, herabgeflossen sind und beobachtet darauf den Stand des Alkohols. Ist dies geschehen, so werden etwa 16 g von dem zu untersuchenden Pulver mit Hülfe eines Glastrichters, der einen möglichst langen und weiten Hals besitzt, in den Alkohol geschüttet und sowie das letzte Korn in den Alkohol gefallen, der nunmehrige Stand abgelesen, womit alle Daten gegeben sind, um das specifische Gewicht berechnen zu können. Zu bemerken ist noch, daß das zu untersuchende Pulver, ehe man es wägt, im Wasserbade getrocknet und sodann in einen Exsiccator über Schwefelsäure gestellt wird, bis das Pulver die Zimmertemperatur angenommen hat.

Nach der anderen Methode, welche von Timmerhans stammt, wird ein abgeschliffenes, cylindrisches Glas bis zum Rande mit absolutem Alkohol gefüllt und gewogen, darauf das zu untersuchende, abgewogene Pulver vermittelst eines Trichters eingeschüttet, der Rand des Gefäßes mit einem Glasstabe abgestrichen und nun das Gewicht noch einmal bestimmt. Aus der Menge des verdrängten Alkohols läßt sich dann unter Berücksichtigung des specifischen Gewichtes des letzteren das specifische Gewicht des Pulvers berechnen.

Diese Methode kann auf große Genauigkeit keinen Anspruch machen, da eine Wägung, wenn sie genau werden soll, immer mehr Zeit in Anspruch nimmt als das einfache Ablesen in der Glasröhre, der Alkohol kann in der Zwischenzeit Luft aus den Poren des Pulvers austreiben und in Folge dessen muß das relative specifische Gewicht immer niedriger ausfallen als es in Wirklichkeit ist. Versuche in der Pulverfabrik zu Spandau angestellt, haben dies zur Genüge dargethan und blieb man deshalb in den preußischen und sächsischen Pulverfabriken bei der ersten Methode stehen.

Dichtigkeit.

Der Werth derselben ist indeß immerhin etwas zweifelhaft, da beim Einschütten des Pulvers in den Alkohol ein Emporspritzen desselben an die Wände der Glasröhre und ein Eindringen des Alkohols in das Pulver fast gar nicht zu umgehen ist. Heeren hat in dieser Richtung Versuche angestellt und gefunden, daß, wenn die angewandte Menge Alkohol etwa 7 Proc. vom Gewichte des Pulvers betrug, derselbe während 3 bis 4 Secunden vollkommen aufgesogen wurde, mithin die beobachtete Menge des verdrängten Alkohols zu niedrig gefunden wird. Nimmt man das specifische Gewicht des Pulvers $= 1,559$ an, so entsprechen jene 7 Gewichtsprocente, da das specifische Gewicht des Alkohols bei $15^0 = 0,7939$ ist, fast genau 14 Proc. des Raumes, in Folge dessen die gefundene Menge des verdrängten Alkohols um $1/6$ erhöht werden muß, danach also das specifische Gewicht des Pulvers niedriger ausfallen wird.

Eine nothwendige Folge des Eindringens von Alkohol in das Pulver wird nun die sein, daß Luftblasen aus den Körnern entweichen, und zwar wird bei porösen und nicht abgerundeten Pulversorten dieses Entweichen schneller erfolgen als bei dichten und abgerundeten Sorten, letztere werden also verhältnißmäßig mehr Alkohol verdrängen als die ersteren, und der Unterschied zwischen dichten und porösen sowie zwischen abgerundeten und nicht abgerundeten Sorten wird geringer sein als er in Wirklichkeit ist. Bei sehr porösem, nicht abgerundetem Pulver findet nach Heeren das Eindringen des Alkohols mit solcher Schnelligkeit statt, daß sich schon während der kurzen Zeit des Einschüttens die Poren zum großen Theile mit Alkohol füllen und man statt eines ungewöhnlich niedrigen, gerade umgekehrt ein ungewöhnlich hohes specifisches Gewicht findet, wie aus folgenden Versuchen hervorgeht. Fein zerriebenes Geschützpulver wurde mit 8 Proc. Wasser befeuchtet und durch gelindes Pressen in einen Pulverkuchen verwandelt, dessen wirkliches specifisches Gewicht nach der weiter unten zu beschreibenden Methode von Heeren 1,32 betrug. Als der Kuchen nach der gewöhnlichen Einschüttemethode untersucht wurde, fand sich das specifische Gewicht $= 1,81$. Ein anderer, stärker gepreßter Pulverkuchen von 1,53 wirklichem specifischen Gewichte gab nach der Methode des raschen Einschüttens die Zahl 1,75. Man sieht hieraus, daß bei beiden Bestimmungen die nach der gewöhnlichen Methode gefundene Dichtigkeit bedeutend von der Wahrheit abweicht, aber bei dem sehr porösen Pulver mehr als bei dem weniger porösen, ja daß sogar das porösere eine größere Dichtigkeit (1,81) zeigen konnte als das dichtere (1,75). Je lockerer daher das Pulver, um so mehr wird sich das relative specifische Gewicht dem absoluten specifischen Gewichte nähern, welches durchschnittlich $= 2$ angenommen werden kann.

Bei dieser Methode ist noch eine ganz eigenthümliche Erscheinung zu erwähnen, welche von Heeren und von dem verstorbenen General Otto beobachtet wurde. Schüttet man nämlich Pulver in den Alkohol, so steigt nach Verlauf von einigen Secunden der Alkohol in die Höhe und zwar nach Heeren bis gegen ein Drittel von dem Volumen der Pulverkörner, um nach etwa einer Stunde wieder zu fallen, ohne indeß den früheren Stand zu erreichen. Während des Steigens des Alkohols entwickeln sich eine Menge Blasen und zu gleicher Zeit findet nach Otto eine Temperaturerhöhung des Alkohols um beinahe einen vollen Grad Reaumur statt. Nach Versuchen, die Verfasser in letzterer Beziehung mit grobkörnigem Pulver angestellt hat, ist die Temperaturerhöhung verschieden, je nachdem das Thermometer mit seiner Kugel nur die Oberfläche des Pulvers berührt oder letzteres die Quecksilberkugel ganz umgiebt. Im ersteren Falle trat nach 1 bis 2 Minuten eine Temperaturerhöhung um $^7/_{10}°$ C. ein, während im letzteren Falle das Thermometer um 1,4° C. stieg und im Verlaufe von 20 Minuten um 1° C. wieder fiel.

So interessant an und für sich diese Erscheinung ist, so schwierig auf der anderen Seite ist eine richtige Erklärung auf Grund der bis jetzt beobachteten Thatsachen zu finden.

Ganz eigenthümlich ist das Auftreten der Menge von Blasen, welche beim Einschütten des Pulvers in den Alkohol entstehen. Daß dieselben aus dem Alkohol entweichen, scheint mehr als unwahrscheinlich zu sein und bleibt somit lediglich das Pulver als die Quelle derselben übrig. Beständen nun die Blasen aus gewöhnlicher, atmosphärischer Luft, welche den Pulverkörnern äußerlich anhängt, so müßte doch ein Fallen des Alkohols eintreten, nicht aber ein Steigen und dasselbe würde erfolgen, wenn der Alkohol in die Poren des Pulvers eindringt, die dort befindliche Luft verdrängt und an deren Stelle tritt. Wenn somit die gewöhnliche, atmosphärische Luft ausgeschlossen ist, so fragt es sich, ob dann die Blasen nicht aus verdichteter atmosphärischer Luft bestehen, da ja bekanntlich die Kohle die Eigenschaft besitzt, Gasarten zu absorbiren, atmosphärische Luft in verdichtetem Zustande in sich aufzunehmen. Bei dem Hinzutreten von Alkohol würde allmählich die mehrfach verdichtete Luft von demselben verdrängt werden und es bliebe in den Poren nach längerer Zeit Luft von einfacher Dichte zurück. Gegen diese Annahme spricht nun wieder der Umstand, daß nach Versuchen, wie Heeren bemerkt, die in Frage stehende Erscheinung auch dann in voller Stärke auftritt, wenn das Pulver unmittelbar vorher noch warm unter der Luftpumpe behandelt von der eingeschlossenen Luft befreit wird, und die Verdichtung der Gasarten durch Kohle nur allmählich erfolgt, so daß in dem kurzen Zwischenraume, welcher zwischen der Behandlung unter der Luftpumpe und dem sogleich darauf stattfindenden Versuche liegt, das Pulver eine erhebliche Menge Luft nicht aufnehmen kann.

Zu ähnlichen Ergebnissen dürfte man gelangen, wenn man die entweichenden Blasen als Wasserstoffgas ansieht.

Man könnte sich nur die Raumeszunahme erklären durch das Wachsen der Temperatur, welche durch die Berührung des Alkohols mit der Kohle und dem Schwefel entsteht. Befeuchtet man nämlich Kohle oder Schwefel mit Alkohol, so erfolgt eine Temperaturzunahme und zwar beträgt dieselbe, wie Pouillet nachgewiesen hat, für Kohle 1,270° C. und für Schwefel 0,173° C., so daß also, wenn beide Körper in gleichen Gewichtsmengen in dem Pulver vorhanden sind, eine Temperaturzunahme von 1,443° C. stattfinden kann, womit denn auch der obige Versuch übereinstimmen würde. Dieses Verhalten der Kohle und des Schwefels gegenüber dem Alkohol giebt aber auch keinen genügenden Erklärungsgrund für das so bedeutende Steigen des Alkohols ab, da nach den bis jetzt gemachten Beobachtungen Alkohol von 0,808 specifischem Gewichte (bei 12,5° C.) sich zwischen 10 bis 15° C. für 1,25° C. nur um 0,001 313 desjenigen Raumes ausdehnt, welchen der Alkohol bei 10° C. besaß.

Dichtigkeit.

Daß das Volumen des Alkohols stets etwas größer bleibt, als es zu Anfang war, kann seinen Grund in einer Absorption von Wasserdampf haben.

Wie bereits oben hervorgehoben, ist die Methode, das Pulver in Alkohol zu schütten, nicht ganz frei von Fehlerquellen und hat daher Heeren diese Methode zu verbessern gesucht. Nach ihm nimmt man ein etwa 33 g Wasser fassendes Gläschen mit eingeriebenem Glasstöpsel, welcher an einer Seite mit einer fein eingefeilten Furche versehen ist und bestimmt ein= für allemal das Gewicht des mit absolutem Alkohol bei 21,25° C. gefüllten Gläschens.

Das zu untersuchende Pulver wird in einer kurzen, weiten Glasröhre oder in einem kleinen Porcellantiegel längere Zeit in einem Sandbade auf 50 bis 62° C. erwärmt, darauf in einer mit warmem Sande gefüllten Schale einige Zeit unter die Luftpumpe gebracht, sodann sofort gewogen und in das oben genannte Gläschen geschüttet, welches man zur Hälfte mit Alkohol füllt. Man bringt dieses nun unter den Recipienten der Luftpumpe und pumpt so lange aus, als noch Luftblasen aus den Körnern entweichen. Der Alkohol kommt dabei in das Sieden, in Folge dessen große Dampfblasen entstehen, die aber leicht von den kleinen Luftbläschen zu unterscheiden sind. Ist alle Luft aus den Pulverkörnern entfernt, so überläßt man dieselben noch ungefähr eine Stunde sich selbst, damit der Alkohol allseitig in die Poren eindringen kann, füllt darauf das Gläschen bis zum Rande mit Alkohol, setzt den Stöpsel ein und stellt oder hängt es etwa eine Stunde lang in ein Gefäß mit Wasser von 21,25° C. Nach Verlauf dieser Zeit nimmt man das Gläschen heraus, setzt, wenn noch Luftbläschen in demselben sich befinden sollten, etwas Alkohol hinzu, trocknet die äußeren Wandungen des Gläschens schnell ab und wägt. Man gießt nun den Alkohol so gut wie möglich ab und schüttet das Pulver auf ein doppelt zusammengelegtes Stück Filtrirpapier, auf welchem man mit Hülfe eines Messers das Pulver so lange hin= und herwendet, bis das Pulver nur noch stark feucht, aber nicht mehr naß erscheint. Alsdann schüttet man dasselbe in ein kleines, aus einer weiten Glasröhre angefertigtes, mit flachem Boden versehenes cylindrisches Gläschen, dessen oberer Rand abgeschliffen ist, so daß man es mit einer Glasplatte dicht verschließen kann. Um nun den an dem Pulver noch äußerlich anhängenden Alkohol zu entfernen, schneidet man einen Streifen Filtrirpapier von solcher Breite, daß er bequem sich in das Gläschen bringen läßt, schließt das letztere mit dem Daumen oder besser mit einer Glasplatte und schüttelt so lange um, bis das Pulver äußerlich gerade abgetrocknet ist, was man theils mit der Lupe, theils auch daran erkennt, daß die Körner nicht mehr an den Wänden des Glases und an dem Papiere hängen bleiben. Tritt diese Erscheinung ein, so wägt man das im Inneren noch vollkommen von Alkohol durchdrungene Pulver und hat somit alle Factoren, aus welchen man das specifische Gewicht des Pulvers mit und ohne Berücksichtigung der Poren leicht berechnen kann.

Setzt man nämlich als

    a das Gewicht des Glases mit Alkohol,
    b das Gewicht des getrockneten Pulvers,
    c das Gewicht des mit Alkohol getränkten Pulvers,
    d das Gewicht des Glases mit Alkohol und getränktem Pulver,

so ergiebt sich das specifische Gewicht x im Verhältniß zum Alkohol nach der Formel:

$$x = \frac{b}{a + c - d}$$

und das specifische Gewicht x' im Verhältniß zum Wasser durch die Formel:

$$x' = \frac{be}{a + c - d},$$

worin e das specifische Gewicht des Alkohols bezeichnet.

Nach von Heeren selbst angestellten Untersuchungen gab ein und dieselbe Pulversorte folgende Ergebnisse:

Laufende Nummer der Beobachtungen.	Specifisches Gewicht	
	der Körner mit Einschluß der Poren.	der Pulvermasse nach Ausschluß der Poren.
1	1,523	1,969
2	1,526	1,983
3	1,524	1,972
4	1,529	1,969
5	1,534	1,986
Mittel	1,527	1,976

Es nehmen also danach die Poren 22,7 Proc. von dem Raume der Pulverkörner ein.

Dieselbe Pulversorte von einem sorgsamen und geschickten Experimentator in Spandau untersucht, ergab aus fünf einzelnen Ermittelungen das relative specifische Gewicht zu 1,5592.

Da die Methode etwas zeitraubend ist, hat Heeren ein abgekürztes Verfahren vorgeschlagen, welches überall statthaft ist, wo man für die verschiedenen Pulversorten dieselben Mischungsverhältnisse nimmt, wie dies z. B. in den Staatsfabriken geschieht.

Das absolute specifische Gewicht wird in diesem Falle immer dasselbe sein. Hat man dies daher ein= für allemal bestimmt, so gestaltet sich das Verfahren ziemlich einfach, indem man eine gewogene Probe Pulver nur nach der soeben erwähnten Heeren'schen Methode mit Alkohol zu sättigen und die dadurch bedingte Gewichtszunahme zu bestimmen braucht.

Bezeichnet man mit:
    b das Gewicht des trocknen Pulvers,
    e das specifische Gewicht des Alkohols,

Dichtigkeit.

f die Gewichtszunahme des Pulvers durch Sättigung mit Alkohol,
g das als bekannt vorausgesetzte absolute specifische Gewicht der Pulvermasse,

so findet sich das relative specifische Gewicht des Pulvers x' durch die Formel:

$$x' = \frac{beg}{be + gf}.$$

Z. B. das Gewicht der getrockneten Pulverprobe b sei $= 5$ g, das Gewicht derselben nach der Sättigung mit Alkohol $= 5{,}94$ g, also die Gewichtszunahme $f = 0{,}94$ g, das specifische Gewicht der Pulvermasse $g = 2{,}01$, jenes des Alkohols $e = 0{,}794$, so findet sich das relative specifische Gewicht des Pulvers x'

$$x' = \frac{5 \cdot 0{,}794 \cdot 2{,}01}{5 \cdot 0{,}794 + 2{,}01 \cdot 0{,}94} = 1{,}36.$$

Um die Methode auf ihre Genauigkeit zu prüfen, machte Heeren folgende Versuche:

Es wurde Geschützpulver fein zerrieben, mit 8 Proc. Wasser angefeuchtet, in eine eiserne Form gepreßt und sodann getrocknet. Ein Stück davon wurde gewogen und nachdem es gelinde erwärmt worden, mit geschmolzener Stearinsäure bepinselt. Das auf gewöhnliche Weise in Wasser bestimmte specifische Gewicht belief sich auf 1,47.

Von demselben Pulverkuchen wurde darauf ein anderes Stück bis zur Größe von Geschützpulver zerkleinert, von Staub befreit und nach dem Sättigungsverfahren das specifische Gewicht bestimmt. Letzteres ergab für einen Versuch 1,48, für einen zweiten 1,455, also im Mittel 1,467.

Bei einem etwas stärker gepreßten Pulverkuchen wurde, nachdem die Oberfläche desselben mit Schellackfirniß getränkt worden, das specifische Gewicht im Wasser 1,579 gefunden, nach der Sättigungsmethode bei einer Bestimmung 1,572, bei einer zweiten 1,580, im Mittel also 1,576.

Vergleicht man diese und die bereits oben S. 132 aufgeführten Zahlen, so kann man nicht leugnen, daß man der Lösung der Aufgabe nach einer genauen specifischen Gewichtsbestimmung ziemlich nahe gerückt ist. Um wie vieles zuverlässiger die Heeren'sche Methode vor der des raschen Einschüttens ist, hat Heeren selbst gezeigt, indem er den soeben erwähnten Pulverkuchen, dessen specifisches Gewicht nach dem Tränken mit Stearinsäure 1,47 und nach der Sättigungsmethode 1,467 betrug, der Methode des raschen Einschüttens unterwarf, wonach er ein specifisches Gewicht von 1,657 erhielt. Der andere Pulverkuchen von 1,579 specifischem Gewichte ergab nach der Sättigungsmethode in zwei Versuchen 1,58 und 1,572, nach der Methode des Einschüttens dagegen 1,746.

Weitere Belege geben folgende Zahlen:

	Methode der Sättigung.	Methode des raschen Einschüttens.
Geschützpulver von Waltham-Abbey, vom 28. Februar 1850	1,556	1,715
Geschützpulver, ebendaher, ältere Fabrikation . . .	1,524	1,617
Geschützpulver von Bomlitz in Hannover	1,401	1,568

134 Eigenschaften.

	Methode der Sättigung.	Methode des raschen Einschüttens.
Geschützpulver von Aerzen in Hannover	1,470	1,520
Geschützpulver nach der Champy'schen Methode fabricirt, aus einer unbekannten Fabrik	1,440	1,568

Um die verschiedenen Grade der Dichtigkeit dieser Pulversorten klarzustellen, berechnete Heeren, in welchem Verhältnisse das Volumen der mit Luft erfüllten Poren zu dem Volumen der ganzen Pulverkörner steht, wobei er das letztere zu 100 annahm, und fand für:

Geschützpulver von Waltham-Abbey vom 28. Februar 1850 . . . 100 : 22,6
Geschützpulver, ebendaher, ältere Fabrikation . . . . 100 : 24,1
Geschützpulver von Bomlitz . . . . 100 : 30,3
Geschützpulver von Aerzen . . . . 100 : 26,9
Champy'sches Pulver . . . . 100 : 28,3

Die Unterschiede springen noch deutlicher in die Augen, wenn man das Verhältniß zwischen Luft und fester Substanz berücksichtigt. Die folgende Zusammenstellung zeigt dieses Verhältniß, wobei das Volumen der festen Substanz gleich 100 gesetzt ist:

Geschützpulver von Waltham-Abbey vom 28. Februar 1850 . . . 100 : 29,2
Geschützpulver, ebendaher, ältere Fabrikation . . . . 100 : 31,8
Geschützpulver von Bomlitz . . . . 100 : 43,4
Geschützpulver von Aerzen . . . . 100 : 36,8
Champy'sches Pulver . . . . 100 : 39,4

Neben dieser Methode versuchte man auch den Alkohol durch Terpentinöl und feine fette Oele zu ersetzen, ohne indeß die Genauigkeit in den Resultaten zu erzielen, wie man sie nach der Heeren'schen Methode erhält.

In den französischen Pulverfabriken bedient man sich zur Bestimmung des specifischen Gewichtes des Pulvers einer gesättigten Salpeterauflösung.

Dieses Verfahren ist aus folgenden Gründen als unzuverlässig zu bezeichnen. Die Auflösung hat nach Maßgabe der Temperatur eine verschiedene Dichtigkeit, die schweren Theile sinken daher zu Boden. Fernerhin ist es nicht gut möglich, die Temperatur während der Untersuchung auf genau gleicher Höhe zu erhalten. Ist dies aber nicht der Fall, so krystallisirt entweder ein Theil des aufgelösten Salpeters aus oder der in dem Pulver enthaltene Salpeter löst sich theilweise auf, wodurch die Zusammensetzung des Pulvers geändert wird.

Zu bemerken ist noch ein Verfahren, welches General Otto zur Bestimmung des relativen specifischen Gewichtes für Pulverkuchen angab, da dieses noch genauere Resultate ergiebt, als die Methode von Heeren.

Das Wesen dieser Methode besteht darin, den Pulverkuchen mit einem Ueberzuge zu umgeben, der einestheils die unmittelbare Berührung zwischen der angewandten Flüssigkeit und dem Pulverkuchen ausschließt, anderentheils aber eine genaue Bestimmung seinem Gewichte und Volumen nach zuläßt.

Nach einer Reihe von Versuchen erwies sich das Collodium als das passendste Material für einen solchen Ueberzug.

Das zu beobachtende Verfahren ist folgendes. Das Stück Pulverkuchen, welches untersucht werden soll, wird genau gewogen und sodann mit Collodium überzogen. Zur Bestimmung des specifischen Gewichtes dieses Ueberzuges wird eine matt geschliffene Glasplatte von bekanntem Gewichte mit einem gleichen Collodiumüberzuge wie der Pulverkuchen versehen und nach dem Trocknen unter destillirtem Wasser gewogen.

Wägt man nun den überzogenen Pulverkuchen in der atmosphärischen Luft, so findet man durch die Gewichtsdifferenz das Gewicht des Collodiumüberzuges und bei darauf folgender Wägung des Pulverkuchens unter Wasser das specifische Gewicht des unüberzogenen Stückes Pulverkuchen.

Hinsichtlich der Einzelheiten des Verfahrens ist Folgendes zu bemerken.

Um den Pulverkuchen mit einem wasserdichten Ueberzuge zu versehen, erwärmt man den vorher sorgfältig getrockneten und gewogenen Pulverkuchen und bepinselt ihn dann 20mal mit Collobium, welchem man etwas Leinölfirniß zugesetzt hat. Vorschrift ist, daß auf 8 g Collodium, wie man es in den Apotheken käuflich erhält, 10 Tropfen Leinölfirniß kommen. Jeder nächste Anstrich erfolgt erst dann, wenn der vorhergehende trocken ist. Der Kuchen darf unter keinen Umständen zur Beschleunigung des Trocknens in die Nähe des Ofens u. s. w. gebracht werden, weil die durch den Ueberzug am Entweichen verhinderte atmosphärische Luft durch die Wärme ausgedehnt den Ueberzug theilweise auftreiben, theilweise Blasen auf demselben hervorrufen würde, wodurch jegliche Zuverlässigkeit für die specifische Gewichtsbestimmung verschwände. Der Zusatz von Leinölfirniß geschieht deshalb, um einestheils ein innigeres Anschmiegen des Ueberzuges zu bewerkstelligen, anderentheils aber, um das Platzen desselben zu verhüten und so das Eindringen von Wasser bei der nachher erfolgenden Wägung unter Wasser zu verhindern. Sowie der Pulverkuchen in der oben angegebenen Weise mit Collobium überzogen ist, wird er wieder gewogen und darauf unter Wasser sein Gewicht ermittelt. Bezeichnet man nun das kurz vor dem ersten Ueberzuge gefundene Gewicht mit P, das nach erfolgtem Ueberzuge in atmosphärischer Luft ermittelte mit P' und das darauf unter Wasser gefundene mit Q', so ist, wenn man das unbekannte Gewicht des unüberzogenen Pulverkuchens unter Wasser $= Q$ setzt, $P - Q$ der unbekannte Gewichtsverlust, welchen der unüberzogene Pulverkuchen für sich beim Wägen unter Wasser erlitten haben würde und danach:

$$P - Q = P' - Q' - \frac{P' - P}{S},$$

wo S das specifische Gewicht des Collodiumüberzuges bedeutet. Mittelst dieses Werthes ist das specifische Gewicht des Pulverkuchens G:

$$G = \frac{P}{P - Q}.$$

Zur Ermittelung des specifischen Gewichtes des Collodiumüberzuges wird nach Otto eine matt geschliffene Glasplatte, etwa 50 bis 65 g schwer, genau in atmosphärischer Luft und sodann unter Wasser gewogen. Das bei der ersten Wägung gefundene Gewicht heiße L, das bei der zweiten W. Die Platte wird nun sorgfältig abgetrocknet und in derselben Weise, wie oben für den Pulverkuchen angegeben, mit Collobium überzogen, also auch 20mal. Ist die Decke gehörig trocken, so wägt man die Glasplatte von Neuem in freier Luft und sodann unter Wasser; die hierbei gefundenen Gewichte seien L' und W'. Danach bedeutet also $L' - L$ das Gewicht des Collodiumüberzuges und $L' - L - (W' - W)$ den Verlust, welchen das Gewicht des Collodiums beim Wägen unter Wasser erlitten hat. Man hat somit für das specifische Gewicht des Collodiumüberzuges S:

$$S = \frac{L' - L}{L' - L - (W' - W)}.$$

Zur Beurtheilung über den Grad der Genauigkeit dieser Methode seien hier einige Beispiele mitgetheilt, die mit einem sorgfältig ausgewählten Stücke Pulverkuchen ausgeführt wurden. Dasselbe war in 12 Thle. getheilt worden.

Bezeichnung der Pulverkuchenstücke.	Gewicht				Gewichtsverlust des überzogenen Pulverkuchens unter Wasser	Specifisches Gewicht.
	nicht überzogen im Freien	überzogen im Freien	des Ueberzuges	überzogen unter Wasser		
	Gramme.					
1	13,695	13,974	0,279	5,393	8,581	1,63930
2	15,056	15,374	0,318	5,939	9,435	1,64072
3	14,393	14,676	0,283	5,672	9,004	1,64043
4	14,358	14,666	0,308	5,639	9,027	1,63594
5	14,167	14,571	0,404	5,590	8,981	1,63732
6	15,076	15,397	0,321	5,955	9,442	1,64208

Im Mittel: 1,63930

Das specifische Gewicht des Collodiumüberzuges betrug 1,23.

Diese Versuche wurden am 5. November 1857 ausgeführt und am 2. December 1857 noch einmal mit denselben Stücken wiederholt. Die Stücke wurden sodann nach geschehener hydrostatischer Wägung sorgfältig abgetrocknet, ihr specifisches Gewicht in der graduirten Röhre mittelst Eintauchens in Alkohol bestimmt und darauf, nachdem der Collodiumüberzug behutsam abgeschält worden war, noch einmal in Alkohol auf ihr specifisches Gewicht untersucht.

Die Ergebnisse dieser Versuche finden sich in der Tabelle auf folgender Seite verzeichnet. Zur besseren Vergleichung sind die Resultate vom 5. November vorangestellt.

Wie man aus der Tabelle ersieht, sind die an beiden verschiedenen Tagen vermöge der hydrostatischen Wägung gefundenen mittleren specifischen Gewichte nur um 0,00085 von einander verschieden, eine Differenz, welche so geringfügig ist, daß man wohl dieses Verfahren, soweit es Pulverkuchen betrifft, als vollkommen zuverlässig und genau ansprechen darf.

Daß das specifische Gewicht bei der Einschüttemethode (Rubrik 3) etwas hinter der hydrostatischen Wägung zurückbleibt, mag darin seinen Grund haben,

Dichtigkeit.

daß die Abhäsion des Alkohols an den Glaswandungen dabei mit in das Spiel kommt, wenigstens läßt sich eine andere Erklärungsweise nicht leicht finden. Rubrik 4 hat bereits oben ihre Erledigung gefunden.

Bezeich- nung der Pulver- kuchen- stücke.	Specifisches Gewicht ermittelt			
	durch hydrostatische Wägung in destil- lirtem Wasser unter Anwendung eines Collobiumüberzuges		unter Anwendung der gra- duirten Glasröhre mit Al- kohol	
	am 5. November 1857.	einfache Wieder- holung am 2. De- cember 1857.	mit vorhan- denem	nach abge- schältem
			Collobiumüberzuge.	
1	1,63930	1,63923	1,65862	1,6418
2	1,64072	1,64179	1,62437	1,6945
3	1,64043	1,64133	1,62635	1,6774
4	1,63594	1,63670	1,63980	1,6284
5	1,63732	1,63888	1,63315	1,7225
6	1,64208	1,64298	1,62695	1,6574
Mittel	1,63930	1,64015	1,63487	1,67032

Bei der großen Genauigkeit, welche diese Methode bietet, ließe sich dieselbe sehr gut zur Ermittelung des specifischen Gewichtes der prismatischen Pulver- körner benutzen, wenn nicht, ganz abgesehen von der Schwierigkeit der technischen Ausführung, das ganze Verfahren mit so großem Zeitaufwande verbunden wäre. Aus diesem Grunde ist man denn auch von der soeben erwähnten Anwendung der Methode abgestanden und hat in neuester Zeit Hauptmann Bothe einen Appa- rat zur specifischen Gewichtsbestimmung der prismatischen Pulverkörner construirt.

Der Apparat besteht, wie Fig 23 (a. f. S.) zeigt, aus einem Gestelle, einem dickwandigen Glase und einem Wagschalengerüste.

Der Ring des Gestelles ist derart construirt, daß das Glas, ohne durchzu- fallen, in denselben gesetzt werden kann.

Das Glas, welches oben abgeschliffen ist, besitzt ziemlich dicke Wände, um den Druck des Quecksilbers, welcher bei Ausführung der Methode in das Glas hineingegossen wird, bequem aushalten zu können.

Das Wagschalengerüst ist aus Stahl angefertigt. Die drei Säulen desselben sind oben durch ein breiarmiges, horizontal liegendes Verbindungsstück mit einander verbunden. An der Stelle, wo die drei Verbindungsstücke sich vereinigen, befindet sich eine verstellbare Stahlnadel. An den drei Armen ist ebenfalls und zwar in der Nähe der verstellbaren Nadel je eine fest geschraubte Stahlnadel angebracht. Die Stellung dieser vier Nadeln ist eine derartige, daß die Spitzen der drei in den

Armen des Verbindungsstückes befindlichen, also der äußeren Nadeln in ein und
derselben Ebene liegen, während die Spitze der mittleren, verstellbaren Nadel 2 mm
höher steht. Um diesen Punkt genau zu treffen, verfährt man am einfachsten in der
Weise, daß man auf den Ring des Gestelles eine Glasplatte legt, die so breit ist,
daß die drei äußeren Nadeln auf derselben aufliegen können. Auf diese Glasplatte setzt
man sodann das Wagschalengerüst, schraubt die mittlere Nadel in die Höhe und legt
nun auf die Mitte der Glasplatte eine kleinere Glasplatte, welche genau 2 mm
dick ist. Man schraubt nun die mittlere Nadel so lange herunter, bis sie die kleinere
Glasplatte gerade berührt. Ist dies erfolgt, so ist das Wagschalengerüst zum
Gebrauche fertig.

Fig. 23.

Bei Ausführung der specifischen Gewichtsbestimmung wird der Apparat auf
einen horizontal- und feststehenden Tisch gesetzt und das Glas mit Quecksilber gefüllt, wie aus Fig. 23 ersichtlich ist. Das Quecksilber muß staubfrei und soll chemisch
rein sein. Ist letzteres nicht der Fall, so
muß das Quecksilber zuerst auf sein specifisches Gewicht untersucht werden.

Zur Ermittelung des specifischen Gewichtes des Quecksilbers ist dem Apparate eine Stahlkapsel von 217 g Gewicht beigegeben, deren specifisches Gewicht
bei 13,75° C. 7,6552 beträgt. Nachdem man die Temperatur im Wägungsraume beobachtet hat, wird auf das Quecksilber die Stahlkapsel gelegt und sodann
das gewogene Wagschalengerüst aufgesetzt. Man belastet nun die Wagschale
mit Gewichten, bis die Stahlkapsel so weit unter das Quecksilber gedrückt ist,
daß die mittlere Nadel gerade den Quecksilberrand berührt. Bezeichnet man das
Gewicht der Stahlkapsel mit S und deren specifisches Gewicht mit p, das Gewicht
des Wagschalengerüstes mit W, die aufgelegten Gewichte mit G und das Gewicht
der verdrängten Quecksilbermenge mit Q, so ist:
$$Q = G + W + S,$$
das Volumen der Stahlkapsel V:
$$V = \frac{S}{p}$$
und sonach das specifische Gewicht des Quecksilbers P:
$$P = \frac{Q}{V} = \frac{(G + W + S)\, p}{S}.$$

Hat man das specifische Gewicht des Quecksilbers ermittelt, so wird das
prismatische Pulverkorn, nachdem man dasselbe von dem ihm etwa anhaftenden
Pulverstaube mittelst eines Pinsels befreit hat, auf einer gut ziehenden Wage

Dichtigkeit. 139

gewogen und sodann auf das Quecksilber gelegt. Man setzt nun das Wagschalen=
gerüst in der Art auf, daß die drei Wagschalensäulen weder die Glaswände noch
den Ring des Gestelles berühren und trägt dafür Sorge, daß das Pulverkorn sich
nicht an den inneren Wänden des Glases reibt. Man belastet darauf die Wag=
schale mit so vielen Gewichten, daß alle vier Nadeln in das Quecksilber tauchen
und nimmt sodann so viel der Gewichte von der Wagschale wieder herunter, bis
die mittlere Nadel mit ihrer Spitze gerade die Oberfläche des Quecksilbers berührt.

Daß das dreiarmige Verbindungsstück horizontal stehen muß, versteht sich
von selbst. Man kann diese Lage sehr leicht durch Rücken der Gewichte auf der
Wagschale herbeiführen.

Ist schwimmendes Gleichgewicht eingetreten, so hat man alle Factoren zur
Berechnung des specifischen Gewichtes des Pulverkornes. Bezeichnet man näm=
lich das specifische Gewicht des Quecksilbers bei der beobachteten Temperatur mit
P, das absolute Gewicht des Pulverkornes mit S, das Gewicht des Wagschalen=
gerüstes mit W und die auf die Wagschale gelegten Gewichte mit G, so ist das
Gewicht der verdrängten Quecksilbermasse Q:

$$Q = G + W + S,$$

das Gewicht der gleich großen Wassermenge M:

$$M = \frac{Q}{P}$$

und das specifische Gewicht des Pulverkornes Z:

$$Z = \frac{S}{M} = \frac{S}{\frac{G+W+S}{P}} = \frac{SP}{G+W+S}.$$

Wie das absolut specifische Gewicht des Pulvers ermittelt wird, ist be=
reits S. 131 erwähnt worden.

Zum Schlusse sei noch eine Tabelle aufgeführt, in welcher das cubische Ge=
wicht verschiedener Pulversorten mit dem relativen specifischen Gewichte derselben
verglichen ist. Bemerkt sei hierbei, daß das specifische Gewicht nach der Alkohol=
methode des raschen Einschüttens bestimmt wurde.

Benennung der Pulversorte.		Cubisches Gewicht.		Specifisches Gewicht.
		Kg	g	
Ganz grobkör= niges Pulver	Niederländ. orb. Pulver . . .	30	93,75	1,87
	Oesterreichisches „ . . .	32	187,5	1,72
Geschützpulver	von le Bouchet (eckiges) . .	28,25	—	1,56
	„ Ettlingen	28,25	—	1,56
	„ Hounslow (eckiges) . . .	28,5	—	1,63
	„ Dänemark	28,75	—	1,72

140 Eigenschaften.

Benennung der Pulversorte.		Cubisches Gewicht.		Specifisches Gewicht.
		Kg	g	
Geschützpulver	von Bern (Nr. 6)	29	187,5	1,67
	„ Neisse (ord. Pulver) ..	30	—	1,77
	„ Berlin (neue Fabrikation)	30	—	1,63
	„ Neisse (neue Fabrikation)	30	—	1,67
	„ Rußland (ord. Pulver) .	30	156,2	1,56
	„ Dänemark (rundes) ...	31	468,75	1,72
Gewehrpulver	„ Dänemark (eckiges) ...	28,5	—	1,77
	„ Hounslow	29,5	—	1,72
	„ Berlin (neue Fabrikation)	30	—	1,63
	„ Bern (Nr. 4)	30	328,125	1,67
	„ München (eckiges) ...	31	—	1,82
Pirschpulver	„ Le Bouchet	29,625	—	1,87
	„ Berlin (alte Fabrikation)	31	—	1,77

Vergleicht man die Zahlen der beiden Colonnen mit einander, so läßt sich daraus nicht folgern, daß Pulversorten von gleichem specifischen Gewichte auch gleiches cubisches Gewicht haben müssen; vielmehr kann ein und dasselbe specifische Gewicht einem sehr verschiedenen cubischen Gewichte zum Grunde liegen. Für die Beurtheilung eines Pulvers ist es deshalb nothwendig, beide Größen zu bestimmen.

Das specifische Gewicht giebt über die Beschaffenheit der Satzmaterialien, über das Verhältniß, in welchem diese zusammengesetzt wurden und über die angewandte Kraft zu ihrer Verdichtung zu Pulverkuchen summarischen Aufschluß. Das cubische Gewicht hängt aber außerdem noch von der Größe und Gestalt der Körner, der Politur und dem Staubgehalte des Pulvers ab; den gewünschten Aufschluß über die Wirkung des Pulvers giebt nur das cubische Gewicht als Endresultat aller und namentlich auch der letzten Fabrikationsoperationen.

Da nun ferner die größere oder geringere geschützzerstörende Eigenschaft des Pulvers der schnelleren oder langsameren Zersetzung desselben zugeschrieben wird, diese aber unter sonst gleichen Umständen von der geringeren oder größeren Dichtigkeit der Körner abhängt, so wird sich aus dem specifischen Gewichte des Pulvers als dem Maßstabe für die Dichtigkeit seiner Körner auch auf den Grad seiner geschützzerstörenden Eigenschaft schließen lassen.

Endlich wird das Pulver um so länger und besser den nachtheiligen Einwirkungen anhaltenden Transportes, wiederholter Handhabung und ungünstiger

Feuchtigkeitsgehalt. 141

Witterung widerstehen, je dichter und demnach fester seine Körner sind, daher das specifische Gewicht auch hierüber den nöthigen Aufschluß ertheilt.

6. Der Feuchtigkeitsgehalt.

Um den Feuchtigkeitsgehalt des Pulvers kennen zu lernen, werden in Preußen 41,5 g Pulver in einem Wasserbade getrocknet, indem man das Wasser, womit letzteres gefüllt ist, durch eine Spiritusflamme 30 Minuten lang im Kochen erhält. Das getrocknete Pulver wird wieder gewogen, worauf der Gewichtsunterschied den Feuchtigkeitsgehalt angiebt.

An anderen Orten trocknet man das über Schwefelsäure stehende Pulver unter dem Recipienten der Luftpumpe.

Will man das Pulver auf seine Neigung, Feuchtigkeit anzuziehen, prüfen, so schlägt man in der Regel ein anderes Verfahren ein. Das Pulver wird entweder in einen feuchten Keller oder in einen theilweise mit Wasser gefüllten, luftdicht verschließbaren Bottich gestellt und in demselben nach Maßgabe der Temperatur längere oder kürzere Zeit stehen gelassen, sodann aber die Gewichtszunahme im Vergleiche mit der Gewichtszunahme eines ebenso behandelten Normalpulvers ermittelt.

In Schweden darf nach einer Verordnung von 1831 das auf die angegebene Weise behandelte Pulver höchstens 50 Proc. Feuchtigkeit mehr als das Normalpulver in sich aufnehmen.

Wie wenig zuverlässig dieses Verfahren ist, zeigen folgende mit Normalpulver angestellte Versuche. Von fünf jedesmal gleichzeitig in einem Bottich aufgestellten Proben à 100 g hatten an Feuchtigkeit aufgenommen:

Datum.	Temperatur nach Celsius.	Feuchtigkeitsanziehung in Procenten	
		Mittel.	größter Unterschied.
27. Mai	10,9	2,40	0,56
14. Juni	16,6	6,70	3,19
18. Juli	21,4	5,11	1,11
1. August	18,1	6,99	1,53
26. August	21,9	3,72	1,04
7. October	13,6	6,43	1,18
17. October	10,2	6,93	1,04
31. October	7,5	6,63	0,76

Diese Erscheinung erklärt sich ganz einfach, wenn man bedenkt, daß der Wasserdampf bei höherer Temperatur dichter ist als bei niedrigerer. Fällt daher die Temperatur im Bottiche, so schlägt sich aus der nunmehr übersättigten Luft der Wasserdampf zum Theil nieder und benetzt die Proben, steigt die Temperatur wieder, so verdampft die niedergeschlagene Feuchtigkeit entweder ganz oder zum Theil, so daß es also lediglich vom Zufall abhängt, ob das Pulver mehr oder weniger hygroskopisch erscheint.

Aus diesem Grunde dürfte es viel zweckmäßiger sein, feuchtes Pulver, erkenntlich an der schwärzeren Farbe, mit weniger feuchtem in der Weise zu vergleichen, daß man die gewogenen Proben, wie oben angegeben, auf dem Wasserbade trocknet und sodann wieder wägt. Die Gewichtsunterschiede in den beiden Wägungen geben die Menge der verdunsteten Feuchtigkeit an, woraus ein Schluß auf die Feuchtigkeitsanziehung selbst gezogen werden kann.

Erwähnt sei noch, daß Pulversatz mehr Feuchtigkeit anzieht als gekörntes Pulver und feinkörniges mehr als grobkörniges. Letzteres ist aber durch Trocknen schwieriger wieder herzustellen als feinkörniges. Cubisch leichteres Pulver zieht mehr Feuchtigkeit an als cubisch schwereres und abgerundetes Pulver weniger als nicht abgerundetes. Mit der Menge der Kohle wächst auch der Feuchtigkeitsgehalt. Nach Washingtoner Versuchen scheint jedoch das Pulver um so weniger Feuchtigkeit anzuziehen, je stärker die Kohle gebrannt ist.

Feucht gelegtes und wieder getrocknetes Pulver ergab nach Versuchen zu Washington beim Gewehrpendel im Verhältniß zur ursprünglichen Anfangsgeschwindigkeit um so kleinere Unterschiede, je lockerer die Körner desselben waren. Von noch größerem Interesse sind die in Spandau gemachten Beobachtungen, wonach feuchtes und wieder getrocknetes Pulver größere Wirkungen zeigte als in seinem ursprünglich trocknen Zustande. So ergab beim Gewehrpendel Gewehrpulver trocken 1060,3′ Kugelgeschwindigkeit, dasselbe, nachdem es 2,75 Proc. Feuchtigkeit angezogen hatte und dann wieder getrocknet war, 1073,7′ Kugelgeschwindigkeit. Bei einem anderen Versuche zeigte trocknes Gewehrpulver 1017,1′, dasselbe, nachdem es $7/8$ Proc. Feuchtigkeit angezogen hatte und wieder getrocknet worden war, 1034,4′ Kugelgeschwindigkeit. Bei einem zehnpfündigen Mörser ergab trocknes Geschützpulver 548,4 Schritt, dasselbe, nachdem es 1 Proc. Feuchtigkeit angezogen und darauf getrocknet worden, 584,8 Schritt Kugelgeschwindigkeit. Diese Zunahme der Anfangsgeschwindigkeit mag wohl in der größeren Auflockerung der Pulverkörner, welche durch das Trocknen herbeigeführt wurde, ihren Grund haben.

II. Die chemischen Eigenschaften des Pulvers.

Die Grundlagen für die chemischen Eigenschaften des Pulvers bildet immer die chemische Zusammensetzung, das Mischungsverhältniß der Bestandtheile. Ehe also auf die chemischen Eigenschaften des Schießpulvers genauer eingegangen werden kann, ist es nöthig,

Analyse. 143

die quantitative Analyse des Schießpulvers

abzuhandeln.

Bei der quantitativen Analyse des Schießpulvers, deffen qualitative Zusammensetzung als bekannt vorausgesetzt wird, verfährt man zur Bestimmung der drei Bestandtheile entweder in der Weise, daß man Salpeter, Schwefel und Kohle in je einer besonderen Portion oder daß man alle Bestandtheile in ein und derselben Portion bestimmt. Man mag nun den einen oder anderen Weg beschreiben, immerhin wird es unbedingt nothwendig sein, das Pulver zuerst in die Form überzuführen, in welcher es zur Untersuchung geeignet ist, es also von aller Feuchtigkeit zu befreien.

Es ist ein ganz eigenthümliches Mißverständniß, welches in allen Lehrbüchern wiederkehrt, daß bei der Untersuchung des Schießpulvers auf seine Bestandtheile als erste Operation die Bestimmung des Feuchtigkeitsgehaltes angeführt wird, gerade als ob das dem Pulver mechanisch anhängende Wasser ein wesentlicher Bestandtheil des Pulvers sei. Die Unrichtigkeit dieses Verfahrens tritt sofort vor Augen, wenn man bedenkt, daß es einzig und allein auf die Umstände ankommt, unter welchen sich das Pulver vor der Untersuchung befand, die Ergebnisse des Feuchtigkeitsgehaltes also ganz verschieden ausfallen müssen, je nachdem das Pulver in einer trocknen oder feuchten Atmosphäre verweilte. Durch die Bestimmung des Feuchtigkeitsgehaltes wird lediglich einer physikalischen Seite des Schießpulvers Ausdruck verliehen, welche hier um so weniger an ihrem richtigen Orte ist, als, wie oben bemerkt, das fertige Schießpulver durch Trocknen möglichst von aller Feuchtigkeit befreit ist. Dieser Umstand ist wohl zu beherzigen, da, sobald die bei der Bestimmung des Feuchtigkeitsgehaltes gefundenen Zahlen in die Ergebnisse der quantitativen Analyse mit aufgenommen werden, der richtige Standpunkt von vornherein verrückt wird. Denn wenn das zu untersuchende Pulver z. B. aus 74 Thln. Salpeter, 16 Thln. Schwefel und 10 Thln. Kohle besteht, so stehen diese drei Körper nicht allein in dem gegenseitigen Verhältnisse von 74 : 16 : 10, sondern die Summe dieser drei Verhältnißzahlen macht auch die Zahl 100 aus. Sowie der Feuchtigkeitsgehalt aber mit in Rechnung gezogen wird, gestaltet sich die Sache anders und es kann namentlich, wenn mit nur kleinen Quantitäten gearbeitet wird und bei nicht allzugeringem Feuchtigkeitsgehalte leicht der Fall eintreten, daß der Salpeter um 1 Proc. zu niedrig gefunden wird, wodurch dann falsche Schlüsse gezogen werden können.

Aus diesen Gründen muß daher die quantitative Untersuchung des Schießpulvers stets auf trocknes Pulver bezogen werden.

Zur Entfernung der in dem Pulver befindlichen Feuchtigkeit wird das abgewogene Pulver entweder im Vacuum oder auch im Exsiccator über Schwefelsäure getrocknet oder man leitet Luft über dasselbe, damit diese die Feuchtigkeit mit sich fortführe. Das Letztere kann auf doppelte Weise geschehen, indem man gewöhnliche, trockne oder erwärmte trockene Luft durch das Pulver streichen läßt.

Bei Ausführung des ersteren Verfahrens bedient man sich nach Linck einer 0,9 cm im Lichten weiten, 14 cm langen, im Drittel ihrer Länge zu einer 0,2 cm

144 Analyse.

weiten Spitze ausgezogenen Glasröhre, die da, wo der weite Theil in den ausgebogenen übergeht, mit einem 1,5 cm hohen, ausgeglühten, locker eingestampften Asbestpfropfen versehen wird. Die trockne Röhre wird für sich gewogen und darauf das zerriebene Schießpulver (etwa 3 g) eingefüllt. Man leitet sodann bei gewöhnlicher Temperatur durch die Röhre einen vollkommen trocknen Luftstrom, bis keine Gewichtsabnahme mehr erfolgt und erfährt auf diese Weise die Menge des trocknen Pulvers.

Werther wendet zur Entfernung der Feuchtigkeit erwärmte trockne Luft an. Nach ihm bringt man in eine gewogene Glasröhre von etwa 2,6 cm Durchmesser und 7,8 cm Länge, an deren Enden zwei dünne Glasröhren angeblasen sind, das zu untersuchende Pulver. Der Apparat wird in ein Wasserbad getaucht und darauf das eine Ende des Apparates mit einem Chlorcalciumrohre, das andere mit einer Handluftpumpe oder einem Aspirator verbunden und sodann das Wasser zum Sieden erhitzt. Sowie das Wasser zu kochen anfängt, wird mit Hülfe des Aspirators oder der Luftpumpe so lange trockne Luft durchgeleitet, als noch in dem mit dem Saugapparate verbundenen Theile des Apparates ein Wasserbeschlag wahrnehmbar ist. Nun wird der Apparat herausgenommen, sorgfältig abgetrocknet, mit gewogenen Körken verschlossen und erkalten gelassen, der eine Kork einen Augenblick geöffnet, damit sich die Röhre mit Luft anfüllen kann, sofort aber wieder geschlossen und der Apparat sodann gewogen. Dieses Verfahren wird so lange wiederholt, bis sich kein Gewichtsunterschied mehr zeigt.

Da durch die Anordnung des Apparates möglichst vermieden wird, daß nach dem Trocknen des Pulvers dasselbe wieder Feuchtigkeit in sich aufnimmt, so ist aus diesem Grunde die Methode, abgesehen von dem etwas unbequemen Einfüllen des Pulvers, sehr zu empfehlen. Zu beachten ist aber immerhin dabei, daß durch die Erwärmung des Pulvers auf 100° C. eine theilweise Verflüchtigung des Schwefels eintritt, ein Uebelstand, dem man sehr leicht dadurch begegnen könnte, daß man das Wasser statt auf 100° C. nur auf 60° C. erhitzte. Noch handlicher würde sich das Verfahren gestalten, wenn man die Glasröhre durch einen kleinen Trockenkasten legte und die in demselben befindliche Luft auf 60° C. erwärmte.

Nach dieser vorbereitenden Behandlung schreitet man zur wirklichen Analyse des Schießpulvers.

Zuerst zu erwähnen ist hier das Verfahren, wonach die einzelnen Bestandtheile in besonderen Portionen bestimmt werden.

Die Bestimmung des Salpeters.

Eine der üblichsten Methoden ist die: eine abgewogene Menge Pulver, gewöhnlich 5 g, wird auf ein mit Wasser angefeuchtetes Filter gebracht und der Salpeter durch wiederholtes Aufgießen kleiner Mengen heißen Wassers vollständig ausgelaugt. Die zuerst ablaufende Salpeterlösung fängt man in einer kleinen gewogenen Platinschale auf, das Waschwasser in einem Becherglase. Man

Analyse.

dampft sodann die Salpeterlösung vorsichtig ein, indem man nach und nach das Waschwasser hinzufügt und erhitzt sodann den Salpeter bis auf 280° C.

Werther fängt die Salpeterlauge und das Waschwasser in einer großen Platinschale auf, dampft darin ein bis zur Trockne und bringt dann den Rückstand mit einem Platinspatel in eine kleine tarirte Platinschale, welche er mit einem Deckel verschließt, in die größere Schale hineinsetzt und sodann bis auf 280° C. erhitzt.

Bei dieser Methode ist zu bemerken, daß es beim Auslaugen des Salpeters fast gar nicht zu vermeiden ist, daß feine Kohlentheilchen durch das Filter gehen, was bei heißem Wasser, wo die Filterporen mehr ausgedehnt werden, in bei weitem höheren Grade stattfindet, als wenn das Auslaugen nur mit kaltem Wasser geschieht.

Aus diesem Grunde wird denn auch stets, wenn mit heißem Wasser der Salpeter gelöst wurde, letzterer nach dem Abdampfen des Wassers eine bräunliche Färbung zeigen. Den Salpeter zu schmelzen, also auf eine Temperatur von 350° C. zu bringen, dürfte insofern nicht rathsam erscheinen, als sich dann kleine Mengen von Salpeter zersetzen; in diesem Falle reagirt die in Wasser aufgelöste Schmelze stets schwach alkalisch.

Marchand suchte den Salpeter aus dem Kaligehalte des Pulvers zu bestimmen, indem er das in einem Platintiegel befindliche Pulver mit einem Ueberschusse von Schwefelsäure übergoß und bei einer Temperatur unter 200° erhielt. Nach einigen Stunden war alles salpetersaure Salz zersetzt; es wurde dann vollständig zur Trockne eingedampft, geglüht und das saure schwefelsaure Kalium in neutrales Salz übergeführt. 100 Thle. schwefelsaures Kalium entsprechen 116 Thln. Salpeter.

Bei genauerer Prüfung dieser Methode erwies sich dieselbe als nicht empfehlenswerth, da fast regelmäßig die Masse explodirte, wenn auch schon alles salpetersaure Salz zersetzt zu sein schien.

Viel besser dürfte es sein, wenn man den Salpeter nicht direct bestimmen will, dessen Gehalt an Stickstoff volumetrisch zu ermitteln. Das Verfahren ist hier ganz dasselbe, wie bei der quantitativen Nachweisung des Stickstoffs in organischen Verbindungen und kann in dieser Beziehung auf Fresenius, quantitative Analyse, 5. Auflage S. 596 fgg. verwiesen werden.

Um den Salpetergehalt schnell zu ermitteln, hat der österreichische Artilleriehauptmann Becker eine Methode vorgeschlagen, welche auf die specifische Gewichtsbestimmung des Salpeters sich gründet. 400 g Pulver werden in 500 g heißem Brunnen- oder Regenwasser, dessen Dichtigkeit vorher bestimmt worden ist, aufgelöst, genau auf 14° R. abgekühlt und der durch das Verdampfen entstandene Gewichtsverlust durch Wasser ersetzt. Die filtrirte Lösung wird mit dem Pulveraräometer untersucht. Die Einrichtung des letzteren ist von der Art, daß jeder Grad $1/2$ Proc. Salpetergehalt im Pulver anzeigt, welches in obigem Verhältnisse in Wasser gelöst ist, so daß man nur nöthig hat, die Angabe des Aräometers mit 20 zu multipliciren, um den Procentgehalt des Pulvers an Salpeter zu erhalten.

Nach den von Marchand darüber angestellten Versuchen bewährt sich diese Methode nicht, da einerseits die Temperaturverhältnisse einen Einfluß haben, andererseits die Abweichungen im specifischen Gewichte selbst bei einer Differenz im Salpetergehalte des Pulvers von 2 Proc. so gering sind, daß sie nicht mit Sicherheit bestimmt werden können.

Auf demselben Principe beruht die Methode von Uchatius. 20 g Pulver werden mit etwa 50 g Bleischrot in eine Flasche gebracht, 200 g Brunnenwasser mittelst einer tarirten Saugpipette zugesetzt, die Flasche verkorkt und 8 Minuten lang geschüttelt. Darauf filtrirt man und bringt 172 g des salpeterhaltigen Filtrats in ein Becherglas auf die dem angewandten Brunnenwasser entsprechende Normaltemperatur. Ein gläserner Schwimmer wird eingetaucht, welcher so construirt ist, daß er bei einem Salpetergehalte des Pulvers von 75 Proc. bei der Normaltemperatur gerade noch zur Oberfläche aufsteigt, während er in der nur mit 4 bis 5 Tropfen Wasser verdünnten Flüssigkeit zu Boden sinkt. Je nachdem nun der Gehalt an Salpeter mehr oder weniger als 75 Proc. beträgt, setzt man mittelst einer graduirten Pipette von einer specifisch leichteren oder schwereren Probeflüssigkeit so lange zu, bis der Schwimmer das angegebene Verhalten zeigt.

Für jede anzuwendende Quantität Brunnenwasser ist die Normaltemperatur zu ermitteln, bei welcher der Schwimmer und eine Lösung von 15 g Salpeter in 200 g des fraglichen Wassers gleiches specifisches Gewicht haben, d. h. bei welcher der Schwimmer in dieser Lösung eben noch aufsteigt, auf Zusatz von 3 bis 4 Tropfen Wasser aber niedersinkt.

Die specifisch schwerere Probeflüssigkeit bereitet man in der Weise, daß man 20 g Salpeter in 200 g Wasser auflöst; 7,017 g derselben, welche auf der graduirten Pipette eine Volumeneinheit füllen, müssen 160 mg reinen Salpeter enthalten neben 6,857 g einer Lösung, wie sie sich durch Behandeln von 20 g Normalpulver (mit 75 Proc. Salpeter) mit 200 g Wasser bilden müßte. Je eine Volumeneinheit, die zugesetzt wird, zeigt an, daß das untersuchte Pulver 1 Proc. Salpeter weniger als 75 enthält.

Die specifisch leichtere Probeflüssigkeit bereitet man durch Auflösen von 10,184 g Salpeter in 200 g Wasser, der Zusatz von 7,017 g derselben, gleichfalls eine Volumeneinheit darstellend, zeigt einen Mehrgehalt an Salpeter von 1 Proc. über 75 in dem untersuchten Pulver an.

Nach einer Verordnung von 1831 werden in Schweden 15 g Pulver mit 625 g destillirtem Wasser und ebenso 70, 75, 80 Proc. dieser Pulvermenge an reinem Salpeter mit drei gleichen Wassermengen übergossen und die Gewichte bestimmt, welche nöthig sind, um eine hohle Glaskugel bis zu einer an ihrem dünnen Halse angebrachten Marke in diese Auflösungen einzutauchen. Die Unterschiede des nöthigen Gewichtes bei den Salpeterauflösungen geben leicht die den einzelnen Procenten Salpeter entsprechenden Gewichte, so daß man aus den Gewichten, welche bei der Pulverlösung erforderlich sind, den Salpetergehalt bestimmen kann.

Da in Schweden dem Staate das Pulver zum Theile von Privaten geliefert wird, so findet neben der Bestimmung des Salpeters zugleich auch eine Untersuchung auf Kochsalz statt. Zu diesem Zwecke werden 50 g Pulver mit Wasser ausgezogen und mit salpetersaurem Silber versetzt. Das ausgefallene Chlorsilber wird getrocknet und gewogen. Das Gewicht (nach Abzug des Filters)

Analyse. 147

mit 410 multiplicirt giebt die Menge Kochsalz in 50 Kg Pulver an. Das Product darf nicht mehr als 15 g betragen.

Die Bestimmung des Schwefels.

Der in dem Schießpulver enthaltene Schwefel läßt sich auf eine doppelte Art nachweisen; entweder bestimmt man ihn als solchen oder man führt ihn in Schwefelsäure über.

Will man den Schwefel in Substanz wägen, so verfährt man nach Berzelius folgendermaßen. Das Gemenge von Schwefel und Kohle wird auf dem Filter getrocknet, gewogen und sodann in eine Kugel einer doppelten Kugelröhre gebracht. Man leitet darauf trocknes Wasserstoffgas über das Gemenge und erhitzt letzteres so lange, bis aller Schwefel in die zweite Kugel hinüber destillirt ist. Nach dem Erkalten im Wasserstoffstrome schneidet man mit einer Feile die beiden Kugeln von einander ab, wägt sie sammt ihrem Inhalte, befreit sie davon, wägt wieder und erfährt auf diese Weise das relative Verhältniß beider Substanzen.

Da bei diesem Verfahren immer etwas Schwefel durch den Wasserstoffstrom fortgerissen wird, so hat Wöhler vorgeschlagen, statt der zweiten, leeren Kugel eine längere Röhre zu nehmen und diese mit gewogenen Kupferdrehspänen anzufüllen, welche, wenn stark erhitzt, allen abdestillirenden Schwefel aufnehmen. Aus der Gewichtszunahme des Kupfers findet man die Schwefelmenge.

Bei dieser Methode sowohl wie allen übrigen, wo nach dem Auslaugen des Salpeters das Schwefel- und Kohlengemenge gewogen wird, ist zu bemerken, daß es äußerst schwierig ist, genau das Gewicht der in die Kugelröhre gebrachten Substanzen zu ermitteln, da beim Einfüllen in Folge der hygroskopischen Eigenschaft der Kohle immer wahrnehmbare Wassermengen condensirt werden. Um diesen Fehler möglichst zu vermeiden, bringt Marchand das Gemenge in einem Platintiegel, auf welchen ein dicht-schließender Deckel paßt, in das Bacuum über Schwefelsäure und läßt es darin so lange stehen, bis bei wiederholter Wägung keine Gewichtsdifferenz mehr beobachtet wird. Von dem auf diese Weise getrockneten Gemenge schüttet er so viel als möglich in eine gewogene Kugelröhre und wägt dann den auf dem Filter verbleibenden und im Bacuum getrockneten Rest. Bei diesem Verfahren wird allerdings die Einwirkung der atmosphärischen Luft möglichst ausgeschlossen, allein ein Umstand ganz außer Augen gelassen, der zu erheblichen Fehlern führen kann. Bei dem Auslaugen des Salpeters nämlich hat die Kohle die Eigenschaft, an dem Filter emporzukriechen und wegen ihres geringeren specifischen Gewichtes sich über den Schwefel zu lagern, so daß letzterer die Spitze des Filters erfüllt. Man wird daher, wenn man vor dem Einschütten in die Kugelröhre das Gemenge nicht innig mischt, wobei aber wieder ein Verstäuben der Kohle zu befürchten ist, eine Substanz von anderer Zusammensetzung analysiren als der zurückbleibende Theil besitzt. Ein weiterer Fehler bei dieser Methode ist der, daß der Schwefel nicht vollständig von der Kohle getrennt werden kann, wie bereits Proust nachgewiesen hat, wenngleich dessen Annahme, daß sich ein besonderes Hyposulfid bilde, mit thatsächlichen Beweisen nicht zu belegen ist. Ob der Schwefel, wie Marchand meint, an das in der Asche der Kohle enthaltene Kalium gebunden wird, mag dahin gestellt sein. Sehr viel wahrscheinlicher ist es, daß der Schwefel eine Verbindung mit den Metalltheilchen eingeht, welche ganz insbesondere bei solchem Pulver sich vorfinden, dessen Materialien in Trommeln mit Bronzekugeln gekleint werden, bei welchem Verfahren, wie bereits oben erwähnt wurde, eine nicht unbedeutende Abnutzung der Kugeln stattfindet.

Um den Schwefel in Schwefelsäure überzuführen, giebt es eine Reihe von Verfahren, wovon als eines der ältesten das von Hermbstädt zu erwähnen ist. Nach ihm wird das fein zerriebene Pulver mit einem gleichen Gewichtstheile reinen Salpeters gemengt, darauf die doppelte Menge des angewandten Salpeters in einem Platintiegel geschmolzen und dann das Gemisch von Salpeter und Pulver in kleinen Quantitäten eingetragen. Nach vollendeter Verpuffung wird der Rückstand in Wasser gelöst, mit Salpetersäure neutralisirt und die gebildete Schwefelsäure mit salpetersaurem Baryum ausgefällt. Aus dem erhaltenen schwefelsauren Baryum berechnet man sodann die in dem Schießpulver enthalten gewesene Menge Schwefel.

Nach dieser Methode ist es schwierig, einen Verlust zu vermeiden, da das auf den schmelzenden Salpeter fallende Pulver stets ein Umherspritzen hervorrufen wird.

Gay-Lussac mengt 5 g Schießpulver mit ebenso viel reinem kohlensaurem Kalium und setzt dann 5 g Salpeter und 20 g Kochsalz hinzu, welche beide frei von schwefelsauren Salzen sein müssen. Nachdem Alles in einem Mörser innig gemischt worden, erhitzt er das Gemenge anhaltend in einem Platintiegel, bis die Masse weiß ist. Nach dem Erkalten löst er die Schmelze in Wasser, säuert mit Salzsäure an und schlägt die Schwefelsäure durch Chlorbaryum nieder, oder er versetzt die angesäuerte Flüssigkeit mit einer Chlorbaryumlösung von bekannter Stärke, bis kein Niederschlag mehr erfolgt. Aus der verbrauchten Menge Chlorbaryum berechnet sich dann die vorhandene Menge Schwefel leicht, da man weiß, daß 152,63 Thle. krystallisirtes Chlorbaryum 20 Thln. Schwefel entsprechen.

Diese Methode ist eine der besten, da bei innigem Mischen der Substanzen und nicht allzuschnellem Glühen des Tiegels man stets nahezu die gesuchte Menge Schwefel finden wird.

Will man schon während des Erhitzens die durch die Oxydation des Schwefels entstehende Schwefelsäure an Baryum binden, so mengt man nach Löwig 1 Thl. Pulver mit dem Zwölffachen einer Mischung von 1 Thl. salpetersaurem Baryum und 3 Thln. kohlensaurem Baryum, bringt dieses Gemenge in eine Verbrennungsröhre und fügt noch eine 8 bis 9 cm lange Schicht des Salzgemenges ohne Pulver hinzu. In einem Verbrennungsofen erhitzt man nun die Röhre, wobei die Masse, ohne zu schmelzen, zusammensintert, so daß man sie nach dem Erkalten leicht herausnehmen kann. Den Inhalt der Röhre kocht man mit verdünnter Salzsäure aus und sammelt das gebildete schwefelsaure Baryum auf einem Filter.

Ein anderes Verfahren hat Millon vorgeschlagen. Hiernach werden 3 g getrocknetes Pulver in einen Kolben gegeben, mit 33 g reiner concentrirter Salpetersäure übergossen und sodann 6 g reines chlorsaures Kalium hinzugefügt. Der

Analyse.

Kolben wird erhitzt und nach Beendigung der Gasentwicklung eine neue kleine Portion chlorsaures Kalium eingetragen, welche Operation so lange wiederholt wird, bis die Flüssigkeit vollkommen klar und gelblich geworden ist. Man trägt dabei Sorge, die verdampfende Flüssigkeit durch neue Salpetersäure zu ersetzen. Der Inhalt des Kolbens wird darauf in ein warmes Becherglas gegossen und letzterer so lange mit heißem Wasser ausgespült, bis bei der letzten Probe Chlorbaryum keine Trübung mehr hervorruft. Man versetzt sodann mit Chlorbaryum und verfährt wie gewöhnlich.

Diese Methode hat den Uebelstand, daß der Schwefel nur äußerst langsam sich oxydiren läßt, da er bald in dem Kolben zu schmelzen anfängt und nun in kleinen Kügelchen auf der Oberfläche der Flüssigkeit herumgeschleudert wird, in Folge dessen das chlorsaure Kalium nur sehr wenige Angriffspunkte findet. Ein weiterer, mißlicher Uebelstand ist der, daß neben dem schwefelsauren Baryum auch salpetersaures Baryum und chlorsaures Kalium auf dem Filter verbleibt, welche sehr schwierig durch Auswaschen zu entfernen sind. Man verfährt daher am besten in der Art, daß man den Niederschlag trocknet, das Filter verbrennt und glüht, wodurch alles chlorsaure Kalium in Chlorkalium umgewandelt wird, den Niederschlag mit Salzsäure digerirt, auf einem kleinen Filter gut auswäscht und wieder glüht, nachdem man das Filter verbrannt hat.

Ure nimmt statt Salpetersäure Salzsäure, was aber nicht zu empfehlen ist; denn es findet eine stürmische Gasentwickelung und ein Aufblähen der Masse statt, in Folge dessen man sehr große Kolben anwenden muß, auch erfolgt die Oxydation viel langsamer.

Auf demselben Principe, wie dem von Millon angegebenen, beruht das Verfahren von Botté und Riffault. Nachdem der Salpeter mit heißem Wasser ausgelaugt worden, wird das auf dem gewogenen Filter verbleibende Gemenge von Schwefel und Kohle an sehr gelindem Feuer vorsichtig getrocknet und noch warm gewogen, sodann mit Hülfe eines Elfenbeinmessers in einen Kolben gebracht und mit einer Kalilösung von 5° Beaumé übergossen. Hat man einige Zeit gekocht, so wird siedend heiß filtrirt, mit dem doppelten Volumen der angewandten Kalilösung von gleicher Stärke nachgewaschen und schließlich der auf dem Filter verbleibende Rückstand mit heißem Wasser ausgewaschen. In die verdünnte Lösung des Schwefels in Kali wird Chlorgas geleitet zur Ueberführung des Schwefels in Schwefelsäure und letztere mit Chlorbaryum ausgefällt.

Diese Methode ist nur wenig in Anwendung gekommen, da das gebildete Schwefelkalium in Berührung mit Luft sich schnell zersetzt und dabei eine kleine Menge Schwefel als Schwefelwasserstoff entweicht, außerdem Rothkohle in Kali sich theilweise löst, so daß also die Schwefelbestimmung immer zu hoch ausfallen wird. Hierzu kommt noch, daß das warme Wägen des Gemenges gar keinen Anspruch auf Genauigkeit machen kann.

Schließlich sei noch das Verfahren von S. Chloëz und Er. Guignet erwähnt, welche sich zur Oxydation des Schwefels des übermangansauren Kalium bedienen. 1 g trocknes Pulver wird in einem Kölbchen unter zeitweiligem Zusatze von reinem übermangansauren Kalium so lange mit einer concentrirten Lösung von übermangansaurem Kalium gekocht, bis die Flüssigkeit eine bleibend violette

Färbung angenommen hat. Der Schwefel ist dann zu Schwefelsäure und die Kohle zu Kohlensäure oxydirt. In der Flüssigkeit ist Manganhyperoxyd suspendirt; man fügt daher concentrirte Salzsäure hinzu und kocht bis alles Manganhyperoxyd gelöst und das sich entwickelnde Chlor ausgetrieben ist. Die Flüssigkeit wird darauf verdünnt und mit Chlorbaryum versetzt.

Die Methode giebt befriedigende Resultate.

Die Bestimmung der Kohle.

Die älteste und etwas primitive Art, den Gehalt an Kohle im Schießpulver nachzuweisen, stammt von Beaumé (1780). Das Schießpulver wird auf ein getrocknetes und gewogenes Filter gebracht, der Salpeter ausgelaugt und der Rückstand auf dem Filter getrocknet und gewogen. Der Schwefel wird sodann durch Verbrennen entfernt und die zurückbleibende Kohle gewogen, von deren Gewichte $1/42$ in Abzug gebracht, weil die Kohle so viel an Schwefel zurückhalten soll.

Eine andere bereits 1821 bekannte Methode war die, den Rückstand von Schwefel und Kohle mit Kalilauge zu kochen. Es wurde darauf so lange ausgewaschen, bis essigsaures Blei keinen Niederschlag mehr in dem Waschwasser erzeugte, die Kohle dann getrocknet und gewogen.

Diese Art der Bestimmung ist zu verwerfen, da, wie bereits S. 149 hervorgehoben wurde, ein Theil der Rothkohle sich in der Kalilauge mit brauner Farbe auflöst, auch das Lösungsmittel nur schwierig aus der Kohle, welche stets geringe Mengen von Schwefel zurückhält, zu entfernen ist. Aus letzterem Grunde ist daher auch das Verfahren nicht anzuempfehlen, wonach man den Schwefel durch Kochen mit Schwefelnatrium, Schwefelkalium oder Schwefelammonium auszieht.

Wäscht man den Schwefel mit Schwefelkohlenstoff aus, so erhält man auch keine ganz genaue Resultate, weil regelmäßig Schwefel in der Kohle verbleibt. Der Fehler wird noch größer, wenn man, wie Marchand anfangs vorschlug, hinterher mit absolutem Alkohol nachwäscht, weil nach den Beobachtungen von Werther der heiße Alkohol, namentlich bei 28 procentiger Kohle, dieser Bestandtheile entzieht, wodurch das Gewicht der Kohle nachher zu niedrig ausfällt.

Der Versuch Bolley's, den Schwefelkohlenstoff durch schwefligsaures Natrium zu ersetzen, welches bei Gegenwart von Schwefel in unterschwefligsaures Salz übergeht, führte zu keineswegs besseren Resultaten. Nach Bolley wird der Rückstand von Schwefel und Kohle nach dem Trocknen und Wägen mit 20 bis 24 Thln. schwefligsaurem Natrium 1 bis 2 Stunden lang gekocht und das verdampfende Wasser stets durch neues ersetzt. Nach dem Filtriren wird die Kohle ausgewaschen, getrocknet und gewogen.

Die Kohle hält stets eine nicht unbeträchtliche Menge von dem Salze zurück, welches durch Auswaschen nicht zu entfernen ist. Bolley scheint sich selbst von diesem Fehler überzeugt zu haben, da er in seinem Handbuche der technisch-chemischen Untersuchungen, 2. Auflage, S. 229, die von ihm vorgeschlagene Methode nicht erwähnt.

Als ganz untauglich hat sich das von Ure angewandte Terpentinöl erwiesen, da dasselbe in großen Mengen in der Kohle verbleibt.

Analyse.

Zu besseren Resultaten soll das Verfahren von Bromeis führen. Derselbe befestigt mittelst eines Korkes einen kleinen Trichter luftdicht auf dem Halse eines Kochfläschchens, bringt auf das Filter das ausgelaugte und wohl getrocknete Gemenge von Schwefel und Kohle und übergießt dieses mit auf 120 bis 140° C. erhitztem Photogen und bedeckt alsdann den Trichter mit einer Glasplatte. Bei der angegebenen Temperatur schmilzt der Schwefel und löst sich sofort in dem flüchtigen Oele auf. Nach 5 Minuten lüftet man den Kork des Kochfläschchens, wodurch die bis dahin auf dem Filter zurückgehaltene Flüssigkeit in die Flasche läuft; man spült noch einige Male mit Photogen nach, preßt das Filter zwischen Fließpapier und trocknet es bei 100° C. im Wasserbade, wo es nach einer halben Stunde jeden Geruch nach Photogen verliert, und wägt die rückständige Kohle welche vollständig schwefelfrei ist.

Zur Erlangung genauer Resultate wird man die auf die eine oder andere Art erhaltene Kohle stets auf einen Gehalt an Schwefel prüfen müssen, wobei man eine der oben erwähnten Methoden in Anwendung zu bringen hat.

Statt nun die Kohle unmittelbar als solche zu wägen, kann man sie auch in Kohlensäure überführen und aus dieser die Menge Kohle berechnen. Das dabei zu beobachtende Verfahren ist ganz dasselbe wie bei der Kohlenstoffbestimmung schwefelhaltiger, organischer Verbindungen. Nimmt man zur anfänglichen Entwickelung des Sauerstoffes Kupferoxyd, so darf man nicht vergessen, zwischen das Chlorcalciumrohr und den Kaliapparat eine Röhre mit Bleisuperoxyd zum Auffangen der schwefligen Säure einzuschalten.

Weltzien legt noch vor das Kupferoxyd eine 1 dm lange Schicht von Kupferdrehspänen. Nimmt man nach Letzterem zur Analyse bei 100° C. getrocknetes Pulver, so fällt die Kohlensäurebestimmung stets zu niedrig aus, da bei der Verbrennung kohlensaures Kalium gebildet wird, welches in der Verbrennungsröhre zurückbleibt. Besser ist es daher, die vom Schwefel möglichst befreite Kohle zu trocknen und mit chromsaurem Blei zu verbrennen, indem man gegen das Ende der Verbrennung einen Sauerstoffstrom durch die Röhre leitet.

Nach dieser Methode kann man dann auch den in der Kohle enthaltenen Wasserstoff und Sauerstoff bestimmen.

Den Aschengehalt ermittelt man am einfachsten dadurch, daß man etwa 1 g der getrockneten Pulverkohle in einem Platintiegel so lange glüht, bis sich keine Gewichtsabnahme mehr zeigt.

Zur Bestimmung aller Bestandtheile des Schießpulvers in ein und derselben Portion verfährt man nach Linck folgendermaßen.

Die bereits S. 143 fg. erwähnte Glasröhre a, Fig. 24 (a. f. S.), steckt man mittelst des Korkes b auf das gewogene Kölbchen c und übergießt das getrocknete Pulver mit sorgfältig rectificirtem Schwefelkohlenstoff, welcher durch die Spitze der Röhre a nach c fließt. Sobald durch Wiederholung dieses Auswaschens das Kölbchen zu ein Drittel mit etwa 8 cbcm Flüssigkeit angefüllt ist, erhitzt man dasselbe in einem 70 bis 80° C. warmen Wasserbade, wodurch der Schwefelkohlenstoff in die trockne Vorlage d überdestillirt. Das Destillat dient zur Wiederholung der Extraction. Nach etwa sechsmaligem Aufgießen von je 8 cbcm Schwefelkohlen-

152 Analyse.

stoff ist aller extrahirbare Schwefel aus dem Pulver entfernt. Der im Kölbchen c zurückbleibende Schwefel wird vorsichtig bis eben zum Schmelzen erhitzt und nach dem Erkalten gewogen.

Fig. 24.

Um zu sehen, ob das Pulver noch unextrahirbaren Schwefel enthält, wird die Röhre a mit einer Aspiratorvorrichtung verbunden und bei 100° C. so lange trockne Luft durchgesaugt, bis keine Gewichtsabnahme mehr erfolgt. Die Differenz zwischen dem so erhaltenen Gewichte und dem der Röhre mit dem trocknen nicht extrahirten Pulver ist gleich dem ausgezogenen Schwefel sammt der sehr geringen Wassermenge, welche das bei gewöhnlicher Temperatur getrocknete Pulver bei 100°C. weiter abgiebt. Man erfährt diese kleine Menge, indem man von der gedachten Differenz die Menge des direct gefundenen Schwefels abzieht.

Zur Ermittelung der kleinen Menge des im ausgezogenen Pulver noch enthaltenen Schwefels schüttet man etwa 0,6 g heraus, wägt die Röhre wieder und erfährt so die Menge des ausgeschütteten wie des in der Röhre gebliebenen Antheils. Jenen oxydirt man mit Königswasser, dampft mit Salzsäure ab, bestimmt die entstandene Schwefelsäure mit Chlorbaryum, berechnet aus dem schwefelsauren Baryum den Schwefel auf die ganze Masse, welcher der direct gewogenen Schwefelmenge zugezählt wird. Linck fand auf diese Weise 0,11 Proc. Schwefel.

Der in der Röhre gebliebene Theil des mit Schwefelkohlenstoff ausgezogenen Schiesspulvers wird zunächst zur Bestimmung des Salpetergehaltes verwandt. Zu dem Ende befestigt man das Rohr a, Fig. 25, nebst dem Gefässe d mittelst der Kautschukverbindung e luftdicht auf der Luftpumpenglocke b, unter welcher sich das Kölbchen c befindet, übergiesst die im Rohre a befindliche Masse mit kaltem Wasser und saugt dasselbe durch äusserst langsames Auspumpen der Glocke an, so dass es tropfenweise in das Kölbchen c gelangt. Diese Operation wird, um das Auskrystallisiren von Salpeter an der Spitze der Röhre a zu vermeiden, mit allmählich

Analyse. 153

immer wärmerem bis zu möglichst heißem Wasser wiederholt, wobei das Gefäß d mit warmem Wasser zu füllen ist. Auf diese Weise lassen sich fast 2 g Pulver mit 18 bis 24 cbcm Wasser vollständig vom Salpeter befreien, und es werden so die Fehler vermieden, welche bei Anwendung großer Wassermengen dadurch eintreten, daß diese merkliche Mengen organischer Materien aus der Kohle extrahiren.

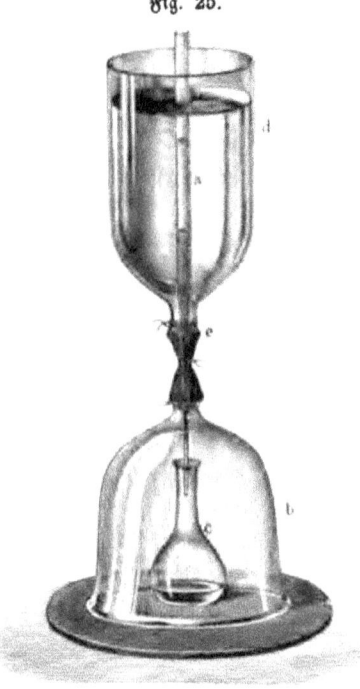

Fig. 25.

Die Salpeterlösung wird in einem Platintiegel eingedampft, der Rückstand bei 120° C. getrocknet und gewogen.

Man schiebt jetzt den Asbestpfropf, um ihn aufzulockern, mittelst eines Drahtes etwas empor und trocknet die zurückgebliebene Kohle bei 100° C. in einem trocknen Luftstrome. Beträgt das Gewicht der Kohle etwas mehr als die Differenz zwischen dem Gewichte des Salpeters sammt der Kohle, weniger dem des gefundenen Salpeters, so hat diese Differenz ihren Grund in dem Umstande, daß die reine Kohle das Wasser fester zurückhält als die mit Salpeter gemischte. Diese kleine Differenz (von 1 oder 1,5 mg) ist daher als der Kohle noch anhaftendes Wasser zu betrachten und von dem bei der Verbrennung der Kohle zu erhaltenden Wasser abzuziehen.

Zum Behufe der Verbrennung mischt man die Kohle in der Röhre mit etwas chromsaurem Blei, schneidet die ausgezogene Spitze ab, verschiebt und mischt den Asbestpfropf mit dem Inhalte so lange, bis ein Luftstrom frei über die Masse wegstreichen kann, schiebt das Ganze in eine mit oxydirten Kupferspänen auf geeignete Art angefüllte Verbrennungsröhre und verbrennt wie üblich unter Anwendung eines Sauerstoffstromes. Die erhaltenen Mengen von Kohlenstoff, Wasserstoff und Sauerstoff (einschließlich einer geringen Menge Asche) sind ebenso wie der Salpeter vom Theile auf das Ganze zu berechnen.

Soviel von den einzelnen Methoden zu Untersuchung des Schießpulvers, nach welchen man bei richtiger Auswahl und einiger Sorgfalt in der Ausführung immer annähernd genaue Resultate erhalten wird.

Nach dieser Einleitung können nun die chemischen Eigenschaften des Schießpulvers einer näheren Besprechung unterworfen werden und sei mit der Entzündlichkeit des Schießpulvers der Anfang gemacht.

154 Eigenschaften.

1. Die Entzündlichkeit.

Das Schießpulver läßt sich durch Stoß, Schlag, Temperaturerhöhung, brennende und glühende Körper entzünden.

Ueber die Entzündlichkeit des Schießpulvers durch den Stoß und Schlag ist durch Beobachtungen von Aubert, Lingke und Lampadius festgestellt, daß durch Schlag von Eisen auf Eisen, von Eisen auf Messing, von Messing auf Messing, nicht so leicht von Eisen auf Kupfer oder von Kupfer auf Kupfer die Entzündung erfolgt. Nach englischen Versuchen entzündet sich das Pulver auch noch durch Schlag von Bronze auf Kupfer, von Eisen auf Marmor, von Quarz auf Quarz, von Blei auf Blei und von Blei auf Holz (wenn nämlich eine Bleikugel gegen ein mit Pulver überzogenes hölzernes Pendel geschossen wird).

Bei ziemlich rascher Temperaturerhöhung entzündet sich nach Violette gekörntes Pulver zwischen 270° und 320° C., Mehlpulver bereits zwischen 265° und 270° C. Nach neuerdings von Horsley angestellten Versuchen entzündet sich Pulver bei $315^{5/9}$° C. Zur Bestimmung der Entzündungstemperatur bringt er das in einer kleinen Schale befindliche Pulver auf ein Oelbad, welches erhitzt wird und dessen Temperatur ein eingesetztes Thermometer anzeigt.

Eine andere Methode zur Bestimmung der Entzündungstemperatur des Pulvers haben in jüngster Zeit (1871) Leygue und Champion vorgeschlagen.

Die Einrichtung ihres Apparates gründet sich auf die bekannte Vertheilung der Temperatur in einem Metallstabe, welcher an seinem einen Ende erhitzt wird. Der Stab bestand aus Kupfer, hatte 0,025 m Durchmesser und 0,60 m Länge. In gleichen Entfernungen angebracht und mit Oel oder Darcet'scher Legirung angefüllte Vertiefungen dienten zur Bestimmung der Temperatur im Inneren des Stabes mittelst empfindlicher Thermometer nach je 0,10 m Entfernung, vom kalten Ende des Stabes ausgehend.

Sobald die von den Thermometern angezeigte Temperatur constant geworden, wurden die zu untersuchenden Substanzen auf den Stab gelegt und nach und nach der Wärmequelle genähert bis zu der Theilung, wo sie die Veränderung, welche man erhalten wollte (Zersetzung oder Entzündung), erlitten.

Um den Einfluß der strahlenden Wärme zu vermeiden, wurde zwischen dem Apparate und der Wärmequelle ein Schirm angebracht.

Nach dieser Methode entzündete sich Jagdpulver bei 288° C., Geschützpulver bei 295° C.

Wird die Temperatur des Pulvers nur allmählich über den Siedepunkt des Wassers erhöht, so backen die Körner durch den geschmolzenen Schwefel aneinander, zugleich beginnt der Schwefel sich zu verflüchtigen. Mit dem Steigen der Temperatur nimmt die Verflüchtigung des Schwefels sehr rasch zu, und gebraucht man die Vorsicht, die Temperatur nicht bis zu dem Siedepunkte des Schwefels zu steigern, so kann aller Schwefel daraus verjagt werden, ohne daß eine Verpuffung eintritt. Ist endlich der Schwefel entfernt, so kann die Temperatur noch weiter gesteigert werden, so daß selbst der Salpeter schmilzt, welcher schließlich

Entzündlichkeit.

durch die darauf schwimmende Kohle zersetzt wird. Wird aber vor der gänzlichen Verflüchtigung des Schwefels die Temperatur schnell vermehrt, so soll sich der verdampfende Schwefel entzünden und eine Verpuffung des Pulvers herbeiführen.

Diese Beobachtung ist gewiß nicht richtig, da nach Violette die Entzündungstemperatur des Schwefels für sich bei 250° C. liegt und das entzündlichste Pulver, das Mehlpulver, erst zwischen 265° und 270° C. verpufft. Nicht der Schwefel ist es, der die Entzündung herbeiführt, sondern die Kohle, welche zuerst Feuer fängt. Man kann sich leicht davon überzeugen, wenn man einen Stahlfunken auf Schwefel und dann auf Kohle fliegen läßt. Ersterer läßt sich dadurch nicht entzünden, wohl aber die Kohle.

Brennende Körper entzünden das Pulver nur dann gut, wenn sie sehr heiß sind. Eine Gasflamme entzündet das Pulver erst, nachdem sie einige Secunden darauf eingewirkt hat; über Pulver verbrennende Schießbaumwolle läßt dasselbe vollkommen unverändert, weil die Verbrennung der Schießbaumwolle so schnell vor sich geht, daß das Pulver nicht hinreichend erwärmt wird. Schwamm entzündet erst nach dem Verglimmen zu Kohle das Pulver.

Das geeigneteste Mittel zur Entzündung des Pulvers unter gewöhnlichen Verhältnissen sind glühende Körper. Von besonderer Wichtigkeit in dieser Beziehung ist die Entzündung durch Elektricität und Galvanismus.

Der Funken der Elektrisirmaschine ist für sich nur dann im Stande, das Pulver zu entzünden, wenn die Entladung durch Einschaltung eines schlechten Leiters verzögert wird, welches man bei Versuchen im Kleinen durch Einschaltung eines nassen Bindfadens in die Leitung erreicht. In neuerer Zeit sind zu dem Ende eigenthümliche Patronen verfertigt, um mittelst des Funkens der Elektrisirmaschine Pulverladungen schnell und sicher zu entzünden. Für militärische Zwecke hat man auf diese Einrichtung Werth gelegt, weil nämlich die Elektrisirmaschine vor den galvanischen Apparaten den großen Vorzug leichteren Transportes und leichterer Handhabung hat. Hinsichtlich der Sicherheit in der Handhabung ist aber die Volta'sche Batterie vorzuziehen, da nach Versuchen in Chatham solche sich sogar bei Regenwetter und Schneegestöber bewährte, während die Elektrisirmaschine nur in warmer trockner Luft wirkt. Die erste praktische Anwendung der galvanischen Elektricität zum Entzünden des Pulvers wurde 1838 in Philadelphia von Dr. Hare gemacht.

Das Erglühen eines feinen Schließungsdrahtes von Platin oder Eisen bewirkt die Entzündung. Handelt es sich aber um eine gleichzeitige Explosion verschiedener Minen von vielen Punkten aus, wie z. B. bei der berühmten Sprengung des Round-Down-Felsens, der sogenannten Shakespeare-Klippe, bei welcher nahezu 9000 Kg Pulver auf einmal entzündet und 1 000 000 Tonnen Kreidefels entfernt wurden, so kann man sich nur kräftiger Inductionsströme bedienen und hat sich zu diesem Zwecke der Rhumkorff'sche Apparat ganz besonders bewährt. Die Entzündung leitet man bei solchen größeren Arbeiten, namentlich bei Sprengungen unter Wasser, wo man ursprünglich das Kalium in Anwendung brachte *), durch

---

*) Das Nähere hierüber findet sich in Dingler 10, 124 ff. 13, 237 ff. und in Erdmann's Journ. f. prakt. Chem. 46, 191 ff.

Eigenschaften.

besonders construirte Patronen von vulcanisirtem Kautschuk ein, welche mit Knallquecksilber gefüllt sind. Durch dieses so außerordentlich leicht explosible Präparat geht der Leitungsdraht, welcher darin auf 2 mm unterbrochen ist. Diese kleine Patrone ist auf einer Seite offen, mit gutem Pulver gefüllt und von einer weiteren mit Pulver geladenen Patrone von vulcanisirtem Kautschuk umgeben. Der Strom wird durch zwei starke Drähte über das ganze Explosionssystem geleitet und die einzelnen Minen durch die Schachte und unterirdischen Galerien mit der einen Hauptleitung durch feinere Drähte, welche ein Opfer der Explosion werden, in leitende Verbindung gesetzt.

Im luftleeren und luftverdünnten Raume verhält sich nach den meisten Beobachtungen das Pulver anders. Schon Papacino d'Antoni bemerkt in seinem Examen de la poudre 1765, daß Schießpulver in dem Maße schwerer sich entzündet als die atmosphärische Luft verdünnt wird, daß es bei der höchsten Verdünnung schmilzt und erst wenn der Salpeter bis zum Zersetzen erhitzt wird, sich entzündet.

Im Jahre 1817 fand Munke, daß Schießpulver in einer luftleeren Barometerröhre durch schnelles Erhitzen nicht explodirt.

Bald darauf machte Hearder die Beobachtung, daß Pulver im luftleeren Raume durch einen mittelst der galvanischen Batterie glühend gemachten Platindraht nicht zur Entzündung gebracht werden kann, sondern daß nur ein Theil des Schwefels schmilzt und sublimirt. Sowie Hearder einen Theil der ausgepumpten Luft hinzutreten ließ, erfolgte augenblicklich Explosion.

Zu etwas anderen Resultaten gelangte Bianchi, als er ein kleines, aus Platindraht angefertigtes Körbchen mit Pulver füllte und unter den Recipienten der Luftpumpe brachte. Nachdem die Luft ausgepumpt war, wurde das Körbchen vermittelst des galvanischen Stromes zum Glühen gebracht, in Folge dessen das Pulver langsam, aber ohne Verpuffung verbrannte. Bianchi giebt die Temperatur auf wenigstens 2000° C. an.

Diese Versuche wurden auf der Naturforscher-Versammlung zu Hannover von Heeren wiederholt und bestätigt gefunden, sowie der Platindraht, welcher zum Entzünden diente, unter dem Pulver lag und längere Zeit im Glühen erhalten wurde. Wenn aber der Platindraht nur in das Pulver hineintauchte und kurze Zeit im Glühen erhalten wurde, so schmolzen die in der Nähe des Drahtes befindlichen Körner an denselben an, ohne zu verbrennen. Dauerte das Glühen längere Zeit, so trat eine langsame Verbrennung derjenigen Pulverkörner ein, die unmittelbar den Draht berührten, während die übrige Pulvermasse sich ganz ruhig verhielt. Heeren sucht den Grund der Erscheinung darin, daß in Folge des mangelnden oder doch nur höchst unbedeutenden Widerstandes der umgebenden Luft die aus dem explodirenden Körper entweichenden Gase, welche sonst durch ihre hohe Temperatur die Entzündung auf die benachbarten Theilchen übertragen, sich so schnell ausdehnen, daß sie bis unter die Entzündungstemperatur der benachbarten Theilchen erkalten, wie ja jeder luftförmige Körper durch Ausdehnung eine Temperaturerniedrigung erleidet.

Aehnliche Beobachtungen machte Abel. Derselbe fand, daß, wenn kleine Mengen Pulver unter dem Recipienten einer Luftpumpe bei 15 bis 51 mm Druck

Entzündlichkeit — Verbrennung. 157

mit einem glühenden Platindraht berührt werden, die dem Drahte zunächst liegenden Körner ins Schmelzen kommen, Schwefeldämpfe entwickeln und sich endlich entzünden, wobei sie den Rest des Pulvers unentzündet wegschleudern. Bei 76 mm Druck erfolgte nach einigen Secunden vollständige Entzündung. Dasselbe Resultat ergab sich bei Stickstoff und Sauerstoffgas, eine Beobachtung, welche bereits Bianchi bei Stickstoff, Kohlensäure und sonst zur Verbrennung ungeeigneten Gasen gemacht hatte.

Bei der Entzündlichkeit des Schießpulvers kommen neben der Zusammensetzung desselben ganz insbesondere die Beschaffenheit der Kohle, die Dichtigkeit und Größe der Pulverkörner in Betracht. Je weniger stark die Kohle gebrannt ist, um so schneller wird sie Feuer fangen und bei ungekörntem Pulver wird die Entzündung rascher von Statten gehen als bei gekörntem.

Hinsichtlich der Frage, ob die Entzündung einer Ladung günstiger verlaufe, wenn man die Entzündung von oben, d. h. unmittelbar hinter dem Projectil, oder wenn man dieselbe von unten bewirke, sind die Ansichten sehr getheilt. Während man früher die letztere Ansicht als die richtige annahm, hat man bei dem preußischen Zündnadelgewehre der ersteren den Vorzug eingeräumt. Bei dieser Einrichtung wird die Nadel bekanntlich mittelst einer Federkraft durch die Pulverladung in den sogenannten Zündspiegel gestoßen, welcher sich zwischen der Kugel und der Pulverladung befindet. Durch diese Anordnung wird das Pulver im ganzen Querschnitte des Rohres von vorn aus entzündet, wodurch die sämmtliche Pulverladung zum Abbrennen kommt, während bei der Entzündung von hinten ein nicht unbeträchtlicher Theil des Pulvers unverbrannt aus der Mündung des Geschosses beim Ausfeuern heraus geschleudert wird. Trotz dieses angeblichen Vortheiles hat man in neuester Zeit doch wieder angefangen, die Ladung von unten zu entzünden, wie dies z. B. bei unseren Gewehren der neuesten Construction geschieht.

2. Die Verbrennung.

Mit der Entzündung des Schießpulvers unter gewöhnlichem oder höherem Luftdrucke erfolgt die Verbrennung des Pulvers mit Explosion. Entzündet man gutes Schießpulver auf weißem Papiere, so erfolgt eine rasche Verbrennung unter gerade aufsteigendem Rauche, ohne einen Rückstand auf dem Papiere zu hinterlassen. Bemerkt man schwarze Flecken auf demselben, so deutet dies auf zu viel oder auf schlecht gemengte Kohle. Dasselbe gilt von dem Schwefel, wenn gelbe Flecken zurückbleiben. Finden sich selbst Körner unverbrannt, so ist dies eine Folge von schlechtem Mengen oder unreinem Salpeter, in welchem letzteren Falle die Körner sich nicht weiter entzünden lassen. Auch Löcher dürfen nicht in das Papier hineinbrennen, da diese Erscheinung nur bei feuchtem oder sonst schlechtem Pulver auftritt.

158 Eigenschaften.

3. Die Verbrennungsgeschwindigkeit *).

Die Verbrennungsgeschwindigkeit ist von verschiedenen Ursachen abhängig, vor allem, wie aus dem soeben Bemerkten sich ergiebt, von der guten oder schlechten Beschaffenheit der Materialien. Enthält der Salpeter Chlorüre, so wird die Verbrennung weniger lebhaft durch die angezogene Feuchtigkeit, während auf der anderen Seite die Verbrennung äußerst intensiv wird, wenn die Kohle nicht scharf gebrannt ist, also noch ziemlich viel Wasserstoff enthält.

Es kommt ferner in Betracht die Methode, nach welcher das Schießpulver angefertigt wurde. So verbrennt nach französischen Beobachtungen Walzmühlenpulver am schnellsten, etwas langsamer Tonnenpulver und am langsamsten Stampfmühlenpulver.

Bei ungekörntem Pulver wird, weil die Zwischenräume zwischen den einzelnen Theilchen äußerst klein sind, der freie Durchgang der Flamme sehr gehindert, die Verbrennung also weniger lebhaft vor sich gehen, als bei gekörntem. Allein auch hier wird man unterscheiden müssen zwischen der Form und Größe der Körner. Eckiges Pulver hat in Folge seiner Gestalt mehr Angriffspunkte für die Flamme, wird sich daher im Allgemeinen auch schneller entzünden als rundes, zumal die Körner einander inniger berühren.

Hinsichtlich der Dichtigkeit des Pulvers gilt der Satz: die Verbrennungsgeschwindigkeit steht genau im umgekehrten Verhältnisse zu dem specifischen Gewichte. Abgerundetes Pulver wird also eine längere Brennzeit erfordern als nicht abgerundetes, weil ersteres dichter ist und die Poren durch das Abrunden verstopft sind.

Trocknes Pulver besitzt größere Verbrennungsgeschwindigkeit als feuchtes, da bei letzterem das Wasser eine bestimmte Menge Wärme verschluckt und dadurch die Temperatur der Gase mindert, außerdem auch die Feuchtigkeit ein Zusammenbacken der Pulverkörner bewirkt, wodurch den Gasen der freie Durchgang erschwert wird.

Die Größe der Brennfläche hat unter sonst gleichen Umständen keinen Einfluß auf die Verbrennungsgeschwindigkeit, wohl aber die Größe der Ladung. Je mehr Pulver, um so mehr Wärme wird entwickelt und die Geschwindigkeit der Gase muß mit Erhöhung der Wärme zunehmen. Da die Wände des Geschützes stets von der entwickelten Wärme in sich aufnehmen, so wird bei großen Ladungen der Wärmeverlust nicht so fühlbar als bei kleinen.

Ebenso verhält es sich mit dem zu überwindenden Widerstande. Leistet das Geschoß einen großen Widerstand, so bleibt es längere Zeit an seiner ursprünglichen Stelle, die Verbrennung wird also auf einen geringeren Raum eingeschränkt,

---

*) Eine eingehende Erörterung hierüber findet man in Piobert's Traité d'artillerie, Partie théorique (in deutscher Uebersetzung bei Adolph Marcus in Bonn 1842 erschienen). Zu vergleichen hiermit ist die Abhandlung von General Otto in 53, 45 bis 95 des Archives für die Officiere der königl. preuß. Artillerie u. s. w.

Verbrennungsproducte. 159

in Folge dessen die Wärme mehr zusammenbleibt, somit die Temperatur der Gase höher und die Verbrennungsdauer des Pulvers kürzer wird.

Hemmt man den freien Abfluß der beim Verbrennen des Pulvers gebildeten Gase, wie dies ja in den Gewehren und Geschützen geschieht, so wird die Verbrennungsgeschwindigkeit erheblich beschleunigt.

4. Die Verbrennungsproducte.

Bei der Verbrennung des Schießpulvers unter gewöhnlichem oder höherem Drucke findet stets eine Umsetzung in der Weise statt, daß einerseits gasförmige Körper, andererseits ein fester Rückstand gebildet werden.

Diese Beobachtung hatte man schon ziemlich früh gemacht und stellte man bereits zu Anfang des 18. Jahrhunderts Versuche an, um die Menge des erzeugten „Dunstes", wie man die Gase nannte, zu messen. So fand Hawksbee (1702), daß 1 cbcm Schießpulver 232, Robin (1743) 244, Saluces (1761) 264 und Brianchon 400 cbcm Gas für eine Temperatur von 0° C. und einen Luftdruck von 760 mm liefert. Woraus der Dunst bestand, ob aus einem oder mehreren Gasen, ließ sich damals wegen des primitiven Zustandes, in welchem sich die Chemie noch befand, nicht bestimmen. Man erging sich daher in Vermuthungen. So meinte z. B. Newton (1705), daß die bei der Verbrennung des Schwefels sich bildende Schwefelsäure aus dem Salpeter den Salpeterspiritus treibe und diesen verbrenne; eine Anschauung, welche man mit nur geringer Abänderung noch 1771 bei Majow findet, welcher glaubte, daß das Phlogiston sich mit der Salpetersäure verbinde. Einen etwas klareren Gedanken giebt Ingenhous in seinen vermischten Schriften (1782), wenn er sagt, daß die Wirkung des Schießpulvers aus der Verbindung der Kohle mit Sauerstoff hervorgehe.

Der annähernd richtige Nachweis über den Bestand des Gasgemenges blieb Gay-Lussac vorbehalten. Derselbe ließ Pulver Korn für Korn in eine bis zu Rothgluth erhitzte Glasröhre fallen, an welcher eine Vorrichtung, um die Gase aufzufangen, angebracht war. Auf diese Weise erhielt er von einem Liter Jagdpulver, welches 900 g wog, 238 l Kohlensäure, 22,50 l Kohlenoxyd und 189 l Stickstoff, zusammen 449,50 l.

Nach den Untersuchungen von Gay-Lussac und Chevreul sind in 100 Thln. Gas enthalten:

Kohlensäure	45,4	53
Stickstoff	37,5	42
Kohlenoxyd	—	5
Stickoxyd	8,1	—
Kohlenwasserstoff	0,6	
Ein eigenthümliches, aus Kohle, Wasserstoff und Sauerstoff bestehendes Gas	8,3	—
	99,9	100

In dem festen Rückstande, von dessen Natur man gar keine Kenntniß hatte, fanden Gay-Lussac und Chevreul schwefelsaures und kohlensaures Kalium neben Einfach-Schwefelkalium sowie dessen höheren Sulfureten.

An diese Untersuchungen schließen sich die von A. Vogel jun. an, die an und für sich nichts Interessantes bieten, Neues vielleicht nur in soweit, daß bei der Verbrennung des Pulvers unter gewöhnlichem Drucke kein (?) Kohlenoxyd gebildet werde.

Ihrer Zeit epochemachend waren die mit Jagdpulver von Bunsen und Schischkoff angestellten Versuche, welche später unter denselben Verhältnissen von Linck mit würtembergischem Gewehrpulver wiederholt wurden. Aus diesem Grunde dürfte es daher schon wegen des besseren Ueberblickes zweckmäßig erscheinen, die beiderseitigen Ergebnisse neben einander zu stellen.

Zusammensetzung des zur Untersuchung verwandten Pulvers:

	Bunsen und Schischkoff	Linck
	Jagdpulver	Gewehrpulver
Salpeter	78,99	74,70
Schwefel	9,84	12,45
Kohle { Kohlenstoff . . .	7,69	9,05
Wasserstoff . . .	0,41	0,41
Sauerstoff . . .	3,07	2,78
Asche	Spur	—
Wasser *)	—	0,60
	100,00	99,99

Zur Verbrennung des Jagdpulvers bedienten sich Bunsen und Schischkoff einer Kugelröhre, welche an dem einen Ende rechtwinklig aufgebogen war. In diesen Theil der Röhre ragte eine etwa 1 m lange und 2,5 mm weite Glasröhre, welche an ihrem oberen Ende einen Messingaufsatz trug, dessen Mitte eine kleine, kreisrunde Oeffnung besaß. Der andere gerade Theil der Kugelröhre stand mit einem 25 mm weiten und 1,5 bis 2 m langen Rohre in Verbindung, durch welches ein dünneres, sogenanntes Saugrohr bis in die Nähe der Kugelröhre lief. An dieses Saugrohr waren Sammelröhrchen angebracht, welche in ihren beiden Enden dünn ausgezogen mit einem Aspirator in Ver-

---

*) Daß das Wasser nicht in Anrechnung gebracht werden kann, ist bereits oben S. 143 f. erwähnt worden.

Verbrennungsproducte.

bindung gesetzt waren. Bei Ausführung des Versuches wurde die Kugelröhre erwärmt und über die 1 m lange Glasröhre ein Kautschukschlauch gezogen, in welchem sich ungefähr 20 g Jagdpulver befanden. Wurde der Schlauch in die Höhe gehoben, so fielen die Pulverkörner durch die kreisrunde Oeffnung des Aufsatzes hinab in die heiße Kugel, woselbst sie verbrannten. Der feste Rückstand blieb fast vollständig in der Kugel und deren Röhrenansatz, während der Pulverrauch sich in dem 1,5 bis 2 m langen Rohre absetzte und die gasförmigen Producte mit Hülfe des Aspirators in die Sammelröhrchen gelangten, welche mit Klemmschrauben verschlossen und darauf mit dem Löthrohre abgeschmolzen wurden.

Der in der Kugel verbliebene Pulverrückstand hatte folgende Zusammensetzung:

Schwefelsaures Kalium	56,62
Kohlensaures Kalium	27,02
Unterschwefligsaures Kalium	7,57
Salpeter	5,19
Kalihydrat	1,26
Schwefelkalium	1,06
Kohle	0,97
Schwefelcyankalium	0,86
Schwefel	Spur
	100,55

Die Art der Bestimmung der einzelnen hier in Frage kommenden Körper sei nur kurz erwähnt.

Zur Bestimmung der unverbrannten Kohle wurden 7 g Substanz in heißem Wasser aufgelöst und die Kohle auf einem gewogenen Filter gesammelt. Die abfiltrirte Flüssigkeit wurde mit Kupferoxyd in Berührung gebracht und nach Verlauf von 2 Tagen das Schwefelkupfer enthaltende Oxyd in rauchender Salpetersäure gelöst und die gebildete Schwefelsäure durch Chlorbaryum gefällt. Die Nachweisung des unterschwefligsauren Kalium geschah mittelst titrirter Jodlösung. Das schwefelsaure Kalium wurde durch Fällen mit Chlorbaryum bestimmt, zur Bestimmung des kohlensauren Kaliums die Lösung mit Manganchlorür versetzt und der getrocknete Niederschlag in einem zur Kohlensäurebestimmung geeigneten Apparate mit verdünnter Schwefelsäure behandelt. Das im Kohlensäureapparate gelöst gebliebene Manganoxydul wurde mit kohlensaurem Natrium gefällt und unter Berücksichtigung, daß bei der Bestimmung des Schwefelkaliums das Kalium in Kalihydrat überging, die Menge Kalihydrat berechnet.

Das Schwefelcyankalium wurde colorimetrisch durch Eisenchloridlösung und titrirte Schwefelcyankaliumlösung bestimmt.

In dem Salpeter wurde die Salpetersäure durch Zink und Schwefelsäure in Ammoniak verwandelt und daraus die Menge Salpeter berechnet.

Der Pulverdampf hatte in Procenten ausgedrückt folgende Zusammensetzung:

Eigenschaften.

Schwefelsaures Kalium	65,29
Kohlensaures Kalium	23,48
Unterschwefligsaures Kalium	4,90
Salpeter	2,48
Kohle	1,86
Kalihydrat	1,33
Schwefelcyankalium	0,55
Ammoniumsesquicarbonat	0,11
	100,00

Die Bestimmung der einzelnen Körper geschah nach den bereits oben erwähnten Methoden.

Neben diesem Versuche unternahmen Bunsen und Schischkoff noch einen weiteren, der dahin ging zu bestimmen, wie viel Verbrennungsproducte (Rückstand und Rauch) eine bestimmte Menge Pulver bei dem Abbrennen liefere. Für 1 g Pulver erhielten sie 0,6806 g Rückstand und 0,3138 g Gase oder 193,1 cbcm. Linck erhielt auf diese Weise 0,6415 g Rückstand und 0,3581 g oder 218,35 cbcm Gase bei 0° und 760 mm. Der feste Rückstand hatte folgende Zusammensetzung:

	Bunsen und Schischkoff	Linck
Schwefelsaures Kalium	62,10	45,08
Kohlensaures Kalium	18,58	23,96
Doppelt-Schwefelkalium	—	14,94
Einfach-Schwefelkalium	3,13	—
Unterschwefligsaures Kalium	4,80	5,83
Ammoniumsesquicarbonat	4,20	3,18
Kohle	1,07	2,85
Salpetersaures Kalium	5,47	1,87
Schwefelcyankalium	0,45	1,81
Schwefel	0,20	0,48
	100,00	100,00

Verbrennungsproducte. 163

Die Pulvergase bestanden in 100 Volumtheilen aus:

	Bunsen und Schischkoff	Linck
Kohlensäure	52,67	52,14
Stickstoff	41,12	34,68
Kohlenoxyd	3,88	4,33
Wasserstoff	1,21	1,63
Schwefelwasserstoff	0,60	7,18
Sauerstoff	0,52	0,04
	100,00	100,00

Die Analyse dieses aus sechs Gasen bestehenden Gemisches geschah in der Weise, daß zuerst im Absorptionsrohre die Kohlensäure und der Schwefelwasserstoff mit Kalilauge und der Sauerstoff durch pyrogallussaures Kalium bestimmt wurden. Darauf wurde der Gasrückstand in ein Eudiometer übergefüllt, mit überschüssigem Sauerstoffe und elektrolytischem Knallgase verpufft und der nach der Verpuffung übrig bleibende Sauerstoff mit überschüssigem Wasserstoffe verbrannt.

Ueber die genauere Ausführung dieser Versuche muß theils auf die Originalabhandlung in Poggendorff's Annalen Bd. 102, S. 335. fgg., theils auf Bunsen's „Gasometrische Methoden" verwiesen werden.

Das Auffallende bei diesen Analysen hinsichtlich der Resultate ist der Umstand, daß hier freier Sauerstoff auftritt. Bunsen erklärt sich diese Erscheinung dadurch, daß der nach Verbrennung der Kohle und des Schwefels salpeterhaltige, als Rauch zertheilte Pulverrückstand kleine Mengen Sauerstoff während des Erkaltens ausgebe.

Die Umsetzung, welche das Schießpulver bei dem Abbrennen unter gewöhnlichem Luftdrucke erleidet, läßt sich nach diesen Untersuchungen durch folgendes Schema ausdrücken:

164 Eigenschaften.

$$
1\text{ g Pulver}\begin{cases}\text{Salpeter} & 0{,}7899\\ \text{Schwefel} & 0{,}0984\\ \text{Kohle}\begin{cases}\text{C} & 0{,}0769\\ \text{H} & 0{,}0041\\ \text{O} & 0{,}0307\end{cases}\end{cases}\begin{matrix}\text{giebt}\\ \text{ver-}\\ \text{brannt}\end{matrix}\begin{cases}\text{Rückstand}\\ 0{,}6806\end{cases}\begin{cases}& & g\\ K_2SO_4 & \ldots & 0{,}4227\\ K_2CO_3 & \ldots & 0{,}1264\\ KNO_3 & \ldots & 0{,}0372\\ K_2S_2O_3 & \ldots & 0{,}0327\\ (NH_4)_2CO_3 & \ldots & 0{,}0286\\ K_2S & \ldots & 0{,}0213\\ C & \ldots & 0{,}0073\\ KCNS & \ldots & 0{,}0030\\ S & \ldots & 0{,}0014\end{cases}
$$

		g	cbcm
Gase	CO_2	0,2012 =	101,71
0,314	N	0,0998 =	79,40
	CO	0,0094 =	7,49
0,9944	H	0,0002 =	2,34
	H_2S	0,0018 =	1,16
	O	0,0014 =	1,00
			193,10

So interessant nun auch diese Versuche von wissenschaftlichem Standpunkte aus sind, so lassen sich die dadurch gefundenen Ergebnisse doch nicht für die militärische Praxis nutzbar machen, weil hier die Verbrennung stets unter hohem Drucke erfolgt.

In dieser Richtung hat Károlyi Beobachtungen mit Gewehr- und Geschützpulver angestellt.

Die quantitative Zusammensetzung war:

für Geschützpulver		für Gewehrpulver	
Salpeter	73,78	Salpeter	77,15
Schwefel	12,80	Schwefel	8,63
Kohle {Kohlenstoff	10,88	Kohle {Kohlenstoff	11,78
Wasserstoff	0,38	Wasserstoff	0,42
Sauerstoff	1,82	Sauerstoff	1,79
Asche	0,31	Asche	0,28
	100,00		100,00

Zur Ausführung des Versuches benutzte Károlyi eine luftleer gepumpte, 60 pfündige Bombe, in welche ein mit dem zu untersuchenden Schießpulver angefüllter, gußeiserner Cylinder eingeschraubt wurde, welcher an einem Ende eine Vorrichtung zur Entzündung des Pulvers durch den galvanischen Strom besaß. Die Widerstandsfähigkeit des Cylinders und dessen Rauminhalt war derart gewählt, daß das nach der Explosion entstandene Gas in der Bombe noch eine halbe Atmosphäre Ueberdruck besaß, um dasselbe hinterher zur weiteren Untersuchung in die Maßgefäße überfüllen zu können.

Die Bestimmung der Gase sowie des festen Rückstandes geschah nach den Methoden, wie sie von Bunsen angegeben wurden.

Verbrennungsproducte. 165

Zur Untersuchung des Geschützpulvers wurden 36,8366 g verwandt. Dieselben lieferten an festem Rückstande 25,49 g und an Gasen 11,34 g. Letztere entsprechen für 0° und 760 mm Druck 7621,9 cbcm. Es berechnen sich somit für 1 g Geschützpulver 0,692 g fester Rückstand und 0,307 g resp. 206,91 cbcm Gase.

Die 25,49 g Rückstand hatten folgende Zusammensetzung:

	g	Gew.-Proc.
Schwefelsaures Kalium	13,61	53,39
Kohlensaures Kalium	7,14	28,01
Schwefel	1,73	6,79
Unterschwefligsaures Kalium	1,04	4,08
Ammoniumsesquicarbonat	0,99	3,88
Kohle	0,94	3,69
Schwefelkalium	0,04	0,16
	25,49	100,00

Die Zusammensetzung der 11,34 g Gase war folgende:

	g	Vol.-Proc.
Kohlensäure	6,40	42,74
Stickstoff	3,60	37,58
Kohlenoxyd	0,97	10,19
Wasserstoff	0,04	5,93
Grubengas	0,15	2,70
Schwefelwasserstoff	0,10	0,86
Verlust	0,08	
	11,34	100,00

Zur Verbrennung des Gewehrpulvers wurden 34,153 g verwandt, welche an festem Rückstande 22,247 g und an Gasen 11,906 g lieferten. Letztere entsprachen für 0° und 760 mm Druck 7738 cbcm. Danach berechnen sich für 1 g Gewehrpulver 0,651 g Rückstand und 0,348 g resp. 226 cbcm Gase.

Die Analyse des Rückstandes gab folgende Werthe:

	g	Gew.-Proc.
Schwefelsaures Kalium	12,354	55,53
Kohlensaures Kalium	7,096	31,90
Ammoniumsesquicarbonat	0,908	4,08
Kohle	0,887	3,99
Unterschwefligsaures Kalium	0,605	2,72
Schwefel	0,397	1,78
	22,47	100,00

166 Eigenschaften.

Die Analyse der Gase führte zu folgenden Zahlen:

	g	Vol.-Proc.
Kohlensäure	7,442	48,90
Stickstoff	3,432	35,33
Kohlenoxyd	0,504	5,18
Wasserstoff	0,047	6,90
Grubengas	0,167	3,02
Schwefelwasserstoff	0,079	0,67
Verlust	0,235	
	11,906	100,00

Aus diesen Versuchen schloß Károlyi, daß die Verbrennungsproducte beim Pulver von der Art, wie die Verbrennung geschieht, wenig abhängig seien, daß aber die Zusammensetzung des Pulvers von Einfluß sei. Gegen diese Schlußfolgerung ist nun in neuerer und neuester Zeit bedeutender Widerspruch erhoben worden und hat unter Anderen Vignotti in seiner Abhandlung: De l'analyse des produits de la combustion de la poudre, Paris 1861 den Satz aufgestellt, daß die Verbrennungstemperatur des Pulvers mit den Verbrennungsproducten in Wechselbeziehung stehe. Als Beleg hierfür giebt er die Untersuchungsresultate dreier gleich dosirter (75 Proc. Salpeter, 12,5 Proc. Schwefel und 12,5 Proc. Kohle) Schießpulversorten, von denen:

Nr. 1 mit 22 procentiger Kohle
Nr. 2 „ 32 „ „
Nr. 3 „ 39 „ „

angefertigt waren.

Die Verbrennung von je 20 g der drei Sorten fand in einem Apparate statt, dessen Einrichtung sich von dem Károlyi'schen nur dadurch unterscheidet, daß das Pulver in einem kleinen Mörser bei Anwesenheit von atmosphärischer Luft verbrannt wurde.

Es ergab:

per Gramm	Nr. 1	Nr. 2	Nr. 3
Entwickeltes Gas	243,96 cbcm	231,62 cbcm	237,14 cbcm
Kohlensaures Gas	119,33 „	136,765 „	145 „
Feste Rückstände	1,1475 g	0,6500 g	0,5604 g
Unlöslich darunter:			
Unverbrannte Kohle	0,834 „	0,543 „	0,4019 „
Unverbrannter Schwefel	0,2135 „	0,107 „	0,1585 „
Schwefel im gebildeten K_2SO_4	1,116 „	1,836 „	2,17 „
Kohle im gebildeten K_2CO_3	0,1868 „	0,3765 „	0,443 „

Verbrennungsproducte.

Schießversuche mit dem Gewehrpendel ergaben, daß die Anfangsgeschwindigkeit des Pulvers Nr. 1 größer war als die von Nr. 3, daß dagegen beim Schießen aus 24 pfündigen Kanonen mit $1/3$ kugelschwerer Ladung Nr. 3 die größte, Nr. 1 die mittlere und Nr. 2 die kleinste Geschwindigkeit den Geschossen ertheilte.

Hieraus schließt nun Bignotti mit Rücksicht auf die erhaltenen Gasmengen, daß in den kleinen Ladungen des Gewehrpendels für Nr. 1 die erlangte größere Gasmenge Ausschlag gebend gewesen sei, während in dem 24 pfündigen Rohre, wo trotz des größeren entwickelten Gasquantums schwächere ballistische Wirkung auftrat, die Gastemperatur diesen Mangel zu Gunsten des Pulvers Nr. 3 compensirt haben müsse. Es wird also durch die Verbrennungstemperatur bei Nr. 3 in kleinen Ladungen der Ausfall an Spannung wegen des geringen Gasvolumens nicht ausgeglichen, aber dafür in stärkeren Ladungen, wo eine relativ geringere Wärmeabgabe an die Wandungen des Geschosses stattfindet, größere Geschoßgeschwindigkeit und größere Spannung erzeugt. Die Menge der vorhandenen Kohlensäure spricht für diese Annahme. Man hat daher auch auf Grund der Bignotti'schen Versuche gesagt: Je mehr Kohlensäure oder je mehr kohlensaures Kalium vorhanden ist, um so mehr Kohlensäure ist überhaupt gebildet worden und um so höher die Verbrennungstemperatur gewesen.

Ungefähr um dieselbe Zeit wie Bignotti machte Craig darauf aufmerksam, daß die Verbrennungsproducte je nach der Explosion unter einem größeren oder geringeren Drucke ganz verschieden sind. Durch die Untersuchung des Rückstandes fand er, daß, wenn das Pulver unter schwachem Drucke verbrenne, schwefelsaures Kalium zurückbleibt, während bei höherem Drucke durch die Reduction des schwefelsauren Kalium zu Schwefelkalium hauptsächlich letzteres gebildet wird.

Findet nun diese Ansicht in den Untersuchungen von Bignotti einen Stützpunkt, so gewinnt dieselbe noch mehr an Halt durch die neueste Arbeit von Fedorow.

Den Pulverrückstand bereitete sich Fedorow durch Abfeuern einer in eine 4 Fuß lange Glasröhre eingefügten Pistole und durch Abfeuern einer kupfernen 9 pfünder Kanone, wobei im letzteren Falle zu jedem Schusse 3 Pfund (russisches) Pulver benutzt wurden.

Zusammensetzung des Pulvers und der Kohle im Pulver:

Salpeter	74,175	Kohlenstoff	72,5
Kohle	14,835	Wasserstoff	2,9
Schwefel	9,890	Sauerstoff	22,3
Wasser	1,100	Asche	2,3
	100,00		100,00

Der Rückstand wurde in Wasser gelöst, filtrirt und das Filtrat mit kohlensaurem Cadmium mehrere Tage lang geschüttelt. Aus dem Schwefelgehalt des Schwefelcadmiums wurde der Schwefelgehalt des Schwefelkalium berechnet, was zu viel schärferen Resultaten führt als das von Bunsen und Schischkoff zu diesem Behuf verwendete Kupferoxyd. Das unterschwefligsaure Kalium wurde durch Fällen mit salpetersaurem Silber bestimmt, das Schwefelcyankalium colorimetrisch

168 Eigenschaften.

(nach Bunsen), das kohlensaure Kalium durch Fällen mit Manganchlorür und Wägen des Mn_3O_4. Der Salpetergehalt ergab sich aus der Differenz.

Die im Folgenden mitgetheilten Analysen sind das Mittel mehrerer gut unter sich übereinstimmender Resultate.

Zusammensetzung des auf 100 Thle. Trockensubstanz berechneten Pulverrückstandes:

	Blind geladen mit				Kanonenschuß mit	
	0,75 g		1,5 g		3 Pfund Ladung	
K_2SO_4	48,25	47,61	40,83	43,28	15,00	15,15
K_2CO_3	23,44	24,13	30,96	31,90	37,00	36,20
$K_2S_2O_3$	16,53	17,03	19,32	17,74	8,28	7,44
K_2S	0,97	0,54	2,49	1,67	38,18	39,55
KNO_3	5,81	5,66	2,79	1,73	—	—
KCNS	0,54	0,54	0,56	0,56	0,33	0,33
S	0,38 }	4,49	3,05	0,22	0,09	0,09
C	4,08 }			2,90	—	1,02
Sand, CuO	—	—	—	—	0,82	0,22
$(NH_4)_2CO_3$	Spuren				—	—

Aus dieser äußerst interessanten Tabelle ersieht man, daß mit Vergrößerung der Ladung und Erhöhung des Druckes bei der Verbrennung auch eine größere Zersetzung des Pulvers erfolgt, der Rückstand im gleichen Maße hinsichtlich seines Gehaltes an Schwefelkalium und kohlensaurem Kalium zunimmt, wie er hinsichtlich seines Gehaltes an schwefelsaurem und unterschwefligsaurem Kalium abnimmt.

Zum Schlusse seien noch die von Dr. Poleck angestellten Versuche mitgetheilt, welche im Monat August und September 1865 zu Neiße erfolgten, um die Zusammensetzung der Minengase zu erfahren.

In die besonders zu diesem Zwecke angelegte Versuchsmine wurde durch die Verdämmung hindurch ein langes schmiedeeisernes Rohr gelegt, durch welches man mit Hülfe eines Aspirators die gebildeten Gase auffing. Die mit Gas gefüllten Sammelröhren wurden unmittelbar nach dem jedesmaligen Aufsammeln mit dem Löthrohre abgeschmolzen und nach der Bunsen'schen Methode analysirt. Das zum Sprengen der Mine verwandte Pulver enthielt 72 Proc. Salpeter, 11,88 Proc. Schwefel und 16,12 Proc. Kohle.

In folgender Tabelle finden sich die bei dem Versuche erhaltenen Ergebnisse:

Verbrennungsproducte.

Zusammensetzung in 100 Thln.	Unmittelbar nach der Explosion	¼ Stunde später	8 Stunden später	8½ Stunden später
Kohlensäure	4,49	3,45	2,28	2,22
Kohlenoxyd	2,98	3,39	3,26	2,72
Grubengas	—	0,20	0,15	—
Wasserstoff	—	1,09	0,58	0,88
Stickoxydul	—	—	—	0,58
Sauerstoff	4,88	12,73	17,15	16,48
Stickstoff	87,65* incl. Wasserstoff	79,14	76,58	77,12
Summa	100,00	100,00	100,00	100,00

Daher in 100 Thln.

Pulvergase	76,72	39,27	18,18	21,38
Atmosphärische Luft	23,28	60,73	81,82	78,62

Wenn man diese Tabelle überblickt, so befremdet es sofort, daß die Kohlensäure in so geringer Menge hier auftritt. Die Erklärung hierfür findet sich in dem Umstande, daß von dem Verdämmungsmateriale vorzugsweise die Kohlensäure absorbirt wird. Um den Einfluß des Verdämmungsmaterials auf die Absorption der Gase zu untersuchen, wurden nach dem Aufräumen der Mine, was am sechsten Tage erfolgte, die absorbirten Gase durch Auskochen des Verdämmungsmaterials mit luftfreiem Wasser und im luftleeren Raume gewonnen.

Auf diese Weise ergaben sich in dem Rasen in 100 Thln:

Kohlensäure	Wasserstoff	Stickoxydul	Stickstoff
73,32	1,11	0,81	24,76

Aus diesem Umstande erklärt sich denn auch, daß die unmittelbar nach der Explosion in die Gallerie ausfließenden Gase eine andere Zusammensetzung haben als jene, welche sich später aus dem Verdämmungsmaterial entwickeln. Keineswegs ersichtlich aber ist es, aus welchem Grunde die Menge Kohlenoxyd späterhin größer wird als unmittelbar nach der Explosion, um so weniger als in dem Verdämmungsmaterial kein Kohlenoxyd nachweisbar war und eine Reduction der Kohlensäure zu Kohlenoxyd hinterher undenkbar ist.

---

*) Der eudiometrische Theil dieser Analyse verunglückte.

170   Eigenschaften.

Was das Auftreten von Grubengas anlangt, so mag dasselbe wohl bei der hohen Temperatur aus den verkohlten organischen Bestandtheilen der Verdämmung gebildet worden sein, obwohl, wenn Schwefelwasserstoff und Schwefelkohlenstoff vorhanden waren, wie Poleck anzunehmen scheint, auch noch eine andere Bildungsweise möglich ist.

Ganz besonders hebt noch Poleck hervor, daß Schwefelalkalien in dem Verdämmungsmaterial nicht nachzuweisen waren. Allein konnten dieselben während der sechs Tage bei dem Zutritte der atmosphärischen Luft nicht oxydirt worden sein?

So sorgfältig diese Versuche auch ausgeführt sein mögen, so kann man doch nicht behaupten, daß man durch dieselben einen vollständigen Einblick in die Menge der gebildeten Verbrennungsproducte des Sprengpulvers erhält; denn in Folge der großen Absorption der Kohlensäure durch das Verdämmungsmaterial konnte den quantitativen Verhältnissen nicht genügend Rechnung getragen werden, so daß die Tabelle lediglich einen Ueberblick über die qualitative Zusammensetzung der Verbrennungsproducte des Sprengpulvers giebt, wobei der allerdings im concreten Falle sehr schwer zu untersuchende, feste Rückstand fast ganz unberücksichtigt geblieben ist.

Ueberblickt man aber die vorher angeführten Untersuchungen über das Schießpulver, so läßt sich nicht leugnen, daß man der Lösung der Frage über die Verbrennungsproducte bei verschiedenem Drucke zwar ziemlich nahe gerückt ist, die Untersuchungen aber doch noch nicht in das Stadium getreten sind, daß man sich ein vollkommen richtiges Bild über die Zersetzung des Pulvers machen könnte. Denn wenn auch feststeht, daß die früher allgemein ausgesprochene Ansicht, wonach die Zersetzung des Pulvers nach der Gleichung

$$2 \text{ KNO}_3 + S + 3 C = K_2 S + N_2 + 3 CO_2$$
$$\text{oder } 2 \text{ KNO}_3 + S + 6 C = K_2 S + N_2 + 6 CO$$

erfolgen soll, heut zu Tage nicht mehr haltbar ist, so läßt sich namentlich für die unter hohem Drucke gebildeten Verbrennungsproducte eine Formel noch nicht aufstellen, da man nach den neuesten Beobachtungen allen Grund hat anzunehmen, daß mehrere auf einander folgende Reactionen Platz greifen, deren Reihenfolge bis jetzt noch ein Problem ist.

5. Die Verbrennungstemperatur.

Die Verbrennung faßt man als einen Oxydationsproceß auf, bei welchem sich die verschiedenen Körper mit Sauerstoff vereinigen. Diese Verbindung ist fast immer von einer Wärmeentwicklung begleitet, welche häufig Glüh- und Lichterscheinungen im Gefolge hat. Einen solchen Vorgang finden wir bei der Verbrennung des Schießpulvers, wo die in demselben enthaltene Kohle zu Kohlensäure bzw. Kohlenoxyd und der Schwefel zum Theile zu Schwefelsäure bzw. unterschwefliger Säure oxydirt wird. Die dabei auftretende Wärme ist verschieden, je nachdem die Verbrennung in freier Luft oder in einem geschlossenen Raume erfolgt, in

Verbrennungstemperatur.

welchem sich die Gase nicht ausdehnen können, in Folge dessen die Verbrennungstemperatur erhöht wird. Letztere zu messen, ist bis jetzt noch nicht gelungen, da die sonst zur Temperaturmessung gebräuchlichen Apparate nicht in Anwendung gebracht werden können, eine genaue Bestimmung auch schon aus dem Grunde nicht möglich ist, weil regelmäßig ein Theil der entwickelten Wärme an die Geschützwandungen abgegeben wird. Man hat daher den Versuch gemacht, die im Augenblicke der Explosion des Pulvers stattfindende Temperatur zu berechnen. So hat z. B. Prechtl auf Grund der Wärmeentwicklung, welche beim Verbrennen der Kohle stattfindet und unter Berücksichtigung der specifischen Wärme der verschiedenen in Betracht kommenden Körper die Temperatur bei der Verpuffung auf 7187° R. oder 8984° C. geschätzt, eine Temperatur, die wie Kerl hervorhebt, wohl gewiß zu hoch ist, da Prechtl von der noch nicht bestätigten Annahme ausgeht, daß selbst in dieser hohen Temperatur die specifische Wärme der Gasarten sich nicht ändert und er vollständig unberücksichtigt läßt, daß ein großer Theil der entwickelten Wärme zur Bildung der Gase verbraucht wird.

Bunsen berechnet die Verbrennungstemperatur des von ihm untersuchten Jagdpulvers aus dem Quotienten $\frac{w}{s}$, in welchem der Zähler die bei der Verbrennung einer bestimmten Menge Pulver auftretende Quantität Wärme und der Nenner die mit Wasser verglichene Summe der specifischen Wärme der Verbrennungsproducte des Pulvers bedeutet. Aus den Versuchen ergab sich für w als wirkliche Verbrennungswärme 619,5° C. und für s die specifische Wärme von 0,207, in Folge dessen für die Verbrennung in freier Luft die Temperatur 2993° C beträgt. Verbrennt das Pulver im geschlossenen Raume, so beträgt die specifische Wärme in diesem Falle 0,185 und danach die Verbrennungstemperatur 3340° C.

In neuester Zeit hat Berthelot in seiner Broschüre: Sur la force de la poudre des matières explosives, Paris 1871 die bei der Verbrennung auftretende Wärmemenge zu berechnen gesucht und gefunden, daß für Jagdpulver bei einer Zusammensetzung von 81,9 Thln. Salpeter, 10,9 Thln. Schwefel und 7,9 Thln. Kohle 1 Kg 644 000 Calorien giebt und 2161 permanenter Gase bildet. Das Product aus diesen beiden Zahlen ist = 139 000.

Für Kriegspulver (aus 78,7 Thln. Salpeter, 12,85 Thln. Schwefel und 8,55 Thln. Kohle bestehend) findet er für 1 Kg 622 500 Calorien und 2251 permanenter Gase und als Product aus beiden Zahlen 140 000.

Bei Sprengpulver (65 Thle. Salpeter, 20 Thle. Schwefel und 15 Thle. Kohle) entwickelt 1 Kg 380 000 Calorien und giebt 3551 permanenter Gase. Das Product aus beiden Zahlen ist 135 000.

Zur Berechnung dieser Werthe suchte Berthelot die Wärmeerscheinungen bei der Bildung der Salpetersäure aus ihren Bestandtheilen zu bestimmen, um die daraus erhaltenen Resultate auf die Bildung der Nitrate anzuwenden. Anstatt aber Versuche über diese Wärmeerscheinungen anzustellen, benutzte er einige ältere von Favre und Silbermann mit dem Quecksilbercalorimeter gemachte Bestimmungen.

172 Eigenschaften.

Ueber die Brauchbarkeit dieses Apparates hat sich nun in neuester Zeit namentlich in Folge der calorimetrischen Untersuchungen von Thomsen ein großer Streit erhoben. Nach den Beobachtungen von Thomsen sollen die gefundenen Werthe viel zu niedrig sein und läßt sich danach, so lange dieser Streit noch nicht entschieden ist, ein bestimmtes Urtheil über die Gültigkeit der von Berthelot gegebenen Berechnungen nicht abgeben.

6. Die Gasspannung.

Es ist eine bekannte Thatsache, daß die Gase mit zunehmender Temperatur um einen bestimmten Bruchtheil ihres Volumen sich ausdehnen. Werden sie in diesem Bestreben gehindert durch den Widerstand, welchen ein anderer Körper ihnen gegenüber ausübt, so ist die nothwendige Folge die, daß sie auf diesen Körper einen Druck ausüben, welcher allerdings abhängig ist von der Temperatur, in welcher die Gase sich befinden, mit anderen Worten also die Gase werden in eine bestimmte Spannung versetzt.

Eine solche Gasspannung muß daher auch bei dem Verbrennen des Schießpulvers im geschlossenen Raume auftreten.

Die Höhe des dabei erzeugten Druckes hat man zu verschiedenen Zeiten zu bestimmen gesucht. Rumford (1797) berechnete dieselbe auf 54 000 Atmosphären, während Piobert diesen Druck zu 5000 bis 10 000 Atmosphären angiebt und Bunsen für das Jagdpulver nur eine Spannung von 4373,6 Atmosphären entsprechend einer theoretischen Arbeit von 6740 Meterkilogrammen annimmt.

In neuerer Zeit hat man nun unmittelbar diesen Druck zu messen gesucht. In dieser Beziehung sind zunächst die Versuche von Rodmann zu erwähnen, welche er mit einem eigens zu diesem Zwecke construirten Manometer anstellte.

Durch den mit einem äußeren Gewinde a versehenen Theil des Apparates Fig. 26, ist ein Loch b, etwa 8,7 mm im Durchmesser, gebohrt, in welchem ein

Fig. 26.

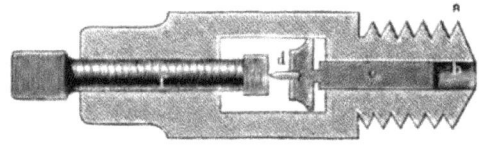

Kolben c verschiebbar ist. Dieser Kolben ist am Ende mit einem Stahlmeißel d von genau bestimmter Härte versehen, welchem gegenüber sich eine durch eine Schraube f adjustirbare Kupferplatte e befindet. Die Schneide des Meißels ist nicht parallel mit der Kupferplatte, sondern schräg abgestumpft.

Um dieses Manometer anzuwenden, wird durch die Geschützwandung ein

Gasspannung.

Loch von demselben Durchmesser wie bei b gebohrt, dasselbe außen erweitert und mit einem Gewinde entsprechend der Schraube a versehen.

Der Apparat wird sodann eingeschraubt und die Kupferplatte e so gestellt, daß sie von dem Stahlmeißel d gerade berührt wird. Bei der Entzündung des Pulvers wirken die Gase auf den Kolben c, treiben denselben vorwärts und drücken den Stahlmeißel d mehr oder weniger tief in die Kupferplatte e hinein.

In Folge der Construction des Meißels wird in der Kupferplatte je nach dem ausgeübten Drucke ein mehr oder weniger langer Schnitt erzeugt. Diese Schnittlänge wird nun verglichen mit einer Scala von Schnittlängen, welche man mit einem Meißel von gleicher Härte auf einer Kupferplatte mit Hülfe einer hydraulischen Presse hervorgebracht hat.

Auf diese Weise fand Rodmann in einem 42=Pfünder den Druck am Boden: bei der Ladung mit zwei Geschossen 4300, mit einem Geschosse 3185 Atmosphären. Als bei gleich schwerem Geschosse die Pulverladung von 1,5 Kg bis zu 6 Kg erhöht wurde, wuchs der Druck bis auf 3599 Atmosphären. Wenn bei gleichbleibender Ladung von 2,5 Kg Pulver die Geschosse mit steigendem Gewichte von 17,5 bis 42,5 Kg geworfen wurden, stieg der Druck von 1115 Atmosphären bis auf 2754 Atmosphären. Der größte in einer Kanone beobachtete Druck war nahe 6700 Atmosphären, während in einer starken Bombe sogar eine Spannung von über 12 300 Atmosphären durch das Manometer angezeigt wurde.

Bei diesem Verfahren schließt man also von dem bekannten Drucke der hydraulischen Presse auf den unbekannten Druck, welchen die Pulvergase hervorbringen. Im Principe ist gegen diese Schlußfolgerung nichts einzuwenden, nur darf man dabei nicht vergessen, die Zeit in Rechnung zu bringen, da unter allen Umständen dieselbe für die Presse eine ganz andere ist als für den abgefeuerten Schuß. Denn je schneller der Meißel in die Kupferplatte eindringt, um so größerer Widerstand wird ihm entgegengesetzt, weil die von dem Meißel getroffenen Theilchen der Kupferplatte dem Stoße nicht schnell genug ausweichen können, während ein ganz anderes Verhalten eintreten wird, wenn wie bei der hydraulischen Presse der Meißel viel langsamer in die Platte gedrückt wird. Außerdem ist dabei auch noch wohl die Größe und Form des Pulverkornes sowie dessen Entzündlichkeit zu berücksichtigen und daß der Apparat nur relative Messungen vornimmt und auch nicht immer die jedesmal höchste Spannung, sondern vielmehr die Summe aller Spannungen ausgedrückt wird.

Etwas zuverlässigere Resultate giebt der Gasdruckmesser des englischen Capitäns Noble.

Der Gasdruckmesser (crusher gauge, wörtlich Zusammenquetschungsmesser), wovon Fig. 27 (a. f. S.) eine Seitenansicht und Fig. 28 einen Längsschnitt giebt, besteht aus einer stählernen Hohlschraube, deren untere Oeffnung mit einem beweglichen Schraubenverschlusse versehen ist, so daß man in die Kammern C, D, E, F nach Bedarf kleine Cylinder von Kupfer B einsetzen kann. Die obere Fläche dieser Cylinder liegt auf dem Amboß A auf, während auf die untere der durch die Feder i gegen den Cylinder angedrückte, aber sonst bewegliche Kolben C' wirkt. Eine kleine Uhrfeder, Fig. 29, bewirkt die Centrirung des Cylinders in der Kammer. Der Kopf des Kolbens ist gereifelt, Fig. 30, ebenso der Amboß. Vier

174 Eigenschaften.

lange Durchbohrungen bei A', B' stehen mit einem weiten Canale in Verbindung, welcher den oberen Theil der Schraube in axialer Richtung durchsetzt. Das untere Ende des Kolbens C ist mit einer hermetischen Abdichtung versehen.

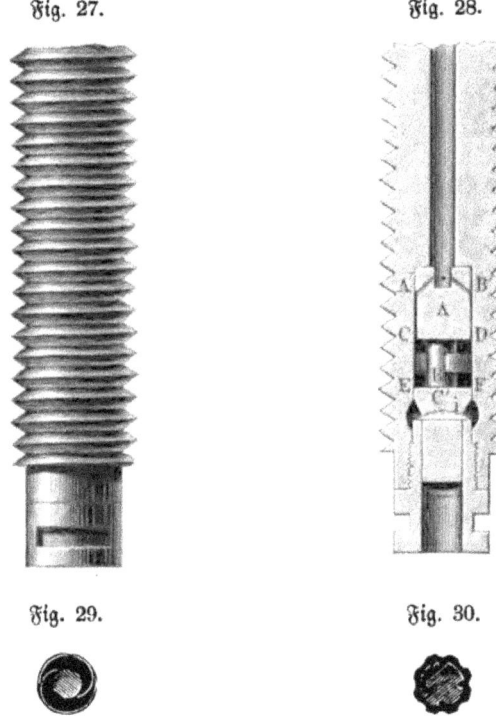

Fig. 27.   Fig. 28.

Fig. 29.   Fig. 30.

Beim Gebrauche wird der Apparat in die Wandung des Rohres eingeschraubt und der Cylinder B eingesetzt. Sobald der Schuß abgefeuert ist, drücken die Gase auf die untere Fläche des Kolbens und quetschen den Cylinder gegen den Amboß. Der Grad dieses Zusammenquetschens bildet den Maßstab für die Spannung der Gase. Bei dem gezogenen 8 zölligen Vorderlader stellte sich eine Grundfläche der Kupfercylinder von $1/2$ □ Zoll und eine Druckfläche des Kolbens von $1/6$ □ Zoll engl. am vortheilhaftesten heraus. Zur Beurtheilung des stattgefundenen Druckes werden ähnliche Kupfercylinder einer Reihe von Versuchen unterworfen, wobei man die Cylinder mit einer Quetschmaschine verschiedenfach zusammenpreßt und aus diesen Resultaten eine Tabelle entwirft.

Vergleiche, welche zwischen dem Noble'schen und Rodmann'schen Apparate von der englischen Versuchscommission angestellt wurden, fielen zu Gunsten des ersteren Instrumentes aus. Der Grund hierfür liegt nach dem Urtheile der Commission hauptsächlich darin, daß in Folge der Größe und Gestalt der Rodmann'schen Kupferplatte und des Meißels es nicht möglich ist, diese in dem Rohre selbst anzubringen, in Folge dessen die Pulvergase zwischen der Seele des

Gasspannung. 175

Geschützes und dem Apparate noch einen nicht unbeträchtlichen Raum zurückzulegen haben und somit eine ziemlich bedeutende Kraft erlangen müssen, ehe sie den Kolben, welcher den Meißel in die Kupferplatte treibt, erreichen. Dieser Ueberschuß an Kraft wird auf den Gasdruckmesser übertragen, wodurch letzterer einen höheren Druck angiebt als solcher in der Seele des Geschützes vorhanden war.

In neuester Zeit hat Major de Montluisant und darauf Major de Reffye den Kupfercylinder durch einen Bleicylinder zu ersetzen gesucht, welcher durch den Druck der Pulvergase nicht in sich zusammengedrückt, sondern in einen hinter dem Cylinder liegenden Canal von geringerem Durchmesser gewissermaßen hineingestanzt werden soll. Dieser Canal hatte anfangs eine cylindrische Gestalt; später wandte aber de Reffye einen conischen Canal an, dessen kleiner Grundkreis in der Außenfläche der Rohrwandung lag und der sonach dem Durchstanzen des Bleies einen fortwährend wachsenden Widerstand entgegensetzen mußte. Die Ladungen, welche erforderlich waren, um einen Bleiconus von bestimmter Länge hervorzubringen, wurden im Conservatorium der Künste und Gewerbe zu Paris durch directe Versuche festgestellt, wobei sich ergab, daß jene Länge innerhalb der für die praktische Anwendung überhaupt noch zulässigen Grenzen immer proportional der in Wirksamkeit getretenen Kraft ausfiel. Die Formeln für die Formveränderung fester Körper unter starkem Drucke bestätigten übrigens das erlangte Resultat ebenfalls, und man hatte sonach die Aufgabe, die Maximalgasspannungen an verschiedenen Stellen der Seelenwandung zu bestimmen, auf eine so einfache Weise gelöst, daß es de Reffye und Pothier sogar gelang, einen derartigen Gasdruckmesser auch am Geschoßboden anzubringen, um den auf diese Fläche ausgeübten Maximaldruck gleichfalls kennen zu lernen.

Die große Gleichförmigkeit des Widerstandes, welchen das Blei einer Formveränderung entgegensetzt, die Leichtigkeit, womit man aus diesem Metalle eine beliebige Menge kleiner Cylinder von durchaus homogener Beschaffenheit gießen kann, sowie endlich die verhältnißmäßig bedeutende Länge der ausgestanzten Bleikegel und die dadurch bedingte größere Genauigkeit der Messungen, alle diese Umstände machen es allerdings nicht unwahrscheinlich, daß der in Rede stehende Gasdruckmesser eine größere Zuverlässigkeit besitzen dürfte, als die bisher bekannt gewordenen anderen Vorrichtungen dieser Art. Vollständig genaue Zahlen wird man aber immerhin auf diese Weise nicht erhalten, da bei der Explosion des Pulvers in metallenen Geschützen ein Theil der gebildeten Wärme an die Wandungen des Rohres abgegeben wird, dieser also für die Spannung der Gase verloren geht, in Folge dessen die letztere stets etwas niedriger gefunden wird als sie in Wirklichkeit ist.

7. Die Triebkraft des Pulvers.

Wird das Schießpulver entzündet, so erfolgt dessen Verbrennung; es bildet sich dabei ein der angewandten Pulvermenge entsprechendes Volumen Gas, welches im Geschützrohre je nach der Ladung und Construction des Geschützes einen bestimmten Raum einnimmt. Da nun bei der Verbrennung des Schießpulvers zugleich Wärme entwickelt wird, so entsteht in den Gasen ein Bestreben, sich auszudehnen, in welchem sie durch das Geschoß gehindert werden; es erfolgt eine Spannung der Gase, die schließlich den Widerstand beseitigt und so das Geschoß aus dem Rohre heraustreibt.

Dieses sind im Wesentlichen die Bedingungen für die treibende Kraft des Pulvers.

Ganz eigene Ideen hatte man darüber in früherer Zeit. So sagt z. B. Schreiber in seinem „Büchsenmeister Discours" 1656 über die Kraft des Pulvers: Wenn der brennende Schwefel unter den kalten Salliter kommt, so hebt der Salliter an zu spritzeln und speyen und zapfelt von wegen der widerwärtigen Hitze des Schwefels so ihm gantz zuwider ist; so machen Hitze und Kälte solch einen starken Dampf, der sonst läufig ist.

Was nun die Kraftäußerung des Schießpulvers anbelangt, so darf man nicht außer Acht lassen, daß die Verbrennung des Pulvers eine gewisse Dauer in Anspruch nimmt. So wie die zum Fortbewegen des Projectiles erforderliche Kraft entwickelt ist, um, wie bei unseren Geschützen und Waffen, das Projectil in die Züge hineinzudrücken, wird der Raum für die zuletzt verbrennenden Theile des Pulvers größer werden, die Gasspannung also abnehmen. Gerade diese verschiedene Dauer der Entzündung und Verbrennung einer Pulvermasse hat auf die Kraftäußerung des Pulvers wesentlichen Einfluß. Je schneller die Entzündung fortschreitet, desto schneller wird auch die Verbrennung erfolgen; es wird in demselben Zeitraume desto mehr Gas erzeugt werden, desto größer auch die Spannung der Pulvergase sein, da das Gas des später zersetzten Pulvers einen nicht viel größeren Raum findet und obendrein durch die Ableitung der Wärme nicht viel gekühlt wird. Man darf sich aber hierdurch nicht zu der Schlußfolgerung verleiten lassen, als ob dasjenige Pulver, welches am schnellsten entzündlich ist und in kürzester Zeit verbrennt, in der Ausübung als treibende Kraft für Projectile auch das verwendbarste sei. Denn durch Versuche verschiedener Art, welche in Frankreich angestellt worden sind, hat man gefunden, daß die sehr schnell sich entzündenden und verbrennenden Pulversorten, die sogenannten poudres brisantes, sich in ihren Eigenschaften denen des Knallquecksilbers nähern, welches weniger auf das Projectil einwirkt, als auf die Wandungen der Feuerwaffen, welche im Augenblicke der Explosion zersprengt werden. Solches zersprengendes Pulver kann man durch Anwendung wasserstoffhaltiger, sehr entzündlicher Kohle (Rothkohle) oder durch geringe Verdichtung des Pulversatzes erhalten. Vorzug verdient daher für die Anwendung als treibende Kraft dasjenige Pulver, dessen Entzündung schnell genug ist, daß sie noch innerhalb des Laufes der Feuerwaffe vor sich geht, aber nur in dem Maße als die Kugel fortschreitet. Es muß daher ein bestimmtes Verhältniß zwischen dem Zustande der Kohle, der Dichte des Pulvers und der Größe seines Kornes beobachtet werden. Ist man gezwungen, sich in Bezug der beiden ersten an bestimmte Grenzen zu halten, so muß man mit dem dritten auf geeignete Weise wechseln. Daraus ist auch die Nothwendigkeit einer verschiedenen Körnergröße für Pulver, welches für das Gewehr oder das Geschütz bestimmt ist, ersichtlich.

Triebkraft. 177

Um die Triebkraft des Pulvers zu erhöhen, wurde in früherer Zeit Salmiak, Campher, Arsen, Mercur und Spangrün empfohlen *).

Späterhin glaubte man, daß eine geringe Menge von Feuchtigkeit, welche bei der Verbrennung des Pulvers zu Dampf umgewandelt werde, zur Erhöhung der Gasspannung beitrage. Dies ist aber keineswegs richtig, denn in Folge der Feuchtigkeit des Pulvers wird die Verbrennung desselben verlangsamt, die Verbrennungstemperatur dadurch erniedrigt und zur Bildung des Dampfes mehr Wärme erfordert als der Dampf zur Spannung beiträgt.

Schon Robins hatte 1743 in seinen Nouveaux principes d'Artillerie darauf aufmerksam gemacht, daß Feuchtigkeit einen wesentlich nachtheiligen Einfluß auf die Pulverkraft ausübe, was neuerdings auch directe Versuche bestätigt haben.

So ergab Gewehrpulver beim Gewehrpendel bei einer Ladung von 16,6 g Pulver trocken eine Anfangsgeschwindigkeit von 486,3 m, bei 0,573 Proc. Feuchtigkeit eine Anfangsgeschwindigkeit von 481,9 m und bei 0,780 Proc. Feuchtigkeit eine Anfangsgeschwindigkeit von 473,9 m.

Selbst bei Zusatz von trockenem Pulver zu der feuchten Ladung wurde die Wurfweite des Pulvers in trockenem Zustande nicht erreicht. Es betrug nämlich:

Feuchtigkeitsgehalt Proc.	Ladung g	Kugelgeschwindigkeit m
0	6,44	339,4
2,78	6,63	323,7
4,50	6,74	305,2
6,75	6,88	296,4

Ebenso unrichtig erweisen sich die Angaben, wonach die in den Zwischenräumen und Poren des Pulvers eingeschlossene atmosphärische Luft, welche sich durch die Verbrennungswärme ausdehne und eine vollkommenere Verbrennung des Pulvers herbeiführe, zur Erhöhung der Triebkraft beitrage. In dieser Hinsicht sagt schon ganz treffend ein preußisches Manuscript von 1741, der Salpeter

---

*) Welch' wunderliche Einfälle man überhaupt früher hatte, beweist eine aus einem Manuscripte des Jahres 1563 entnommene Stelle, welche als Curiosum in dieser Beziehung hier ihren Platz finden mag: Zu Salpeter zu giftigem Hauch giebt man, wenn er geschmolzen, kleine Schlangen, Kröten, Spinnen, Blindschleichen und Basilisken. Letztere werden, wenn man sie nicht hat, auf folgende Weise artificialiter dargestellt. Man bringt frische, mit Leinöl gesalbte Eier 14 Tage in Schafmist, es entstehen dann Würmer drin, die sich auffressen. Den letzten speist man mit Menschenblut, „das man läßt in den Badstuben", oder mit dem Hintertheil einer Ratte. Beim Futtern verbindet man sich Nase und Mund mit Raute und Salbei. Nach 14 Tagen brennt man ihn in einem wohl lutirten Glase auf freiem Felde zu Asche.

Ebenso kann man zwei zweijährige Hähne mit brandrothen Augen zusammensperren bis sie sich begatten, die Eier läßt man von einer großen Kröte ausbrüten.

Das Schießpulver. 12

entwickelt beim Erhitzen Luft, diese ist das Wirksame im Pulver, nicht die Luft zwischen den Körnern. Trotzdem hat zwar später (1842) Coxthupe vorgeschlagen, zwischen die Ladung und die Kugel Luft einzuschließen, weil man auf diese Weise an 20 Proc. Pulver erspare, allein sein Verfahren hat bei den Artilleristen keinen Anklang gefunden.

Sind somit die Bedingungen für die treibende Kraft des Pulvers festgestellt, so handelt es sich nur noch darum, wie man diese Kraft ermitteln kann. Es geschieht dies durch die sogenannten Pulverproben.

Die Pulverproben.

Die Pulverproben kann man in zwei große Abtheilungen bringen, indem man zwischen Eprouvetten und elektro=ballistischen Apparaten unterscheidet.

A. Die Eprouvetten.

Die Eprouvetten theilt man wohl am zweckmäßigsten in vier Classen ein:
a. Die gewöhnlichen Feuerwaffen.
b. Die Federeprouvetten, wo sich der Widerstand in der Feder befindet.
c. Die Eprouvetten, bei welchen der Widerstand, den man der Wirkung der Gase entgegensetzt, durch ein Gewicht bewirkt wird, welches mit einem dritten Körper in Verbindung steht.
d. Die Eprouvetten, bei welchen die Größe der Reactionsbewegung maßgebend ist.

Ad a. Hierher gehören der Probemörser und das Infanteriegewehr. Durch ersteren soll die Schußweite, durch letzteres die Percussionskraft des Pulvers nachgewiesen werden.

α. Der Probemörser.

Fig. 31 (a. f. S.) zeigt einen solchen Probemörser, welcher sammt der Unterlage, auf welcher der Mörser ruht, aus einem Stücke Eisen oder Bronze gegossen ist. Die Achse des Mörsers bildet einen Winkel von 45° mit der Ebene der Unterlage. Letztere ist in eine dicke Eichenbohle eingelassen. Vier Bolzen, welche durch die Bohle laufen, dienen dazu, um mit Hülfe von Stellschrauben ein festes Aufliegen des Mörsers an der Bohle zu ermöglichen. An ihren beiden Enden

180 Pulverproben.

ift die Bohle mit eifernen Bändern umgeben, an welchen vier Handhaben find, um den Apparat in die Höhe heben zu können. Die Kugel, welche aus dem

Fig. 31.

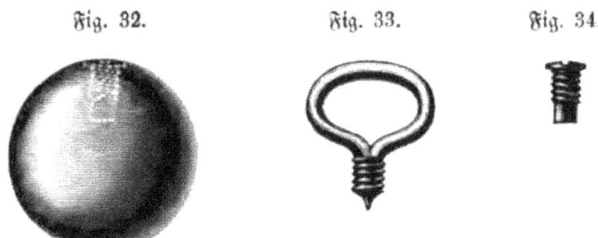

Fig. 32.   Fig. 33.   Fig. 34.

Mörfer geworfen wird, Fig. 32, ift von Bronze, ihr Durchmeffer beträgt entweder 0,190 m oder 0,1895 m. Ein in die Kugel eingebohrter Schraubengang dient dazu, einen am unteren Ende fchraubenförmig gewundenen Griff, Fig. 33, aufzunehmen, vermittelft deffen man die Kugel bequem in die Höhe heben und in den Mörfer legen kann. Sowie man die Kugel auf die Ladung gebracht hat, wird der Griff abgefchraubt und durch einen Schraubenbolzen, Fig. 34, erfetzt. Das mittlere Gewicht der Kugel beläuft fich auf 29,3 Kg, die Pulverladung beträgt 92 g.

Bei der Ausführung des Verfuches nimmt man aus einer Pulvertonne von derfelben Stelle 560 g Pulver und fchüttet die Probe entweder in eine gläferne

Pulverproben.

Flasche oder in eine Büchse von Weißblech. Die Flasche bzw. Büchse wird mit dem Siegel der Commission verschlossen in einen Kasten gelegt und auf den Schießplatz gebracht. Dort mißt man auf das Genaueste den inneren Durchmesser des Mörsers, des Zündloches und der Kugel. Der Durchmesser des Mörsers muß 191,2 mm, der des Zündloches 3,4 mm und derjenige der Kugel 189,5 mm und ihr Gewicht 29,37 Kg betragen. Das Gewicht des Mörsers mit hölzernem Klotze und dessen Beschlägen muß in den Grenzen von 210 bis 215 Kg liegen. Der Mörser wird sodann auf eine genau horizontale Bettung gestellt, welche auf massivem Mauerwerk ruhend aus genau aneinander gepaßten Bohlen von 0,16 m Höhe auf 0,1 m Länge gebildet wird und durch zwei starke Querhölzer fest verbunden ist. Die Bohlen liegen parallel der Richtung der Schußlinie. Für den Ort des Niederfallens der Kugel wählt man weder ein hartes noch steiniges Terrain, im Nothfalle muß man es auf 1 m Tiefe ausgraben und durch eine gleichhohe Schicht Lehmboden ersetzen. Beim Laden des Mörsers bringt man die 92 g Pulver mittelst eines eingebogenen Trichters in die Kammer, legt die Kugel in der Weise auf die Ladung, daß die Achse des zu einer Schraube ausgebohrten Loches in der Kugel parallel mit der Achse des Mörsers läuft. Man schraubt darauf den Griff ab, ersetzt denselben durch den Schraubenbolzen, bringt einen Luntenfaden in das Zündloch und feuert ab. Der erste Schuß wird nicht gerechnet, da er das Ausflammen des Mörsers bezweckt. Nach jedem Schusse wird die Seele und Mörserkammer ausgewischt und auch die Kugel gereinigt. Diese Vorsicht ist wohl zu beobachten, da der Schleim, welcher an den Wänden der Seele sich anlagert und die Unreinigkeiten, welche die Kugel bedecken, den Spielraum verkleinern und somit wesentlich auf die Wurfweite einwirken. Die Wurfweite der Kugel soll wenigstens 235 m betragen; bei dem bronzenen Probemörser kann die Wurfweite um 10 m geringer ausfallen.

In Preußen darf die mittlere Wurfweite des zu untersuchenden Pulvers höchstens 15 Schritt mehr oder weniger betragen als die des gleichnamigen Normalpulvers. Die mittlere Wurfweite des Normalpulvers ist aus dem bronzenen Probirmörser für Normalgeschützpulver auf wenigstens 278,24 m (74 Ruthen) und höchstens 285,76 m (76 Ruthen), für Normalgewehrpulver auf wenigstens 285,76 m und höchstens 293,28 m (78 Ruthen) festgestellt.

In Belgien nimmt man zwei Proben, je zu 280 g. Die eine Probe wird, wie oben angegeben, untersucht, die andere aber naß gemacht und sodann wieder getrocknet. Zu diesem Zwecke wird die Probe in eine Büchse von Weißblech geschüttet, diese offen in einen Korb gestellt und mit einer feuchten Wollendecke bedeckt in eine Kiste gelegt, welche mit zwei Vorlegeschlössern verschlossen wird. Hat das Pulver 5 bis 7 Proc. Wasser angezogen, so wird es getrocknet und in der Büchse nach dem Schießplatz gebracht.

Diese Methode kann auf keinen Fall gut sein, denn das Pulver wird durch das Trocknen poröser, folglich auch leichter entzündlich, so daß man dadurch sehr leicht zu falschen Schlüssen gelangen kann.

Die Probemörser, besonders die bronzenen, verändern sich durch den Gebrauch und geben nach und nach kürzere Wurfweiten. Man vergleicht daher die der Probe unterworfenen Pulversorten mit einem Normalpulver, das aus dem Geschützpulver der laufenden Fabrikation gewählt sorgfältig in gläsernen Flaschen oder Büchsen von Weißblech wohl getrocknet und hermetisch verschlossen aufbewahrt wird. Die Wurfweite dieses Pulvers im Zeitpunkte einer Probe verglichen mit seiner ursprünglichen Wurfweite mit demselben Probirmörser läßt den Verlust, der von den Veränderungen des Instrumentes herrührt, und die nöthigen Correcturen erkennen. Die Wurfweite des Normalpulvers wird durch sechs Wurf bestimmt, indem man das Mittel aus den letzten fünf nimmt; diese Operation muß stets nach 25 Wurf des Probemörsers erneut werden.

Versuche mit älteren Pulversorten, welche beim Probirmörser in ihrer Wirkung bedeutend hinter der des Normalpulvers zurückblieben, haben nach Spandauer Beobachtungen bestätigt, daß ein gleiches Verhalten nicht immer eintritt, wenn die Pulversorten in größeren Ladungen angewendet werden, weshalb, ehe diese Vorräthe ausgesondert werden, stets erst die Wirkung in größeren Ladungen festzusetzen ist. Auf diesen Punkt ist schon ganz besonders deshalb aufmerksam zu machen, weil unter Umständen ökonomische Interessen bedeutend dabei in das Spiel kommen können.

Wenn in Frankreich die Wurfweiten des Probirmörsers mit Normalpulver unter 210 m ausfallen, so nimmt man eine neue Kugel, fallen sie mit dieser wieder unter 210 m aus, so wird der Probirmörser für unbrauchbar erklärt.

Einer der Hauptfehler des Probemörsers besteht in den Schwankungen, welchen er durch den Schuß unterzogen ist und dadurch jede genaue Vergleichung zwischen den Ergebnissen, welche man zu verschiedenen Zeiten erhalten hat, unmöglich macht, ein Fehler, der sich insofern allerdings etwas vermeiden läßt, daß man, wie oben angegeben, die Pulverprobe stets mit Normalpulver vergleicht und die erhaltene Wurfweite mit der von Normalpulver unter denselben Umständen erzielten in eine relative Beziehung bringt. Dabei ist aber immer zu bedenken, daß der Spielraum und das Zündloch eine große Rolle spielen. Je mehr aus dem Mörser geschossen wird, um so mehr wird sich das Zündloch erweitern und eine um so größere Menge Gas entweichen, ohne seine Kraft auf das Geschoß ausgeübt zu haben. Dem Probemörser hat man auch vorgeworfen, daß er je nach der Tageszeit verschiedene Wurfweite gebe, allein daß der Mörser wirklich daran Schuld ist, ist noch gar nicht erwiesen. Der Grund scheint vielmehr an dem Pulver zu liegen, welches am Mittag, wo eine höhere Temperatur als am Morgen herrscht, auch ein größeres Volumen und eine geringere Feuchtigkeit haben kann.

β. Das Infanteriegewehr.

Während bei dem Probemörser die Wurfweite maßgebend ist, entscheidet bei dem Infanteriegewehr die Percussionskraft des Pulvers.

In Preußen ladet man ein Infanteriegewehr von 15 mm Kaliber mit 7,3 g Pulver und schießt 10 Schüsse mit trockenem Pulver und ebenso viel mit nassem Pulver, dessen Kartuschen während 21 Tagen in einem feuchten Raume lagen, gegen eine bestimmte Anzahl von Brettern. Die mit trockenem Pulver geschleuderte Kugel soll 5 bis 7 Tannenbretter von 26 mm Dicke durchdringen,

Pulverproben.

welche in einem Zwischenraume von je 78 mm aufgestellt sind; feuchtes Pulver soll 4 bis 6 Bretter durchbringen.

In England ladet man ein Infanteriegewehr von 19 mm Kaliber mit 7,1 g Pulver und einer Stahlkugel, welche eine bestimmte Anzahl nasser Ulmenbretter durchbohren soll. Die Bretter sind 12,6 mm dick und durch einen Zwischenraum von 19 mm von einander getrennt. Das erste Brett ist 12,04 m von dem Gewehre entfernt. Mit gutem Pulver geht die Kugel durch 15 bis 16 Bretter.

Das Infanteriegewehr hat den Uebelstand, daß es an einem richtigen Maße der Kraft fehlt, denn die Percussionskraft, die nur durch das Durchschlagen von Brettern gemessen werden kann, ist höchst unzuverlässig, weil die Bretter, wenn man sie auch von ein und derselben Holzart nimmt, doch immer sehr ungleich fest sind.

Ad b. Unter den Federeprouvetten ist die von Regnier und die von St. Remy hervorzuheben.

Die Eprouvette von Regnier (éprouvette à main de Regnier), die zur Prüfung des Jagdpulvers dient, besteht aus einer zweischenkligen freihängenden Stahlfeder, an welcher eine kleine Kanone in der Weise befestigt ist, daß sie sich mit der Mündung an das Ende des einen Schenkels, mit der Traube dagegen an ein mit dem anderen Schenkel fest verbundenes, hakenförmiges Querstück von Eisen stützt. Am Bodenstück der Kanone ist ein in 30 Theile getheilter Gradbogen angebracht, auf welchem ein Zeiger von Saffianleder spielt. Die Kanone kann ein Gramm Jagdpulver aufnehmen. Wird dieselbe geladen, so nähert man die beiden Schenkel einander. Ehe man entzündet, wird der Zeiger genau auf 0^0 eingestellt. Gewöhnliches Jagdpulver zeigt 12, ganz feines 14 Theile des Gradbogens.

Das Instrument ist empfindlicher als der Probemörser, aber da der Widerstand der Feder nicht derselbe bleibt, so ist es unumgänglich nothwendig, jedesmal zwei Proben zu machen, eine mit dem zu untersuchenden Pulver, eine zweite mit bereits bekanntem Pulver.

Die Eprouvette von St. Remy, 1697 erfunden, hat die Gestalt einer Pistole. Da, wo gewöhnlich bei den Pistolen mit Feuerschloß die Pulverkammer sich befindet, ist ein kleiner aufrechtstehender Cylinder angebracht, auf welchen ein etwas gewundener Ansatz paßt, der mit seinem einen Ende in ein gezähntes Rad greift, welches ungefähr über der Mitte des Pistolenlaufes angebracht und um seine Achse drehbar ist. Am Ende des Laufes befindet sich eine Feder, die nach dem Zahnrade gekehrt in dieses eingreift und so den Ansatz in der Stellung hält, daß er den Cylinder verschließt. Um letzteren zu laden, läßt man die Feder, welche durch eine Schraube emporgewunden und herabgelassen werden kann, nieder. Ist der Cylinder geladen, so bringt man den Ansatz darauf und schraubt die Feder in die Höhe, so daß sie frei auf dem Rade spielen kann, und feuert dann ab. Die Zahl der Zähne, um welche sich das Rad zurückdreht, ist das Maß für die Stärke des Pulvers.

Dieses Instrument ist nicht so gut wie das vorige und verlangt stets einen Vergleich mit Normalpulver. Hinsichtlich der Federeprouvetten ist überhaupt zu bemerken, daß, wenn auch jedes einzelne Instrument nach einem bestimmt vor-

184 Pulverproben.

geschriebenen Muster gearbeitet wird, doch jedes seine individuelle Federkraft besitzt und deshalb individuelle Resultate ergiebt. Die Federn werden durch den Gebrauch allmählich schwächer, auch wird ihre Kraft durch die äußere Temperatur sehr bedingt, so daß sogar tagtäglich Veränderungen vorkommen können.

Ad c.

α. Die Eprouvette mit gezahnter Stange.

Eine solche erwähnt Furtenbach bereits im Jahre 1629. Ein auf einer

Fig. 35.

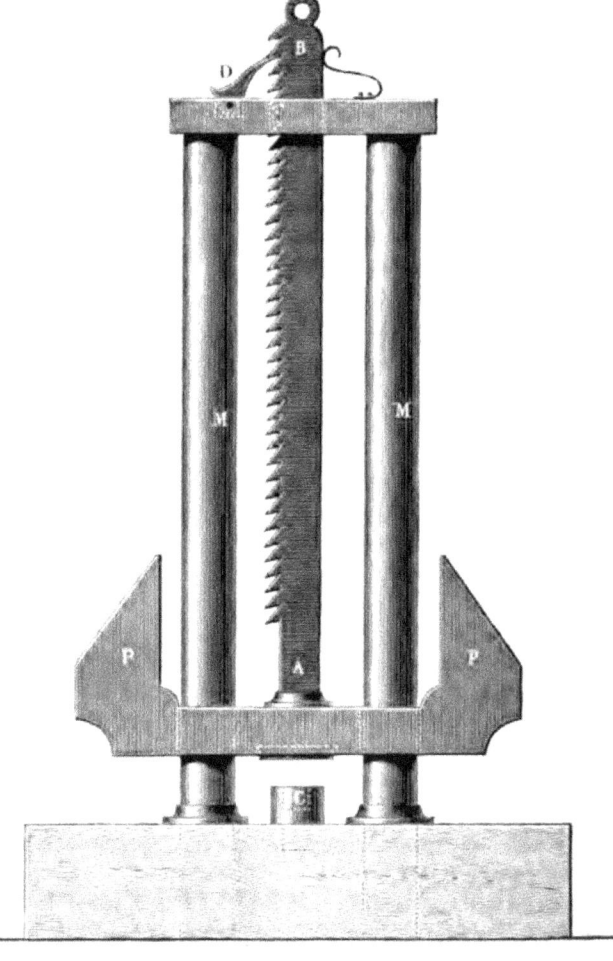

Eisenplatte befestigter, aufrecht stehender kleiner Mörser C, Fig 35, wird mit 1,5 g Pulver geladen und sodann mit dem 2,5 Kg schweren Gewichte P, P verschlossen, welches mit der gezahnten Stange AB in Verbindung steht und sich

Pulverproben. 185

frei an den Pfeilern M, M bewegt. Entzündet man das Pulver in dem Mörser, so wird das Gewicht in die Höhe geworfen und durch die in die Zahnstange eingreifende Sperrklinke D am Herabfallen gehindert. Die Steighöhe ersieht man aus der Anzahl der in die Höhe gehobenen Zähne, welche unter dem Namen Grade abgelesen werden.

Bei dieser Probe soll Sprengpulver 25 bis 30, Geschützpulver 60 bis 65, Gewehrpulver 70 bis 90 und Scheibenpulver 120 bis 150 Grad schlagen.

Der Apparat giebt Resultate, welche genau übereinstimmen mit der Regnier'schen Eprouvette. Seine Fehlerquellen bestehen in der Verflüchtigung der Gase durch das Zündloch, in den Reibungen des Gewichtes P, P an den Pfeilern M, M und in der Veränderlichkeit des Widerstandes der Sperrklinke.

β. Die Colson'sche Eprouvette.

Auf einem kleinen Mörser C, Fig. 36, dessen Kammer 2 g Pulver faßt,

Fig. 36.

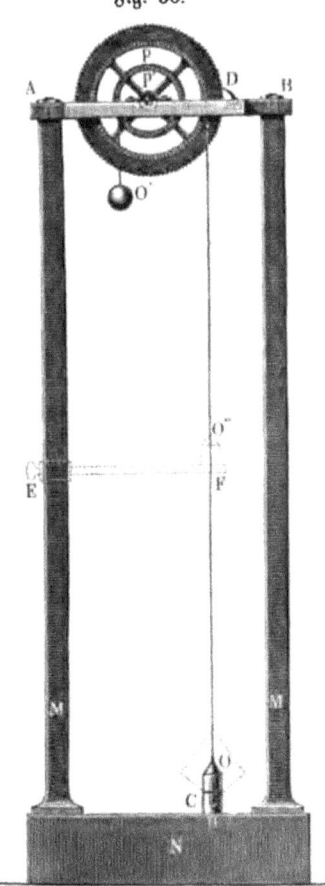

ruht ein Gewicht O, das vermittelst einer seidenen Schnur an die leicht spielende Rolle p gehängt ist. Der äußere Rand dieser von dem Querbalken A B getragenen Rolle ist gezahnt und ihr Umkreis graduirt. Die in der Rolle angebrachte Rinne hat einen Durchmesser von 0,2292 m; in ihr ist auch das eine Ende der seidenen Schnur befestigt. An der Achse der Rolle p ist eine kleinere Rolle p' angebracht, deren Durchmesser gerade die Hälfte des der größeren beträgt. Ueber die Rinne läuft eine Schnur, an deren einem Ende in entgegengesetzter Richtung zu der längeren Schnur ein Gewicht O' angebracht ist, welches leichter als O ist und den Zweck hat, die beiden Rollen von rechts nach links zu drehen. Die Sperrklinke D, welche in die Zähne der Rolle p eingreift, dient dazu, eine Drehung der letzteren von links nach rechts zu verhindern.

Das Verfahren ist folgendes:

Man ladet den kleinen Mörser und setzt auf dessen Mündung das Gewicht O. Das kleine Gewicht O' befindet sich dann auf seine höchste Höhe heraufgezogen. Entzündet man die Ladung, so wird das Gewicht O senkrecht in die Höhe geworfen. Die um die Rolle p laufende Schnur wird dadurch schlaff, das Gewicht O' kommt somit zur Wirkung und indem es die Rolle von rechts nach links dreht, wird die Schnur des Gewichtes O aufgewickelt. Sowie das letztere auf seiner höchsten Wurfhöhe angelangt ist und wieder fallen will, greift die Sperrklinke D ein, die Rolle steht still und man kann nun die Drehung derselben messen und daraus das Maß der Pulverkraft berechnen.

Die Wirkung der bei diesem Versuche stets stattfindenden Reibung läßt sich dadurch eliminiren, daß man das Brett F, welches durch die Schraube E beliebig hoch gestellt werden kann, unter das Gewicht O''*) schiebt, so daß letzteres aufsitzt, bringt dann O' wieder auf seine ursprüngliche Höhe und läßt es darauf von dieser herunter fallen. Dadurch wird die schlaffe Schnur von O'' aufgerollt, demselben aber auch die ganze Bewegungsmenge des Gewichtes O', welche dasselbe durch den Fall erhielt, mitgetheilt. Das Gewicht O'' wird in Folge dessen von Neuem etwas gehoben werden. Zieht man nun diese Höhe von der während der Probe gefundenen ab, so erhält man die wahre Höhe, welche das Gewicht durch die Kraft des Pulvers allein erhalten haben würde.

Eine sehr sinnreiche Vorrichtung hat Colson vorgeschlagen, um einem Verluste an Gas durch das Zündloch vorzubeugen. Vor dem Zündloche nämlich bringt er einen keilförmigen Canal an, in welchen ein hohler Keil genau hineinpaßt. Letzterer ist an dem schmalen Ende verschlossen und seitlich mit einem Loche versehen. Man ladet den Keil mit Pulver und legt ihn in den Canal derart hinein, daß sein Seitenloch genau das Zündloch des Mörsers deckt. Beim Abfeuern der Ladung bringt der Feuerstrahl durch die Seitenöffnung in das Zündloch; da zu gleicher Zeit aber ein Rückstoß erfolgt, so wird der Keil tiefer in den Canal hineingetrieben und das Zündloch verschlossen.

Nach französischen Berichten soll diese Eprouvette die Entzündlichkeit des Pulvers genauer anzeigen als der Probemörser, ja sogar den Unterschied zwischen Roth- und Schwarzkohle hervortreten lassen. Trotz alledem wird diese Eprouvette als tadellos nicht bezeichnet werden können, da sie für feinkörniges Pulver dieselben Ergebnisse zeigt wie für sehr entzündliches, während bei Anwendung von größeren Quantitäten, also im Probemörser, Unterschiede in Folge der verschiedenen Entzündlichkeit auftreten.

γ. Die Eprouvette von Dupont.

Diese in Amerika gebräuchliche Eprouvette besteht aus einer kleinen, senkrecht stehenden Kanone, deren Seele eine Flintenladung aufnehmen kann. Auf die Mündung der Kanone paßt ein 2 Kg schweres Gewicht, welches an einem Hebelarme befestigt ist. An dem beweglichen Ende des Hebels ist ein in Grade getheiltes Band angebracht. Entzündet man die Ladung, so wird das Gewicht in die Höhe geworfen und das Band von dem Gewicht mitgezogen. Sowie das Gewicht

---

*) $O'' = O$.

Pulverproben. 187

seine höchste Höhe erreicht hat, wird das Band vermöge eines Schiebers festgehalten. Aus der durch das Band angezeigten Wurfhöhe wird die Triebkraft des Pulvers bemessen.

Der Fehler bei dieser Eprouvette ist der, daß schwaches Pulver, welches sich schnell entzündet, dieselben Ergebnisse liefert, wie stärkeres Pulver, welches sich langsam entzündet.

d. Der Meier'sche Mörser.

Im Allgemeinen ist die Construction dieses schwedischen Mörsers dieselbe wie die des Probemörsers. Zu bemerken ist nur, daß die Achse des Mörsers mit der Ebene der Unterlage einen Winkel von ungefähr 84° bildet. Die bronzene Kugel ist 14 Kg schwer und mit einer Oese versehen, an welcher ein seidenes, 18 Ellen langes, in Zolle eingetheiltes Band angebracht ist. Das Band läuft über einen Glascylinder, wenn die Kugel beim Abfeuern in die Höhe steigt. Durch eine Feder wird das Band dicht auf dem Cylinder gehalten. Ein Kasten mit Stroh angefüllt, welcher neben dem Mörser steht, fängt die Kugel auf.

Die Ladung beträgt 1½ Loth Pulver. Vor dem jedesmaligen Probiren wird der Mörser dreimal ausgeflammt, darauf eine vollständige Ladung ohne Kugel abgefeuert und dann erst das wirkliche Probiren vorgenommen. Die Ladung wird mit einem Trichter eingebracht, nachdem die Räumnadel in das Zündloch gesteckt worden. Mit dieser wird sodann Mehlpulver eingeräumt. Nach jedem Schusse werden der Mörser und die Kugel erst naß und darauf trocken abgewischt. Von jedem Centner Pulver wird ein viertel Pfund zur Probe verwandt. Wirft das Pulver 93 Proc. der Wurfhöhe des Normalpulvers, mit dem die Probe jedesmal zuerst gemacht wird, so ist es annehmbar.

Ad d.

α. Die Probe von Hoör.

Zwei zangenartig verbundene Stangen tragen an dem einen Ende schwere Kugeln, an dem anderen kleine Mörser. Ein Mörser wird geladen und an den anderen herangeschoben. Letzterer dient gewissermaßen als Deckel für den geladenen Mörser. Ein angebrachter Gradbogen mißt, wie weit die beiden Kugeln beim Abschießen auseinander fliegen.

Die ungleiche Reibung in den Gelenken, die Veränderung der Schenkellängen bei verschiedener Temperatur und die geringe Ladung führen zu sehr unzuverlässigen Resultaten.

β. Die Hebelprobe.

Ein Winkelhebel, dessen zwei Arme gleich lang sind und sich bei Ausführung der Probe in horizontaler Lage befinden, ist an dem äußersten Ende des einen Armes mit einem kleinen Mörser versehen, während der andere Arm ein Gewicht trägt, welches so aufgehängt ist, daß es dem ersten Arme noch das Gleichgewicht hält, wenn der daran befestigte Mörser mit 2 g Pulver gefüllt ist. Nach dem Laden wird das in dem Mörser befindliche Pulver mit einem Zündfaden entzündet.

Durch die Wirkung des ausströmenden Pulvergases wird der Mörser mit seinem Arme nach abwärts gedrückt, der andere hingegen mit dem daran befindlichen Gewichte gehoben. Diese Steigung wird nun dadurch gemessen, daß ein kleiner Steller an dem äußersten Endpunkte desjenigen Hebelarmes, an welchem der Mörser angebracht ist, während seiner Bewegung abwärts an den Zähnen eines vertical dagegen stehenden Bogens gleitet und dadurch das Zurückgehen des Hebels in seine alte Lage verhindert. Die Anzahl Grade, welche sich als Mittel von vier Schüssen ergiebt, wird als das geforderte Maß der Stärke des Pulvers angesehen. Bei dieser Probe soll Scheibenpulver 130, Gewehrpulver 80, Geschützpulver 60 und Sprengpulver 22 Grad schlagen.

γ. Die Eprouvette von Hutton.

Eine Kanone ist in einem eisernen Rahmen aufgehangen, welcher auf Messerschneiden von gehärtetem Stahle wie ein Wagebalken ruht. Das ganze System wird von massiven, steinernen Pfeilern getragen. Ein graduirter Kreisbogen von Kupfer oder Messing dient dazu, den Rückstoß der Kanone anzuzeigen. Der Bogen ist so graduirt, daß man mittelst eines Nonius, welcher durch das Zurückweichen in Bewegung gesetzt und durch eine schwache Feder am Punkte der größten Schwingung zurückgehalten wird, Secunden ablesen kann. Wenn die Kanone adjustirt und in Ruhe ist, so liegt die Achse der Kanone in einer horizontalen Linie und der Nonius steht am Nullpunkt der Scala. Der Rücklauf der Kanone giebt das Maß der Pulverkraft an, welches man in Graden ausdrückt.

Die Resultate dieser Eprouvette sind unzuverlässig, da die Unterschiede ganz verschiedener Pulversorten nur sehr schwach bemerkbar sind.

δ. Das Flintenpendel und das ballistische Pendel.

Die Flinte ab, Fig. 37, ruht auf einer Unterlage von Eisen auf dem eisernen Gestelle omn, welches bei o auf zwei Schneiden schwingt. Der Stab mn, welcher höher und niedriger geschraubt werden kann, trägt eine verschiebbare Masse Blei p, um den Schwingungspunkt des Pendels in die Achse der Flinte und in die Verticale bringen zu können, welche durch den Schwerpunkt geht.

Bei i befindet sich ein Stift, welcher einen Zeiger auf dem Gradbogen cd verschiebt. Dieser Zeiger zeigt den Rückstoß des Pendels beim Abfeuern der Flinte, den Ausschlagswinkel, in Graden an.

Das ballistische Pendel CD, welches oben auf zwei Schneiden schwingt, trägt einen hohlen Conus von Bronze, der mit Blei angefüllt ist und in dessen Achse der Schwingungspunkt des Pendels liegt. Das Blei, welches in den Conus kommt, wird mittelst einer Form gegossen. In das Blei bringt die Kugel der Flinte ein und ein Gradbogen lk läßt auch hier durch die Größe des Ausschlagwinkels die Kraft erkennen, mit welcher das Pendel durch die Kugel bewegt wird.

Das Gewicht jedes der beiden Pendel beträgt 25 Kg. Bei der Prüfung auf Militairpulver nimmt man 10 g, bei der auf Jagdpulver 5 g Pulver. Für jeden Schuß muß das Pendel mit Blei versehen werden. Das Pulver bringt man mittelst eines Trichters, dessen Röhre bis an die Pulverkammer heranragt, in den

Pulverproben. 189

Lauf, wozu man ihn, nachdem man das Zündloch durch einen Pflock verschlossen hat, vertical hält, darauf führt man die Kugel, um welche man ein rechteckiges

Fig. 37.

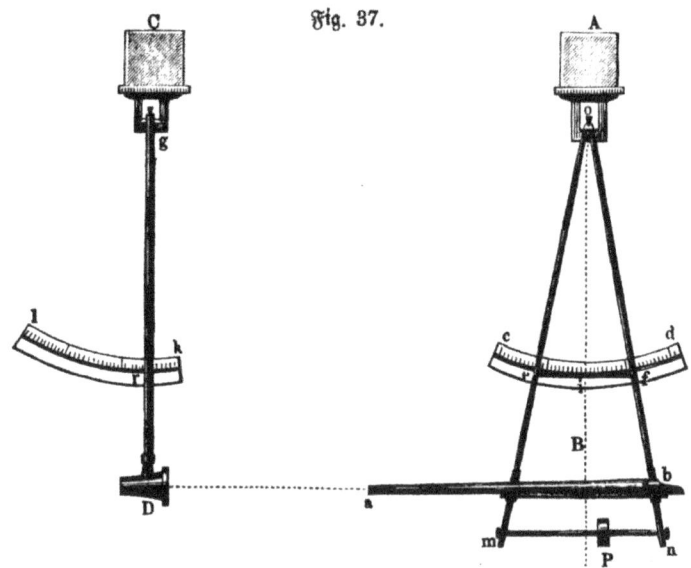

Papier von 0,7 g Gewicht gelegt hat, durch einen Ladestock von 1,176 Kg Gewicht zu Boden und läßt denselben aus einer Höhe von 150 mm auf die Ladung herabfallen. Der Lauf, in seine horizontale Lage gebracht, wird in seiner Richtung durch Schrauben, welche durch die Wände des Rahmens gehen, berichtigt, feines Pulver wird auf das Zündloch gestreut und der Schuß mit der Lunte, ohne daß eine Berührung des Laufes stattfindet, abgefeuert. Man beobachtet und notirt die durch den Zeiger auf jedem Bogen markirten Grade, ebenso die Lage des Einfallpunktes in Bezug zur Achse der Flinte und berechnet die Anfangsgeschwindigkeit der Kugel nach der Formel

$$v = \frac{c\sqrt{(pdk + bi^2)(pd + bi)g}}{biR},$$

worin R der Halbmesser der Oscillationsachse, i der Abstand der Rotationsachse von dem Centrum der Oscillation, pd das Moment des Pendels in Bezug auf die Rotationsachse (hervorgebracht durch das Gewicht p des Pendels und die Entfernung d des Schwerpunktes von der Rotationsachse), pdk das Trägheitsmoment des ballistischen Pendels, g die Schwere, b das Gewicht der Kugel und c die Sehne des Rücklaufes des Pendels bedeuten.

Bei Militärpulver verlangt man für die Kugel eine Anfangsgeschwindigkeit von 450 m in der Secunde, bei Jagdpulver eine solche von 330 bis 375 m.

ε. **Die hydrostatische Eprouvette von Regnier.**

Bei dieser Probe zeigt der Rückstoß, welchen ein kleiner Mörser auf einen Schwimmer ausübt, die Kraft des Pulvers an. Die erste Idee zu diesem Appa-

Pulverproben.

rate gab Bottée, welcher Pulver frei auf einer ebenen Platte verbrannte, die auf einem Schwimmer lag.

In einen blechernen Hohlcylinder a, Fig. 38, ist ein Schwimmer b eingelassen,

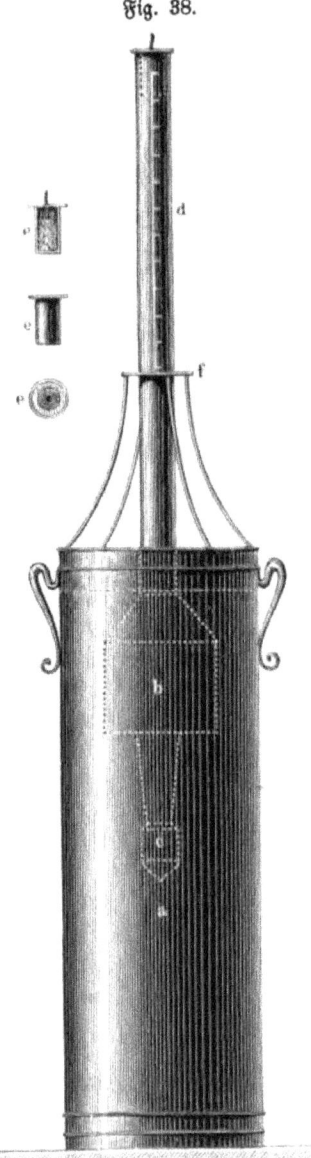

Fig. 38.

der beim Gebrauche mit dem Gewichte c belastet wird, welches den Zweck hat, den Schwerpunkt des Schwimmers möglichst tief zu legen. An dem oberen Ende des Schwimmers ist eine polirte und graduirte Messingröhre d angebracht, auf welche der kleine Mörser e bei Ausführung der Pulverprobe gesetzt wird. Derselbe ist mit einem Deckel versehen, in welchem sich eine kleine, runde Oeffnung befindet, durch welche die Ladung und der Luntenfaden eingeführt werden. Der Mörser faßt ungefähr 6 g Pulver, wird aber in der Regel nur mit 3 g beschickt. Bei f ist eine messingene Lochscheibe angebracht, die durch vier Halter getragen wird.

Soll das Pulver untersucht werden, so gießt man in den Hohlcylinder a bis zu Dreiviertel seines Raumes Wasser von möglichst constanter Temperatur, taucht sodann den Schwimmer sammt der Scala und dem geladenen Mörser ein und gießt von Neuem wieder so viel Wasser in den Cylinder, bis der Nullpunkt der Gradtheilung genau auf f einsteht.

Nachdem man Sägespäne oder Bärleppschsamen auf das Wasser gestreut hat, entzündet man die Ladung und beobachtet an den an der Scala anhaftenden Sägespänen u. s. w., wie tief der Schwimmer untergetaucht ist.

Gewöhnliches Jagdpulver zeigt bei einer Ladung von 4 g 110° und feinstes Jagdpulver 156°.

Diese Eprouvette liefert sehr genaue Ergebnisse, wenn die Temperatur des Wassers constant bleibt, die Dichtigkeit also dieselbe ist. Der Rückstoß kann dadurch etwas geringer ausfallen, daß verschiedene Pulverkörner aus dem Mörser herausgeschleudert werden, ohne zum Rückstoß beigetragen zu haben.

ζ. **Die dynamometrische Probe von Melsens.**

Der Apparat ist im Wesentlichen dem Regnier'schen Schwimmer nachgebildet. Das einzig Charakteristische dieses Instrumentes ist der auf den Stiel des Aräometers aufzusetzende Mörser, welcher für verschiedene Versuchszwecke entweder mit cylindrischen oder cylindrisch-conischen Ausbohrungen versehen ist und durch das Aufschrauben einer Reihe von Mundstücken, sogenannten Lumières, mit den erwähnten Ausbohrungen entsprechenden Ausströmungsöffnungen für das Pulvergas versehen werden kann.

Beim Gebrauche des Instrumentes setzt man das 4,950 Kg schwere Aräometer in ein Gefäß mit Wasser von genau 15° C., versieht den Mörser mit einer Lumière und füllt 3 g Pulver in denselben. Darauf legt man die Zündschnur an, schraubt den Mörser auf den Stiel des Schwimmers und stellt das Aräometer durch Eintragen von Schrotkörnern in das Innere des Schwimmers derart ein, daß der Nullpunkt der Scalentheilung nahezu mit der Oberfläche des Wassers übereinstimmt. Sodann bestreicht man die Scala des Schwimmers mittelst eines Pinsels mit einer dünnen Lackschicht, welche Ziegelmehl, gepulverten Blutstein u. s. w. enthält, entzündet und bemerkt sich nach dem Emporsteigen des Aräometers genau die Anzahl derjenigen Scalentheile, um welche das Instrument durch den Schuß eingetaucht wurde.

Das Vortheilhafte bei dieser Probe gegenüber der von Regnier liegt darin, daß man sich nicht mit einem Versuche begnügt, sondern für das zu prüfende Pulver mehrere Mörser und Lumières-Combinationen anwendet und so das Pulver in seinen verschiedenen Kraftäußerungen kennen lernt, in Folge dessen eine Beurtheilung der Wirkung des Pulvers auf das Geschützrohr von vornherein möglich wird.

B. Die elektro-ballistischen Apparate.

Der erste Gedanke, die Elektricität bei ballistischen Untersuchungen in Anwendung zu bringen, ging von Preußen aus, wo im Jahre 1838 die Artillerie-Prüfungs-Commission zur Messung der Anfangsgeschwindigkeit von Geschossen einen elektro-ballistischen Apparat anfertigen ließ. Seit dieser Zeit hat sich die Zahl derselben sehr vermehrt.

Wenn man die Methoden, um die Geschwindigkeit von Geschossen zu messen, classificiren will, so kann man unterscheiden zwischen solchen, bei welchen die Zeit unmittelbar durch den Apparat angegeben wird, so z. B. durch eine Uhr, einen Stift u. s. w., und zwischen solchen, wo die Dauer der zu untersuchenden Erscheinung aus der bekannten Dauer einer anderen, welche gleichzeitig mit jener auftritt, berechnet wird.

a. Proben, bei welchen die Zeit unmittelbar durch den Apparat angegeben wird.

α. Das elektro-magnetische Chronoskop von Wheatstone.

Um mit diesem Instrumente, welches 1840 von Wheatstone angegeben und später von Hipp verbessert wurde, die Zeit zu messen, welche eine Flintenkugel zum Durchlaufen einer bestimmten kurzen Strecke gebraucht, hat man die Einrichtung getroffen, daß die Kugel bei ihrem Austritte aus dem Gewehrlaufe einen quer über denselben gespannten, in eine galvanische Kette eingeschalteten Draht zerreißt und dadurch den Strom unterbricht. In demselben Augenblicke beginnen die Zeiger eines Zifferblattes sich mit einer bekannten Geschwindigkeit zu bewegen. Sowie die Kugel an ihrem Ziele ankommt, prallt sie gegen eine bewegliche Fläche, drängt diese eine kleine Strecke zurück und bewirkt somit den Schluß der galvanischen Kette und ein Stillstehen der Zeiger. Aus der verbrauchten Zeit läßt sich die Anfangsgeschwindigkeit berechnen.

Die mit diesem Apparate angestellten ballistischen Versuche haben zu unverhältnißmäßig großen Unterschieden in den Ergebnissen geführt; so wechselte z. B. die Geschwindigkeit unter ganz gleichen Verhältnissen für eine Secunde zwischen 38,5 m und 88,9 m, so daß der Apparat sich in der Praxis nie eingebürgert hat. Kuhn hat denselben etwas abzuändern gesucht, indem er den Rücklauf des Geschützes dazu benutzte, um die Kette zu öffnen und die Zeiger auszulösen, so daß also die vor die Mündung des Laufes gespannten Drähte wegfallen. Ueber die Brauchbarkeit des Apparats in dieser Form ist nichts weiter bekannt geworden.

β. Der elektrische Chronograph von Martin de Brettes.

Um einen Metallcylinder, welcher mit chemisch präparirtem Papiere umspannt ist, wird ein Platinstift vermittelst eines Centrifugalpendels gedreht. Sowie die Kugel den vor die Mündung des Rohres gespannten Draht zerreißt, wird die Kette für eine Inductionsspirale geöffnet, zwischen Cylinder und Platinstift springt ein Funke über, der das Papier durchbohrt, und diese Erscheinung wiederholt sich, wenn das Geschoß an seinem Ziele angelangt ist.

Der ganze Apparat ist nichts weiter als eine Abänderung des längst bekannten Apparates von Siemens, bei welchem der Cylinder sich um den Stift dreht und die Funken unmittelbar den Cylinder treffen.

Der Brettes'sche Apparat theilt daher in der Praxis gleiches Schicksal mit dem von Siemens — Vergessenheit.

b. **Proben, bei welchen die Zeit aus der bekannten Dauer einer anderen Erscheinung berechnet wird.**

α. Das Galvanometer von Pouillet.

Bei diesem 1844 eingeführten Instrumente wird nach dem Ausschlage der Magnetnadel, auf welche ein Strom von bekannter Stärke einwirkt, die Anfangsgeschwindigkeit unter Berücksichtigung der Dauer des Stromes berechnet.

Bei Anstellung des Versuches wird das Galvanometer in die Kette eingeschaltet in der Weise, daß beim Hinausfliegen des Geschosses aus dem Rohre die Kette geschlossen, in demselben Augenblicke aber wieder geöffnet wird, sowie das Geschoß sein Ziel erreicht hat. Ist nun diese Dauer sehr kurz, so wird die Geschwindigkeit für sehr kleine Schwingungsbogen sehr schwer zu ermitteln sein. Aus diesem Grunde hat daher Pouillet, da die Geschwindigkeit der Schwingungsbogen mit der Dauer der Stromeinwirkung in proportionalem Verhältnisse steht, eine Tabelle angefertigt, aus welcher für eine bestimmte Ablenkung der Magnetnadel die Zeit der Einwirkung des Stromes ersehen werden kann. Diese Tabelle ist aber insofern nicht fehlerfrei, als eine vollkommene gleichförmige Stromstärke und Rotation der Commutatorscheibe vorausgesetzt wird, was indeß nicht der Fall ist, auch die etwa entstehenden secundären Ströme vollständig unberücksichtigt bleiben. Helmholtz hat daher diese Methode etwas abgeändert.

Sein Verfahren erfordert zur Berechnung der Dauer eines Stromes, der genau während des Verlaufes einer zu untersuchenden Erscheinung wirksam ist, die Kenntniß der Größe des Ausschlages oder des halben Schwingungsbogens vor und nach der Einwirkung des Stromes, der Schwingungsdauer der Nadel und endlich der Ablenkung, welche der die Zeit messende Strom hervorbringen würde, wenn er gleichmäßig anhielte. Da alle diese Elemente einer sehr genauen Messung fähig sind und alle fremdartigen Einwirkungen dabei in Rücksicht gebracht werden können, so ist diese Methode als eine sehr scharfe anzusprechen. Die Schwierigkeit der Ausführung scheint indeß der Grund gewesen zu sein, daß diese Methode für ballistische Zwecke keine Anwendung fand.

β. Das elektro-ballistische Pendel von Navez.

Dasselbe besteht aus drei Theilen: dem Pendel, dem Stromschließer und dem Stromunterbrecher.

Der Haupttheil des Apparates ist ein mit messingener Linse versehenes Pendel, dessen auf der Pendelachse befestigter Zeiger einen Bogen von 150 Graden durchlaufen kann. Jeder Grad ist wieder in 20 Theile eingetheilt. Das Pendel wird in seiner ursprünglichen Stellung durch einen Elektromagneten erhalten, dessen Thätigkeit durch einen vor der Geschützmündung vorbeigeführten Strom herbeigeführt wird. Dieser Magnet wirkt unmittelbar auf ein Stück Eisen, welches in die Pendellinse eingelassen ist. Durch einen zweiten Elektromagneten kann der Zeiger des Pendels in seiner Bewegung aufgehalten werden, ohne daß das Pendel selbst plötzlich zur Ruhe gebracht wird. Dieser zweite Magnet wirkt direct auf eine eiserne Scheibe, an welcher der Zeiger befestigt ist.

194 Pulverproben.

Der Stromschließer besteht aus einem lothrechten Stifte, längs dessen ein Elektromagnet sich bewegen kann, der seine Thätigkeit von einem Strome erhält, welcher durch eine auf eine bekannte Entfernung vor der Geschützmündung aufgestellte Rahmenscheibe läuft. Der leitende Draht ist auf dieser Scheibe ausgespannt, um durch den die Scheibe treffenden Schuß zerrissen zu werden. Der Elektromagnet des Stromschließers trägt bei geschlossener Kette an seiner unteren Polfläche ein kleines, birnförmiges Bleigewicht, das für diesen Zweck an der Berührungsstelle mit der Polfläche einer Stahlspitze versehen ist. Wenn die Kugel durch die Scheibe bringt, wird der Strom unterbrochen, in Folge dessen das Bleigewicht auf ein Metallplättchen fällt, welches sich in der Kette befindet. Durch den Druck des Bleigewichtes wird in dem Metallplättchen eine Biegung erzeugt und somit der Strom geschlossen, durch den derjenige Elektromagnet in Thätigkeit versetzt wird, welcher den Zeiger des Pendels anzuhalten bestimmt ist.

Der Stromunterbrecher ist ein kleines, mit einem Drücker versehenes Instrument, welches dazu dient, den Zeitverlust anzugeben, welchen die beiden Elektromagneten sowie die Bewegung des Bleigewichtes beim Auffallen auf das Metallplättchen erleiden. Durch den Stromunterbrecher kann die gleichzeitige Unterbrechung der beiden Ströme bewirkt werden, welche von der Kugel, einer nach dem andern, unterbrochen werden sollen. Der in diesem Falle von dem Zeiger des Pendels zurückgelegte Schwingungsbogen wird von dem bei Ausführung des Versuches gefundenen Schwingungsbogen abgezogen und aus der Gradanzahl die Zeit berechnet.

Bei dieser Berechnung wird nun auf Kosten der Zeit, welche das Geschoß gebraucht haben soll, auch in Rechnung gebracht die Zeit, welche nothwendig ist, damit der Elektromagnet das in die Pendellinse eingelassene Stück Eisen loslasse, ferner die Fallzeit des Bleigewichtes und schließlich die Zeit, welche einestheils zum Schließen der ersten Kette beim Einschlagen des Geschosses und anderentheils zum Verschwinden des Magnetismus in dem Elektromagneten des Stromschließers erforderlich ist. Es können sich also hier kleine Fehler einschleichen, dieselben werden aber erheblich vergrößert werden, wenn man bei Ausführung des Versuches nicht alle die von dem Erfinder vorgeschriebenen Vorsichtsmaßregeln beachtet. Unter diesen sind besonders hervorzuheben: vollständiger Schutz des Apparates gegen die Bewegung der atmosphärischen Luft sowie gegen Staub und Feuchtigkeit; Abhaltung jeglicher zufälligen Erschütterungen des Pendels und des Stromschließers; Beachtung einer bestimmten Temperatur. Sinkt nämlich in dem Versuchsraum die Temperatur unter 12,5° C., so fallen die Ergebnisse so unregelmäßig aus, daß denselben gar kein Werth beizumessen ist.

γ. Der elektro-ballistische Chronograph von Le Boulengé*).

Der Apparat Fig. 39 und 40 besteht im Wesentlichen aus vier Theilen:
1. dem Chronometer a, in Ruhe erhalten durch den Elektromagneten l;

---

*) Eine ausführliche Beschreibung dieses Apparates findet man in: Mémoire sur un chronographe electro-ballistique par P. Le Boulengé. Paris et Liège 1864.

Pulverproben.

Fig. 39.

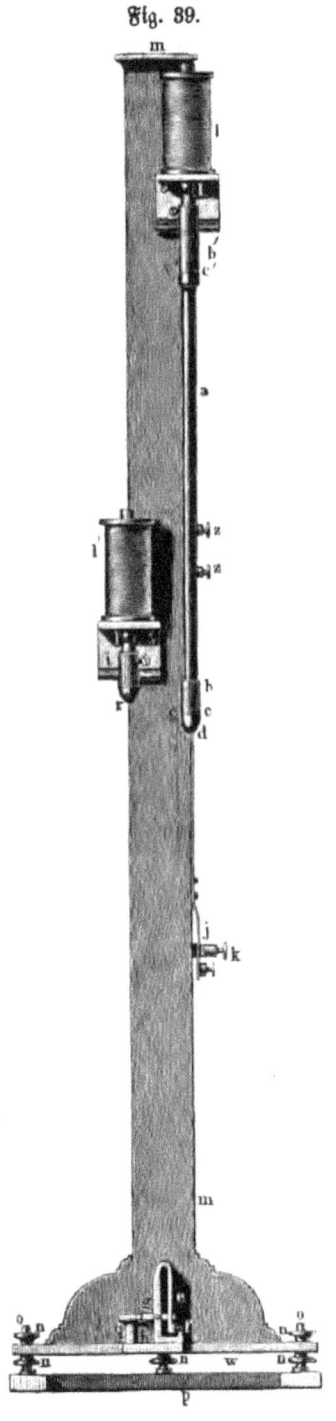

Fig. 40.

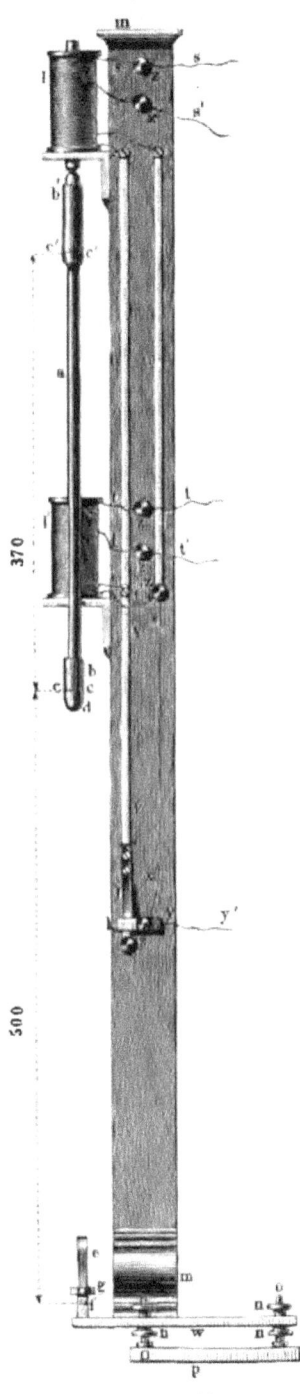

13*

2. dem Drücker (la détente) *e*, dazu bestimmt, auf dem in Bewegung befindlichen Chronometer einen Strich anzubringen;
3. dem Gewicht *i*, durch den Elektromagneten *l'* in Ruhe erhalten und dazu bestimmt, den Drücker in Thätigkeit zu setzen;
4. dem Ausschalter *j*, welcher die Bestimmung hat, gleichzeitig die beiden elektrischen Ströme zu unterbrechen, welche die Elektromagneten des Chronometers und des Gewichtes in Thätigkeit setzen.

Der Chronometer *a* ist ein cylindrischer Stahlstab, dessen freier Fall dazu dient, die Zeit nach dem Betrage seines Falles zu messen. An den beiden Enden des Stabes befindet sich eine dünne, aus geleimtem Papiere gerollte Hülse (cartouches récepteurs) *b*, *b'*, welche auf dem Cylinder einen genau vermerkten Sitz hat, insofern nämlich als ihre unterste Fläche auf einen Vorsprung *c*, *c* und *c'*, *c'* aufstößt. Um beim Herabfallen des Chronometers eine Abweichung von der senkrechten Richtung zu vermeiden, ist derselbe seiner Länge nach durchbohrt, am unteren Ende aber durch einen stählernen, mit Schraubengewinde versehenen Stöpsel *d* verschlossen, wodurch der Schwerpunkt nach unten gelegt wird. Der Stöpsel bildet zugleich die Stütze der unteren Hülse *b*.

Der Drücker besteht aus einer großen Feder *e*, deren beweglicher Arm an seinem unteren Ende einen scharfen Stahlmeißel *f* besitzt. Die Feder wird durch den Hebelarm *g* festgehalten oder gespannt, dessen von unten nach oben durch eine kleine Feder *h* gedrückter Schweif den Stoß des Gewichtes *i* aufnimmt. Sämmtliche Theile des Drückers sind aus Stahl.

Das Gewicht *i*, ebenfalls aus Stahl, ist cylindroconisch geformt und hat eine abgerundete Spitze; es ist hohl und ähnlich wie der Chronometer durch einen Stöpsel *r* verschlossen.

Der Ausschalter besteht aus einer in der Lamelle *v*, *v'* befestigten, stählernen Klinge *j*, welche die Ströme durch Berührung mit der Klemmschraube *k* schließt. Drückt man auf den unterhalb *k* befindlichen Knopf, so hört die Berührung auf und die Ströme werden unterbrochen.

Die beiden Elektromagneten *l*, *l'* und der Ausschalter sind an der aus hartem und trockenem Holze bestehenden Säule befestigt. Eine eiserne Platte *w*, welche den untersten Theil des Säulenfußes bildet, trägt den Drücker.

Der Apparat wird mit Hülfe von Stellschrauben *o*, *n* auf drei verticalen Bolzen befestigt, welche Theile der eisernen Platte *p* bilden. Letztere wird mit Holzschrauben an den Experimentirtisch festgeschraubt.

Was nun die Stromleitung *s*, *s* des Chronometers und die *t*, *t* des Gewichtes anlangt, so geht eine jede auf einen Scheibenrahmen, der in der Flugbahn des Geschosses, dessen Geschwindigkeit gemessen werden soll, aufgestellt ist. Die Entfernung (*E*) der beiden Rahmen ist so gewählt, daß das Geschoß etwa 0,1 Secunde Zeit gebraucht, um sie zu durchlaufen. Wird nun diese Leitung unterbrochen, so bleibt in den Elektromagneten stets noch Magnetismus zurück, welcher, wenn sehr kleine Zeitunterschiede angegeben werden sollen, aufgehoben werden muß. Zu diesem Zwecke ist um den Elektromagneten *l* und *l'* ein zweiter dünner Draht *s'*, *s'* beziehungsweise *t'*, *t'* aufgewickelt, welche zwei Drähte eine Nebenleitung herstellen, in welcher die Richtung der Ströme umgekehrt ist, so daß, wenn die

Pulverproben. 197

Umwicklungen des Hauptdrahtes dem Elektromagneten einen unteren positiven Pol geben, die des Nebendrahtes ihm einen unteren negativen Pol zu geben suchen.

Um die Anordnung der Leitungen zu vereinfachen, gehen die indirecten Leitungen ebenso wie die directen von dem positiven Pole einer jeden Batterie aus und sind wie diese bei dem Austritte aus den Elektromagneten in einem gemeinschaftlichen Drahte vereinigt, welcher nach k führt, von wo die verbundenen Ströme ihren Lauf durch den gemeinschaftlichen Draht y, y' vollenden, der zu dem negativen Pole führt.

Um den Apparat zu handhaben, setzt man, nachdem die Scheibenrahmen und die Leitungen, welche die Verbindung mit dem Apparate herstellen sollen, eingerichtet sind, einen der von dem ersten Rahmen kommenden Drähte mit dem positiven Pole einer der beiden Batterien, welche mit ihren negativen Polen vereinigt sind, in Verbindung. Der zweite Draht wird durch eine Klemmschraube s mit dem Elektromagneten des Chronometers verbunden. Dasselbe Verfahren beginnt darauf mit den Drähten des zweiten Scheibenrahmens, mit der zweiten Batterie und dem Elektromagneten des Gewichtes. Darauf bringt man einen Leitungsdraht von der Klemmschraube k nach einem der negativen Pole an und damit sind die directen Leitungen vollendet.

Um die Nebenleitungen herzustellen, genügt es, dieselben positiven Pole resp. mit den Klemmschrauben von s', s' und t', t' zu verbinden; diese Leitungen erhalten durch den gemeinschaftlichen Draht ihre Vollendung.

Im Ganzen sind also fünf Drähte mit dem Apparate verbunden.

Ehe man zu operiren beginnt, thut man wohl, sich von der Richtung der Ströme und deren Stärke zu überzeugen. Erstere erfährt man leicht, wenn man eine Magnetnadel den Elektromagneten nähert. Ist der Ausschalter geschlossen, so wird der eine Pol angezogen, während der andere Pol angezogen wird, so wie der Ausschalter geöffnet ist. Die Stromstärke muß so groß sein, daß der Chronometer und Gewicht ganz festgehalten werden. Die Stärke der umgekehrten Ströme muß hinreichen, wenn sie allein thätig sind, einen kleinen, eisernen Probecylinder festzuhalten. Sind diese Ströme zu stark und neutralisiren sie zu sehr die Wirkung der directen Ströme, so genügt es, in ihrem gemeinschaftlichen Theile als Widerstand einen Platindraht von bestimmter Länge einzuschalten.

Ist der Apparat in Ordnung, so werden die Hülsen auf den Chronometer gesteckt, letzterer und das Gewicht an ihre Elektromagneten gehängt und die Feder des Drückers gespannt.

Sowie man nun eine Ausschaltung bewirkt, welches geschieht, wenn man auf den unter k befindlichen Knopf drückt, so werden die Ströme gleichzeitig unterbrochen, der Chronometer a und das Gewicht i fallen ab.

Der Apparat ist so aufgestellt, daß das Gewicht in seinem Falle den Drücker e in dem Augenblicke frei macht, wo die untere Hülse bei dem Meißel f vorbeifällt; dieser greift in die Hülse und drückt darin einen Strich ein. Ueber dieser Stelle macht man mit Bleistift einen Strich und schaltet ein- oder zweimal aus, wobei man jedesmal die Hülse ein wenig dreht, damit die sich folgenden Striche neben einander zu liegen kommen.

Bezeichnet man nun die Höhe, von welcher der Chronometer von dem Augen=

Pulverproben.

blicke seiner Bewegung an bis zu dem Augenblicke herabgefallen ist, wo die Hülse vom Meißel getroffen wurde, mit h, so giebt $t = \sqrt{\dfrac{2h}{g}}$ ($g = 9{,}8108$ m) die entsprechende Fallzeit an.

Aendert sich die Fallzeit nicht oder wechselt dieselbe in den Grenzen einiger Decimillimeter, so ist der Apparat zum Schießen fertig.

Ist der Schuß abgegeben, so erfolgt die Unterbrechung der Ströme erst nach und nach durch das die Scheibenrahmen durchschlagende Geschoß. Der Chronometer wird also zuerst fallen und dann erst das Gewicht, in Folge dessen der Strich in die obere Hülse eingedrückt werden wird. Bezeichnet man diese zweite Fallhöhe mit h' und die dieser entsprechenden Zeit mit t', so wird $t' - t$ genau die Zeit sein, welche das Geschoß gebraucht hat, um den Raum, welcher die beiden Scheiben von einander trennt, zu durchfliegen, $\dfrac{E}{t'-t}$ also die Geschwindigkeit sein, welche das Geschoß in der Mitte dieses Zwischenraumes besaß.

Um die Zeit zu controliren, welche der Apparat bei gleichzeitiger Ausschaltung ergiebt, schob le Boulengé in die beiden Leitungen den Ausschalter eines elektro-ballistischen Pendels ein. Die beiden Ströme gingen durch Drähte, welche auf einem und demselben Scheibenrahmen dergestalt befestigt waren, daß sie gleichzeitig vom Geschoß zerrissen wurden. Die hierbei erzielten Fallhöhen waren dieselben wie beim Chronographen.

Schwieriger war die Controle der bei nach und nach stattfindender Ausschaltung angegebenen Zeit. Es bedurfte hierzu eines besonderen Instrumentes, welches le Boulengé den Controleur nennt. Derselbe besteht aus einem Cylinder von Schmiedeeisen, Fig. 41, der an einem Doppelelektromagneten aufgehängt ist,

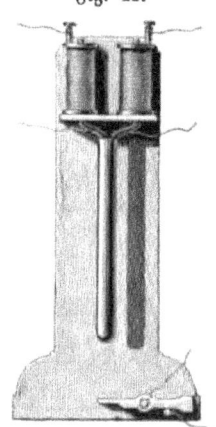

Fig. 41.

welchen eine besondere Batterie in Thätigkeit setzt. Die beiden Stäbe sind an ihrem unteren Ende krumm gebogen, so daß ein jeder der solchergestalt einander genäherten Pole dem aufgehängten Cylinder einen Berührungspunkt bietet. Die beiden Stäbe befinden sich isolirt und bilden einen Theil der Leitung des Chronometers. Letztere wird also geschlossen, so wie der Cylinder aufgehängt wird. Unterbricht man die specielle Leitung des Controleurs, so fällt der Cylinder herab und schlägt auf den Schweif eines Hebels, dessen vorderer Theil durch seine Berührung mit einem Messingstifte die Leitung des Gewichtes schließt. Kennt man nun genau die Entfernung der Grundfläche des aufgehängten Cylinders von dem Schweif des Hebels, so läßt sich daraus die Zeit berechnen, welche zwischen den beiden Unterbrechungen der Leitung liegen muß. Diese gefundene Zeit muß mit der von dem Chronographen gegebenen übereinstimmen, wenn der Apparat fehlerfrei sein soll.

Nach einer Reihe von Versuchen, die in dieser Richtung angestellt wurden,

Pulverproben.   199

ergab sich im Mittel eine Differenz von 0,000204 Secunden, welche der Chronograph zu hoch anzeigte.

Auf Grund eines Berichtes von Melsens an die belgische Akademie (Bulletins de l'academie, 2. Serie, Tome 17, Nr. 2) gaben Versuche mit den Apparaten von Navez und le Boulengé für den Apparat des letzteren eine viel größere Uebereinstimmung als bei dem von Navez. Merkwürdiger Weise zeigten sich indeß mit dem le Boulengé'schen Apparate geringere Geschwindigkeiten.

Die Reibung fällt bei diesem Apparate vollständig weg und bei dem Fall des Chronometers und des Gewichtes kommt nur der Widerstand der Luft in Betracht, im Uebrigen ist aber auch hier die Zeit nicht in Rechnung gebracht, welche die einzelnen Stücke des Apparates gebrauchen, um in Thätigkeit zu kommen, wie denn auch der Umfang, innerhalb welches von dem Apparate die Zeitangabe gemacht worden, höchstens 0,5 Secunden beträgt, wie selbst le Boulengé zugiebt*).

d. Die elektrische Klepsyder von le Boulengé.

Da der elektrische Chronograph von le Boulengé nur zur Bestimmung relativ kurzer Dauerzeiten geeignet ist, weil die Fallhöhen ungemein schnell mit der Zeit wachsen, so suchte le Boulengé diesen Fehler dadurch zu vermeiden, daß er das Ausfließen einer Flüssigkeit als Chronometer benutzte, indem er die Zeit aus dem Gewichte der Ausflußmenge bestimmte, welche er während der zu messenden Intervalle erhalten hatte.

Weil bei diesem Apparate das Ausfließen der Flüssigkeit auf elektro-magnetischem Wege geregelt wird, so nannte er den Apparat elektrische Klepsyder. Unter Klepsyder verstanden die Alten nämlich eine Uhr, in welcher durch Auslaufen einer bestimmten Menge von Wasser der Lauf der Zeit angezeigt wurde.

Der Apparat**) Fig. 42 (a. f. S.) und Fig. 43 besteht aus einem runden Behälter A von 20 cm Durchmesser und 3 cm Höhe zur Aufnahme des Quecksilbers bestimmt und wird von einer hohlen, centralen, 20 cm hohen Säule B getragen, welche in einem mit Stellschrauben X versehenen Dreifuße endigt. Dieser Behälter sowie Säule und Fuß sind von Gußeisen und stehen auf einer runden Platte C von demselben Metalle, welche einen erhöhten Rand hat, um das Quecksilber aufzunehmen, welches aus Unvorsichtigkeit aus dem Aufnahmebehälter D ausfließen könnte.

Eine gußeiserne Scheibe E bedeckt den Behälter A und trägt die Bestandtheile des elektrischen Apparates.

---

*) Réponse aux applications émises sur le chronograph le Boulengé dans les récentes publications de M. M. le Colonel Leurs et le Major Navez par le Lieutenant le Boulengé. Paris et Liège. 1865, p. 67.

**) Ueber das Nähere f. Etude de ballistique expérimentale. Détermination au moyen de la Clepsydre électrique de la durée des trajectoires. Bruxelles 1868.

200   Pulverproben.

Die hohle Säule B endet unten in eine Oeffnung mit dünnen Wänden, welche durch ein conisches Ventil zur Verhinderung des Ausfließens des Quecksilbers geschlossen ist. Die Oeffnungsscheibe, der Körper des Ventils R und das Lager

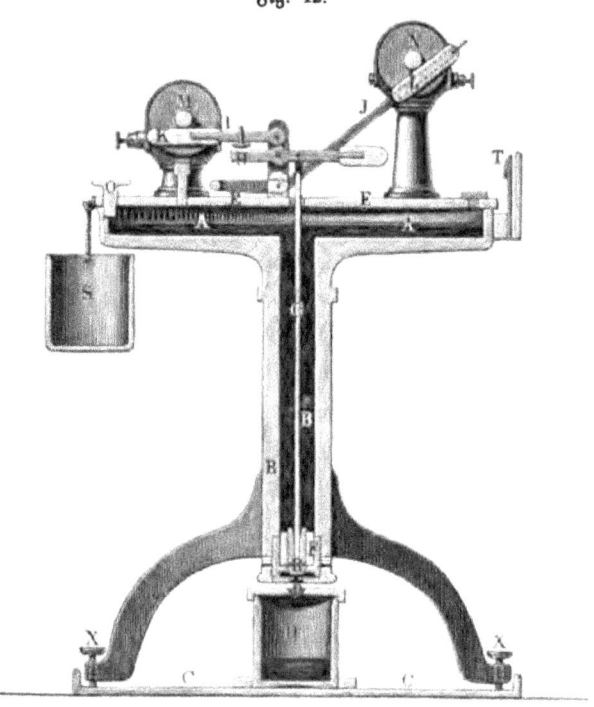

Fig. 42.

Fig. 43.

Pulverproben.

F, auf welchem derselbe ruht, sind von Stahl. Eine unbiegsame Stange G, die an ihrem unteren Theile mit dem Ventile verbunden ist, geht in der Achse des Behälters A in die Höhe durch eine centrale Oeffnung im obersten Deckel E und stützt sich über dem letzteren an einen horizontalen Hebel H, den Ventil= hebel. Drückt man auf den Arm dieses Hebels, so öffnet sich das Ventil und das Quecksilber fließt aus, hört der Druck auf, so schließt sich das Ventil und das Ausfließen des Quecksilbers wird sistirt.

Das Oeffnen und Schließen des Ventils werden durch zwei Hebel I und J, deren Enden mit weichem Schmiedeeisen K, L umgeben sind, hervorgebracht. Im Zustande der Ruhe werden sie durch die Elektromagneten M und N festgehalten. Der zum Schließen des Ventils bestimmte Hebel J ist aus zwei parallelen Stücken gebildet, welche auf einer Seite durch die Bekleidung und auf der anderen durch einen Riegel verbunden sind, durch welchen der Hebel gehalten werden soll.

Wird der die Thätigkeit des Elektromagneten M erzeugende elektrische Strom unterbrochen, so fällt der zum Oeffnen des Ventils bestimmte Hebel I auf den Ventilhebel, öffnet das Ventil und das Quecksilber läuft dann in den Behälter D.

Wird der zweite Strom unterbrochen, welcher den Elektromagneten N in Thätigkeit setzt, so fällt der schließende Hebel J ab und hebt den öffnenden Hebel I bis zu seiner früheren Lage; dadurch wird der Ventilhebel frei, das Ventil fällt in seinen Sitz zurück und das Ausfließen des Quecksilbers hört auf. Ein Auf= haltehaken T verhindert die zitternde Bewegung des schließenden Hebels J nach seinem Fall.

Bei der Anwendung des Apparates werden die beiden Ströme nach ein= ander durch das Geschoß unterbrochen und zwar erfolgt das Ausfließen des Queck= silbers, sowie das Geschoß den ersten Gitterrahmen durchbricht; berührt das Ge= schoß den zweiten Gitterrahmen, so wird das Ausfließen eingestellt.

Nimmt man nun an, daß der Apparat einen constanten Ausfluß bewirkt und bezeichnet man das Gewicht des in den Behälter D geflossenen Quecksilbers mit P' und die Quecksilbermenge, welche bei constantem Ausflusse in der Secunde durch die Ausflußöffnung geht, mit P, so würde $\frac{P'}{P}$ die Zeit ausdrücken, welche von dem Augenblicke der Oeffnung bis zum Augenblicke der Schließung des Ven= tils verflossen ist. Der Quotient $\frac{P'}{P}$ würde auch die Zeit angeben, welche zwi= schen der Unterbrechung der beiden elektrischen Ströme verging, wenn das Ventil sich genau in dem Momente öffnete und schlöße, in welchem der correspondirende Strom unterbrochen wurde; allein bei Unterbrechung des ersten Stromes bedarf es einiger Zeit für den Fall des Hebels, und ebenso für die völlige Erhebung des Ventils. Aehnliche Zeiten vergehen zwischen der Unterbrechung des Stromes für den Schluß des Ventils und dem Aufhören des Ausflusses.

Um die Bestimmung dieser partiellen Zeiten zu umgehen, hat le Boulengé die Methode der gleichzeitigen Unterbrechung der Ströme in Anwendung gebracht, eine Einrichtung, wie sie bereits von dessen Chronographen bekannt ist. Werden nämlich beide Ströme gleichzeitig durchschnitten, so wird der erste Hebel

202 Pulverproben.

das Ventil eine bestimmte Zeit früher öffnen als der zweite daſſelbe ſchließt. Bezeichnet man das Gewicht des Queckſilbers, welches bei dieser gleichzeitigen Unterbrechung ausläuft, mit p, so giebt der Quotient $\dfrac{P'-p}{P}$ die Zeit an, welche zwiſchen der Unterbrechung der beiden Ströme verfloſſen iſt.

Der Ausſchalter Fig. 44 und 45 beſteht aus einer kreisförmig gebogenen Feder t, deren freies Ende in eine Nabe x tritt, wenn man auf den Knopf z drückt. In dieſer Lage geſtattet ſie den beiden ſtählernen Plättchen q und q' ſich gegen die Leitſtifte r und r' zu ſtützen und durch dieſen Contact die beiden elektriſchen Ströme zu ſchließen. Löſt man die Nabe, ſo ſchnellt die Feder empor, ihr Riegel u, der mit einer iſolirten Elfenbeinplatte belegt iſt, hebt die beiden Plätt=chen in die Höhe und unterbricht die Ströme. Durch die mit Schrauben=gewinden verſehenen Stifte r und r' kann die Höhe der Plättchen dergeſtalt regulirt werden, daß ſie gleichzeitig von der Feder gehoben werden. Der Kopf der Schraube r be=grenzt den Weg der Feder. Die Stützfläche des Aus=ſchalters iſt mit einem Plättchen Kautſchuk belegt, um die Vibrationen des=ſelben zu beſeitigen, wo=durch es geſtattet wird, ihn auf denſelben Tiſch wie den Apparat zu ſtellen.

Fig. 44.

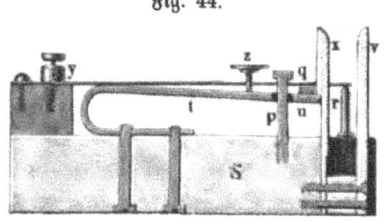

Fig. 45.

Die Erfahrung hat ge=lehrt, daß dieſer Ausſchal=ter vollkommen fehlerfrei iſt; einmal regulirt, ver=ändert er ſich nicht.

Bei den obigen Aus=führungen wurde der Ausfluß als conſtant angeſehen, obſchon er es in Wirklich=keit nicht iſt, denn mit der Dauer des Ausfluſſes des Queckſilbers vermindert ſich auch die Druckhöhe und mit ihr die Menge des ausfließenden Queckſilbers, wie denn auch dabei eintretende Temperaturveränderungen von einigem Einfluſſe ſind. In dieſer Richtung ſind von le Boulengé ausgedehnte Unterſuchungen angeſtellt worden, aus welchen ſich ergiebt, daß wegen der großen Oberfläche des Queckſilberbodens verglichen mit der Ausflußöffnung das Sinken des Niveau für eine Secunde etwa ein Zehntel Millimeter beträgt, man deshalb annehmen kann, daß der Ausfluß binnen einer Secunde conſtant iſt und daß bei dem Uebergange

Pulverproben.

einer Secunde zu einer folgenden der Betrag des Ausflusses um ein constantes Maß abnimmt, da die bei einem Versuche gefundene Differenz ein Zehnmilliontheil eines Grammes betrug, was für den vorliegenden Fall auf Zeit ausgerechnet 0,000000002 Secunden entspricht.

Um eine Zeittabelle auf experimentellem Wege herzustellen, hat le Boulengé einen eigenen etwas complicirten Apparat construirt, welcher aus einem Secundenregulator besteht, dessen Pendelstange, indem sie auf ein System von zwei kleinen metallischen Ankern einwirkt, den Zweck hat, den Oeffnungs- und Schließungsstrom zu unterbrechen. In Bezug auf die weiteren Ausführungen in dieser Beziehung muß auf die Originalabhandlung verwiesen werden.

Was nun den Gebrauch des Apparates bei Schießübungen anlangt, so ergiebt sich dessen Anordnung aus Fig. 46. Die Oeffnungsleitung a, b, c, d, e, f, g

Fig. 46.

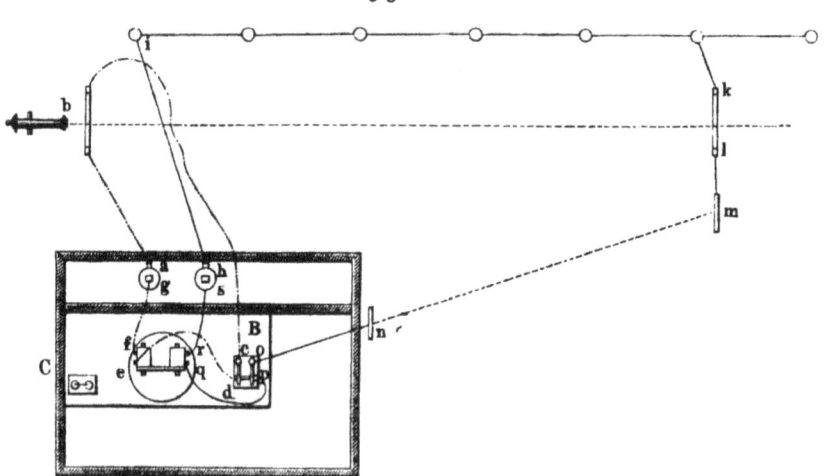

enthält den ersten Scheibenrahmen b, den Ausschalter und den öffnenden Elektromagneten a, g; sie geht vor der Mündung des Geschützes vorbei, entweder auf einem gewöhnlichen, 10 m vor dem Geschütz aufgestellten Scheibenrahmen oder auf einen einfachen Metalldraht, der vor der Mündung ausgespannt wird.

Die Schließungsleitung h, i, k, l, m, n, o, p, q, r, s enthält den zweiten Scheibenrahmen, den Ausschalter und den Schließungselektromagneten h, s. Der Strom wird durch die Leitung i, k zum Scheibenrahmen k, l geführt und gelangt dann durch die Metallplatte m in den Erdboden. Durch eine zweite Metallplatte n, die ebenfalls wie die erste in Wasser oder feuchter Erde liegt, wird die Leitung für den Apparat fortgesetzt.

Nachdem diese äußeren Maßregeln getroffen, überzeugt man sich, ob die Ströme kräftig genug sind, die Hebel der Klepsyder festhalten, stellt dann das Niveau des Quecksilbers her und bewirkt die Ausschaltung, deren man drei vor jedem Schusse vornimmt. Da das Quecksilber stets in dasselbe Gefäß läuft, so

204 Pulverproben.

ist sein Gesammtgewicht, dividirt durch drei, das einer Ausschaltung. Sodann beginnt man mit dem Schießen.

Die Wägungen erfolgen auf einer Wage, die bis zu einem halben Centigramm empfindlich ist. Dieser Grad der Genauigkeit genügt vollkommen, da ein halbes Centigramm eine geringere Zeit als von $1/1200$ einer Secunde vortritt.

Um den Apparat auch zur Ermittelung der Zeitdauer der Flugbahn von Bomben verwenden zu können, benutzte le Boulengé, da der zweite Strom wegen der sehr großen Streuung der Bomben sehr schwer im Scheibenrahmen von ihnen unterbrochen werden kann, die Erschütterung des Erdbodens, welche in der Nähe des Fallpunktes der Bombe erzeugt wird, um den Schließungsstrom des Elektromagneten N (Fig. 42) zu unterbrechen.

Zu diesem Zwecke wird am Fuße der Stange, nach welcher man zielt, eine kleine Büchse aufgestellt, welche das in Fig. 47 und 48 abgebildete System enthält. Es besteht aus einem Elektromagneten A, der einen Hebel B festhält, dessen Ende C aus Schmiedeisen das Uebergewicht hat. Dieser Elektromagnet wird durch einen Strom a, b, c, d in Thätigkeit gesetzt. Der Schließungsstrom der Klepsyder kommt zur Achse des Hebels durch den Leiter g und zum Kerne des Elektromagneten durch den Leiter f. Dieser Strom wird also unterbrochen, sowie der Hebel B abfällt. Mittelst des beweglichen Kernes regulirt man die Anziehungskraft des Magneten derart, daß der Hebel beim geringsten Stoße sich löst. Unter diesen Verhältnissen bewirkt die in der Gegend der Büchse aufschlagende Bombe die Unterbrechung des Stromes f, g durch die von ihr hervorgebrachte Erschütterung.

Fig. 47.

Fig. 48.

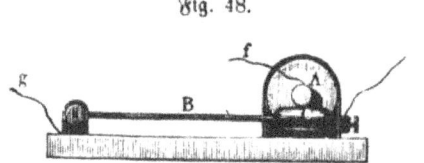

Mit Hülfe dieses Systemes wurden durch die Klepsyder die Dauerzeiten von Bomben, deren Gewicht 58,7 Kg und deren Ladung 1,240 Kg betrug, gemessen. Bei einer Entfernung von 1000 m betrug die mittlere Zeit der Flugbahn 15,0388 Secunden.

Pulverproben.

ε. **Der Chronograph von Bashforth.**

Der Apparat von Navez sowohl wie der von le Boulengé gestattet, wie sich aus dem Obigen ergiebt, die Bestimmung der Geschoßgeschwindigkeit nur an einer einzigen Stelle der Flugbahn. Eine wesentliche Verbesserung in dieser Beziehung bietet der im Jahre 1865 von dem Engländer Bashforth construirte Chronograph, vermittelst dessen die Geschwindigkeit eines Projectils an vielen Stellen seiner Bahn bestimmt werden kann.

Der Apparat erinnert in manchen Beziehungen an den von Martin de Brettes, da ein sich drehender Cylinder und ein Markirstift die Hauptrolle hierbei spielen.

Die Einrichtung des Chronographen ist folgende:

Durch das Schwungrad A, Fig. 49 (a. f. S.), wird einem mit präparirtem Papiere umgebenen Cylinder K von 0,31 bis 0,36 m Länge und 0,104 m Durchmesser eine drehende Bewegung gegeben. Durch diese Drehung wird zu gleicher Zeit mit Hülfe des Zahnrades B ein Räderwerk M in Thätigkeit gesetzt und dadurch die Schnur C, D aufgewickelt. Da nun die letztere mit ihrem oberen Ende bei D an dem verschiebbaren Rahmen S befestigt ist, so werden die an diesen Rahmen angebrachten Markirstifte m, m' bei der Umdrehung des Cylinders von oben nach unten rücken. Die Bewegung des Schwungrades wird durch eine Kurbel in der Weise bewirkt, daß in 2 Secunden drei Umdrehungen erfolgen. Jeder Umdrehung des Cylinders entspricht eine verticale Bewegung des Rahmens von 0,85 cm. Die Lage der Markirstifte m, m' wird durch ein Hebelwerk bedingt, auf welches die Ankerhebel d und d' der Elektromagneten E und E' wirken. Wird nämlich der Hebel h niedergedrückt, so werden die Federn gehoben und durch die Berührung von m, m' mit der Papierhülse des Cylinders wird auf ersterer von den Stiften eine Spirale beschrieben. Tritt aber eine Unterbrechung des Stromes ein, so wird durch die Abreißfeder f der Ankerhebel d von seiner Anziehungslage abgezogen; durch den Arm a wirkt er sodann auf das Hebelwerk b, wodurch der Stift m seitwärts geschoben wird, also jetzt eine andere Bahn beschreiben muß wie zuvor. Wird der Strom von Neuem geschlossen, so wird durch den Ankerhebel d der Stift wieder in eine Lage versetzt, bei welcher er gleichsam die Fortsetzung der ersten Spirale beschreibt. Nach der Aenderung der Lage des Stiftes auf dem Papiere läßt sich die Zeit von einer Stromunterbrechung bis zur anderen mit Hülfe einer Theilmaschine, eines mikrometrischen Zirkels u. s. w. messen, vorausgesetzt daß die Uhrzeichen markirt worden sind. Zum Verständniß hierfür sei bemerkt, daß die Spirale des unteren Elektromagneten E' in eine Volta'sche Kette eingeschaltet ist, die bei jedem Doppelschlage eines Halbsecundenpendels unterbrochen wird. Der Markirstift m' giebt daher die Uhrzeichen in Secunden auf dem Cylinder an. Die Spirale des Elektromagneten E wird durch eine besondere Batterie in Ketten eingeschaltet, in welchen die Drähte der Gitterrahmen sich befinden, durch die das Geschoß während seines Fluges gehen muß. Somit wird also die Kette für den Elektromagneten E sowohl beim Austritt des Geschosses aus dem Laufe, als auch bei jedem einzelnen Durchgange durch einen Gitterrahmen unterbrochen. Diese Unterbrechungsmomente werden durch einen Stift m verzeichnet und aus

Pulverproben.

Fig. 49.

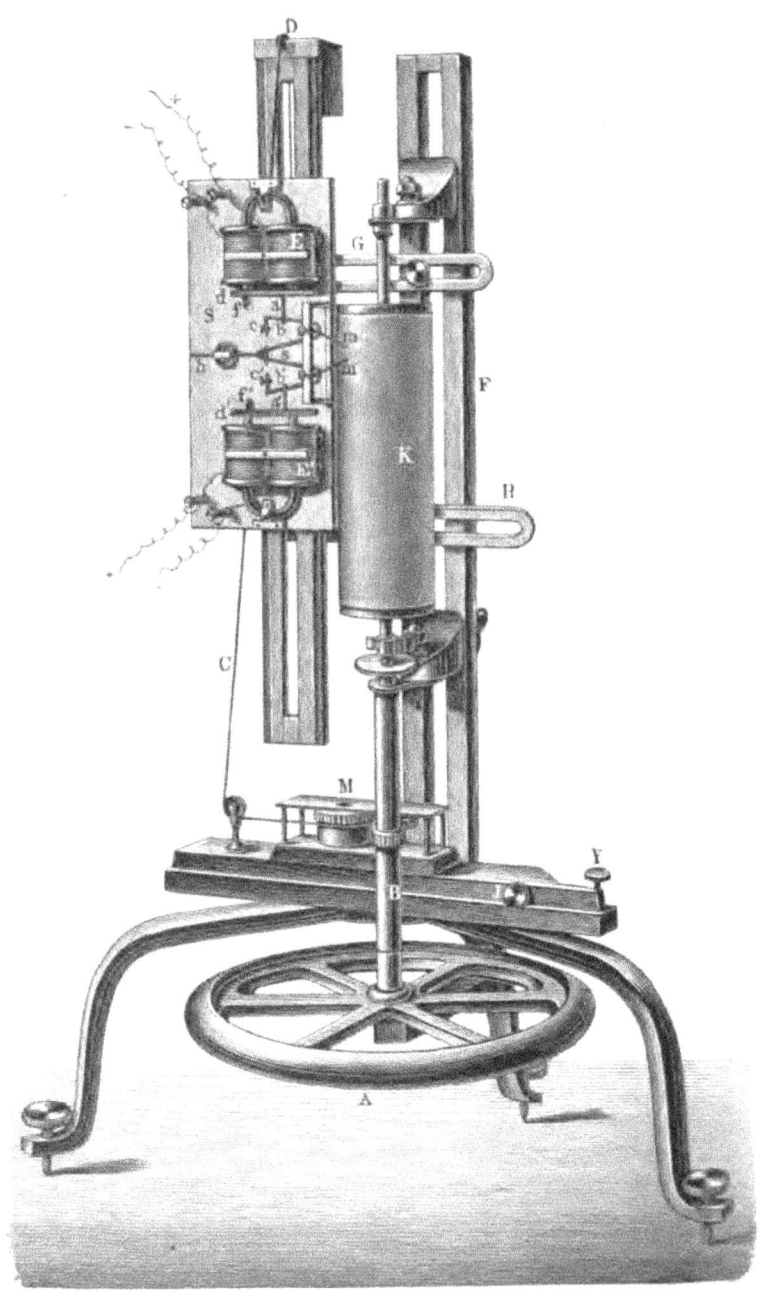

Pulverproben. 207

der Vergleichung dieser sogenannten Schlußmarken mit den Secundenmarken lassen sich für je zwei solcher Stellen in der Flugbahn die Flugzeiten des Geschosses bemessen, aus welchen die Geschwindigkeit berechnet werden kann.

Die Art und Weise, wie die Markirstifte wirken, läßt sich am besten aus Fig. 50, ersehen. Wird der Hebel h (Fig. 49) niedergedrückt, so wird der Arm p (Fig. 50) gehoben und dadurch vermöge des um C, D drehbaren Hebels s der Stift m' mit dem über den Cylinder gespannten Papiere in Berührung gebracht. Die Bewegung des Stiftes wird durch eine Oeffnung des Bogens k, durch welchen er geht, begrenzt und die Spitze behält während der Verschiebung so lange ihre Lage, bis die Kette des Elektromagneten E unterbrochen wird. Tritt dies ein, so wird durch Abziehen des Hebelarmes d' (Fig. 49) der Arm a' in der Richtung des Pfeiles etwas verschoben, wodurch gleichfalls der Hebel b' aus seiner früheren Lage verrückt wird. Da nun der Arm b' mit dem Bogen k einen um die Achse A, B drehbaren Hebel bildet, so wird dieser Bogen eine kurze Drehung um diese Achse nehmen, in Folge dessen der Stift m' eine seitliche Drehung machen muß.

Fig. 50.

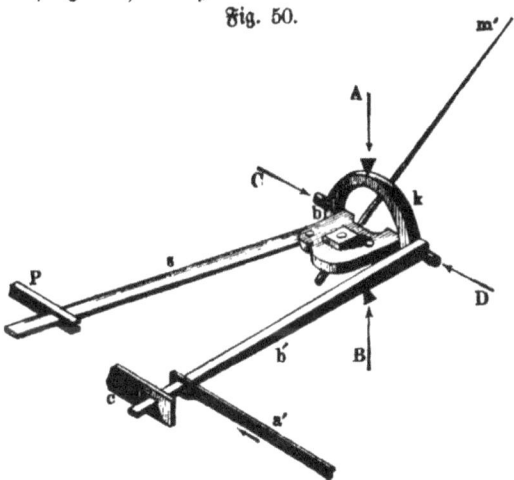

Soll der Chronograph in Thätigkeit gesetzt werden, so ist vor allen Dingen mit Hülfe der bei y angebrachten Schraube das Räderwerk M mit dem Rade B in Eingriff zu bringen, welches durch eine bei J getroffene Drehvorrichtung sehr leicht geschehen kann. Hat man sodann die einzelnen Leitungen richtig hergestellt und das Schwungrad A in Bewegung gesetzt, so kann mit den Schießversuchen begonnen werden.

ζ. Der Chronograph von Noble.

Dieser Chronograph unterscheidet sich von den bereits beschriebenen elektrischen Apparaten dadurch, daß durch denselben nicht die Geschoßgeschwindigkeit außerhalb des Rohres, sondern innerhalb desselben gemessen werden soll. Diesen Zweck sucht Noble dadurch zu erreichen, daß er mit Hülfe von elektrischen Strömungen auf Scheiben, die mit großer, aber gleichförmiger Winkelgeschwindigkeit rotiren, den Augenblick verzeichnet, in welchem das Geschoß eine bestimmte Stelle im Rohre erreicht hat.

Die wesentliche Einrichtung des Apparates läuft darauf hinaus, daß auf einer gemeinschaftlichen und isolirten Welle mehrere dünne kreisrunde Metallscheiben von je 916 mm Umfang befestigt sind. Um diese Scheiben in sehr rasche Rotation zu versetzen, dient ein schweres Fallgewicht, welches durch Vermittelung von vier Stirnradvorgelegen an der Welle angreift. Zur Erhöhung der Umdrehungsgeschwindigkeit wird die Wirkung des Fallgewichtes durch eine auf die zweite Vorlegewelle aufgeschobene Kurbel unterstützt, so daß die Scheiben mit einer linearen Umfangsgeschwindigkeit von 1000 englischen Zollen für die Secunde laufen. An der dritten Vorlegewelle ist ein Uhrwerk angebracht, welches beliebig aus- und eingeschaltet werden kann. Dasselbe giebt die auf eine gewisse Zahl von Umdrehungen verwendete Zeit bis zu einer Genauigkeit von $1/10$ Secunde an. Die Peripherie der Metallscheiben ist mit Papierstreifen, welche man vorher mit Lampenruß geschwärzt hat, bedeckt und mit einem der secundären Drähte eines Inductionsapparates in Verbindung gebracht, während der andere secundäre, sorgfältig isolirte Draht zu einem Entlader führt, welcher der Peripherie der zugehörigen Scheibe in geringem Abstande gegenüber angebracht ist.

In die Wandung des Geschützrohres sind Cylinder C eingeschraubt von der durch die Rohr-Längendurchschnittszeichnung, Fig. 51, und die betreffende Quer-

Fig. 51.

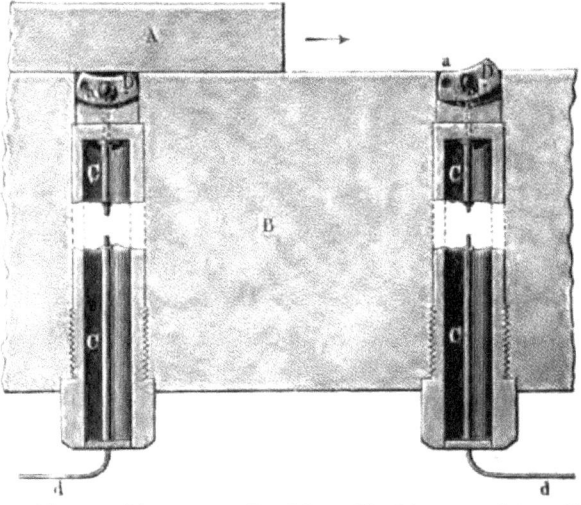

durchschnittszeichnung, Fig. 52, versinnlichten Einrichtung. Diese Cylinder sind da, wo sie in die Seele hineinragen, mit einer Scharnierklappe D versehen. An der einen Seite des Cylinders tritt der primäre Draht d ein, geht durch die bei a befindliche Oeffnung der Scharnierklappe, Fig. 51, und tritt an der anderen Seite des Cylinders wieder aus, Fig. 52. Die beiden Enden dieses Drahtes werden mit den zu dem Apparate führenden Hauptdrähten verbunden, sobald die Cylinder in die Rohrwandungen eingeschraubt sind.

Pulverproben. 209

Bei dem Abfeuern des Schusses drückt das Geschoß A die Klappe D nieder, wodurch der den Oesentheil a der Klappe niederhaltende Draht d des primären Stromes durchschnitten wird. Der Strom der galvanischen Batterie wird dadurch unterbrochen und es entsteht ein Inductionsstrom im secundären Drahte der Inductionsspirale. In demselben Augenblicke springt ein Funken von dem Entlader auf die rotirende Scheibe über, der auf dem Papierstreifen befindliche Ruß wird an der betreffenden Stelle weggebrannt, wodurch ein deutlich wahrnehmbares weißes Pünktchen entsteht. Dieselbe Erscheinung tritt ein, wenn die Klappe des zweiten Cylinders niedergedrückt wird u. s. w.

Nach beendigtem Versuche wird die Funkenreihe auf den Metallscheiben aufgesucht, die Marke auf der ersten Scheibe mit Hülfe einer Mikrometerschraube der Spitze des zugehörigen Entladers genau gegenübergebracht, ein Nonius an dem Ende der Welle befestigt und auf Null eingestellt. Mit den übrigen Scheiben verfährt man in durchaus analoger Weise. Aus der Stellung dieser Punkte auf den verschiedenen Scheiben zu einander läßt sich dann nach der Umdrehungsgeschwindigkeit dieser letzteren die Zeit bestimmen, welche das Geschoß zur Zurücklegung des Weges in der Bohrung des Rohres von einem Cylinder bis zu dem anderen gebraucht hat.

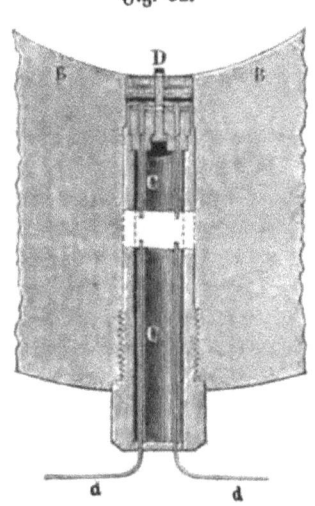

Fig. 52.

Zur Controle der Angaben des Apparates hat man die Einrichtung getroffen, daß immer eine Scheibe, ein Entlader und ein Inductionsapparat gewissermaßen ein Meßinstrument für sich bilden, welches die Stelle des überspringenden Funkens verzeichnet, sobald der primäre Draht durchschnitten wird. Es müssen also die weißen Pünktchen auf sämmtlichen Scheiben in einer geraden Linie parallel zur Welle liegen, wenn alle Klappen in demselben Augenblicke niedergedrückt werden, während die Abweichungen von der geraden Linie die auftretenden Fehler zeigen.

Um nun ein gleichzeitiges Durchschneiden der primären Drähte herbeizuführen, werden sämmtliche Drähte an einem kleinen Rahmen, der in der Nähe der Mündung des Rohres steht, befestigt und durch ein vorn gerade abgeschnittenes Geschoß auf einmal zerschnitten.

An diesem Chronographen hat man wohl mit Recht getadelt, daß die Art des Zerreißens der Drähte durch das Geschoß keineswegs einwurfsfrei sei. Der Kraftaufwand nämlich, welchen das Geschoß zum Niederdrücken der Klappe ausübt, ist so beträchtlich und der Anprall des Geschosses so gewaltig, daß in der cylindrischen Mantelfläche des letzteren häufig tiefe Längseinschnitte entstehen, wodurch ganz entschieden die Geschoßgeschwindigkeit verringert werden muß. Desgleichen ist das Verfahren, die Zahl der Umdrehungen der Metallscheiben zu be-

Das Schießpulver. 14

stimmen, ungenau, da das Uhrwerk durch den Apparat sowohl in Gang gebracht, als auch von demselben wieder aufgehalten wird.

Die von der englischen Prüfungscommission herausgegebene Tabelle der Schießversuche zeigt im Allgemeinen leidliche Resultate, daneben aber auch solche, die für den Apparat noch manches zu wünschen übrig lassen. So ergaben sich z. B. bei einem Schusse für die Zeit zwischen dem dritten und vierten Cylinder 0,000496 Secunden, bei einem anderen Schusse 0,000525 Secunden, wonach die Geschwindigkeit pro Secunde für den ersten Schuß sich zu 1030,5, die für den zweiten zu 973 englische Fuß berechnete, so daß also für beide Schüsse eine Differenz von 57,5 Fuß eintritt.

Neben diesen elektro-ballistischen Apparaten ist schließlich noch zu erwähnen

Der calorimetrische Apparat von Melsens.

In einem mit Quecksilber gefüllten hölzernen Gefäße b, Fig. 53, ist ein mit Schwanzschraube, Lumière und Pulverladung versehener Mörser eingelassen. Vier Schrauben e dienen dazu, die centrale Lage des Mörsers in dem Gefäße aufrecht zu erhalten, so daß dadurch die Achse des Mörsers mit dem Mittelpunkte der Gefäßöffnung c zusammenfällt. Zur Messung der vor und nach dem Schusse herrschenden Temperatur des den Mörser umgebenden Quecksilbers dienen zwei in Zehntel Grade eingetheilte Thermometer d.

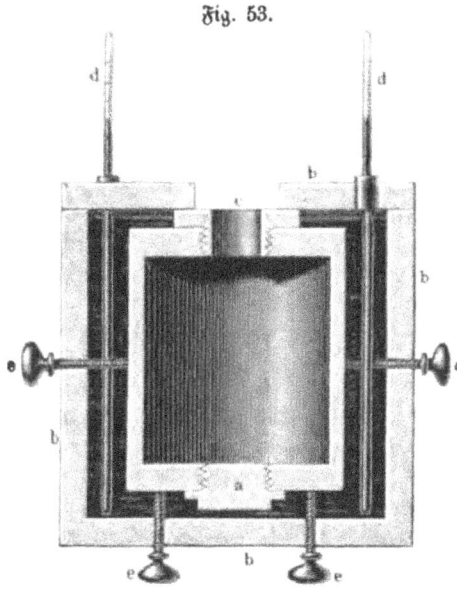

Fig. 53.

Bei Ausführung des Versuches mißt man die Temperatur des Quecksilbers, entfernt dann die Thermometer, entzündet die Ladung und verstopft hierauf die Gefäßöffnung c, damit die nach dem Schusse erfolgte Temperaturerhöhung des Quecksilbers durch die wieder eingesenkten Thermometer möglichst genau (?) bestimmt werden könne. Die Differenz beider Temperaturbeobachtungen dient als Anhaltepunkt für die Schlußfolgerungen zur Bestimmung der beim Schießen mit dem zu untersuchenden Pulver freigewordenen Wärmemenge.

Allgemeines.

Was den Bau von Pulverfabriken anlangt, so ist hinsichtlich der Construction der einzelnen Gebäude, soweit dieselbe von Bedeutung ist, an den einschlagenden Stellen die Rede gewesen. Hier sei nur noch bemerkt, daß man in neuester Zeit jedes Gebäude, in welchem das Mengen der Materialien oder eine der darauf folgenden Operationen vorgenommen wird, mit einem Erdwalle umgiebt, um die Folgen einer etwaigen Explosion zu mildern und die benachbarten Anlagen vor deren Wirkung zu schützen.

Allgemein vorgeschrieben ist es heut zu Tage, daß solche Fabriken nur an abgelegenen Orten erbaut werden dürfen. Früher allerdings geschah die Anfertigung von Pulver vielfach in Städten, allein schon 1528 begegnet man einer Verordnung der Stadt Breslau, wonach kein Pulver mehr in der Stadt gemacht werden soll. Wie weit eine solche Fabrik von bewohnten Gebäuden entfernt sein muß, läßt sich nicht angeben, da in den einzelnen Staaten die Bestimmungen darüber nicht ganz gleich sind.

Eine genaue Calculation über die Anlage und Rentabilität von Pulverfabriken zu geben, ist schwierig, da eine solche von dem Erwerb des Grund und Bodens, dem jemaligen Preise der Materialien, der Maschinen und des Arbeitslohnes bedingt ist. In Spandau und Dresden berechnen sich nach Abzug der Löhne und der Instandhaltung des Fabriketablissements 50 Kg Pulver auf ungefähr 54 Mark, während der Verkaufspreis 90 bis 100 Mark beträgt.

Da die königliche Pulverfabrik in Dresden nicht auf Staatskosten unterhalten wird, so ist die dortige Verwaltung, welche das Pulver an den Staat verkauft, angewiesen, aus dem Gewinne die Instandhaltung und Erweiterung der Fabrik zu beschaffen.

In der Schweiz sind die einzelnen Cantone gehalten, das erforderliche Schießpulver aus den eidgenössischen Pulverfabriken zu beziehen. Der aus dem Verkaufe erzielte Gewinn dient dazu, einen Theil der Bundesausgaben zu bestreiten.

Allgemeines.

Ueber den Verbrauch des Schießpulvers lassen sich genaue Angaben nicht machen, da statistische Notizen in dieser Beziehung zur Kenntniß des Publicums nicht gelangt sind. Von Interesse dürfte aber folgende Zusammenstellung sein über den Verbrauch von Munition in den Feldzügen 1815, 1864, 1866 und 1870 bis 1871.

In dem Feldzuge des Jahres 1815 zählte die preußische Feldartillerie 285 Geschütze; das Maximum von Schüssen, das ein Geschütz im ganzen Feldzuge gethan, war im Durchschnitt 160,83. Im Ganzen wurden 18086 Schuß und Würfe gegeben. Diese bedurften 1480 Centner 96,4 Pfund Eisen und 431 Centner und 34,5 Pfund Pulver.

Im Kriege 1864 in den Elbherzogthümern wurden von Preußen 527484 Zündnadel- und 16000 gereifelte Patronen, zusammen also 534484 Patronen von der Infanterie verfeuert.

Im Feldzuge des Jahres 1866 in Böhmen und am Main haben 268000 Mann Infanterie im Ganzen nur 1843536 Patronen einschließlich der verlorenen und verdorbenen verbraucht und zwar

bie erste Armee incl. der Elbarmee 650363 Patronen
bie zweite „ . . . . . . 739847 „
bie Mainarmee . . . . . 458326 „
so daß aus jedem Gewehre der ersten Armee . . . 6 „
„ „ „ zweiten „ . . . 6 „
„ „ „ Mainarmee . . . 11 „

verschossen wurden, während der durchschnittliche Verbrauch in dem gesammten Heere sich auf 7 Patronen pro Gewehr stellt.

Trotz dieses geringen Gesammtverbrauches wurde bei einzelnen Truppentheilen die Munition doch ziemlich bedeutend in Anspruch genommen. So verbrauchte das erste Bataillon des westfälischen Füsilierregimentes Nr. 37 bei Nachod und Skalitz zusammen 22979 Patronen, das zweite Bataillon desselben Regimentes bei Nachod allein 21810 Patronen, und eine Compagnie des Füsilierbataillons 72. Infanterieregimentes verfeuerte bei Podol binnen 33 Minuten 5700 Patronen, der Mann also 22.

Nach den officiellen Zusammenstellungen ergiebt sich, daß im Feldzuge des Jahres 1870 und 1871 die preußische Feldartillerie, einschließlich des 14. (badischen) Regimentes und der hessischen Abtheilung, 79 leichte, 78 schwere und 38 reitende Feld- nebst 19 leichten und 10 schweren Reservebatterien zu je 6 Geschützen zählte. Diese 1344 Geschütze haben während des ganzen Feldzuges zusammen 267975 Schuß gethan, die leichten Batterien 112770, die schweren 107126 und die reitenden 48079. Es ergaben sich also durchschnittlich für ein Geschütz 199 Schuß.

Die baierische Artillerie bestand aus 12 leichten, 22 schweren und 2 Zwölfpfünderbatterien mit zusammen 216 Geschützen, die im Ganzen 56211, also für ein Geschütz durchschnittlich 260 Schuß abgaben.

Sachsen stellte 6 leichte, 8 schwere und 2 reitende Batterien ins Feld, von denen erstere 8007, letztere 7514 Schuß abfeuerten.

Ueber den Munitionsverbrauch von Seiten der Artillerie in den einzelnen

Allgemeines. 213

Schlachten giebt das Beiheft Nr. 10 zum Militär-Wochenblatt von 1872 interessante Einzelheiten: In der Schlacht bei Wörth fochten 9 reitende, 15 schwere, 17½ leichte Batterien mit 231 Geschützen; sie thaten 9851 Schuß, im Maximum ein Geschütz 78 Schuß.

Auf den Spicherer Höhen kämpften 5 schwere und 8 leichte Batterien mit 78 Geschützen und thaten 2374 Schuß.

Bei Colombey (Borny) kämpften 6 reitende, 9 schwere und 8 leichte Batterien mit 137 Geschützen und thaten 2855 Schuß.

In der Schlacht bei Vionville (16. August 1870) kämpften 8 reitende, 15 schwere, 14 leichte Batterien mit 222 Geschützen; sie thaten 20859 Schuß, im Maximum ein Geschütz 230 Schuß.

Bei Gravelotte (St. Privat le Montagne) kämpften 19 reitende, 43 schwere, 41 leichte Batterien mit 616 Geschützen; sie thaten 34844 Schuß, im Maximum ein Geschütz 124 Schuß.

Bei Beaumont kämpften 5 reitende, 18 schwere, 14 leichte Batterien mit 222 Geschützen; sie feuerten 6663 Schuß.

Bei Noiseville kämpften 4 reitende, 13 schwere, 13 leichte Batterien mit 180 Geschützen; sie feuerten 10696 Schuß, im Maximum ein Geschütz 160 Schuß.

Bei Sedan kämpften 15 reitende, 49 schwere und 36 leichte Batterien mit 599 Geschützen; sie thaten 33328 Schuß, im Maximum ein Geschütz 160 Schuß.

Bei Amiens kämpften 6 reitende, 9 schwere, 8 leichte Batterien mit 138 Geschützen und thaten 6096 Schuß.

Bei Baune la Rolande kamen ins Gefecht 5 reitende, 5 schwere, 6 leichte Batterien mit 96 Geschützen und thaten 2821 Schuß.

Bei Villiers und Champigny (30. Novbr. und 2. Decbr. 1870) kamen ins Gefecht 2 reitende, 9 schwere und 14 leichte Batterien mit 150 Geschützen. Sie thaten 8860 Schuß, im Maximum ein Geschütz 250 Schuß.

In den Schlachten um Orléans (2., 3., 4. Decbr. 1870) kämpften 13 reitende, 19 schwere, 23 leichte Batterien mit 388 Geschützen; sie thaten 31343 Schuß, im Maximum ein Geschütz über 200 Schuß.

In den Schlachten um Beaugency und Cravant (7., 8., 9. u. 10. Decbr. 1870) kämpften 8 reitende, 10 schwere, 12 leichte Batterien mit 180 Geschützen. Diese thaten 25748 Schuß, im Maximum ein Geschütz 290 Schuß.

Bei le Mans (11. u. 12. Jan. 1871) kämpften 8 reitende, 17 schwere, 14 leichte Batterien mit 234 Geschützen. Sie thaten 6097 Schuß, im Maximum ein Geschütz 80 Schuß.

Bei Belfort (15. bis 18. Jan. 1871) kämpften 1 reitende, 10 schwere, 12 leichte Feldbatterien mit 126 Geschützen und 20 Belagerungsgeschützen. Die Feldbatterien thaten 10983 Schuß, im Maximum ein Geschütz über 260 Schuß; die Belagerungsgeschütze feuerten 1548 Schuß.

In der Schlacht bei St. Quentin kämpften 6 reitende, 11 schwere, 10 leichte Batterien mit 161 Geschützen; sie feuerten 7282 Schuß.

In diesen 16 Schlachten wurden 16 Geschützrohre unbrauchbar, ein Rohr zersprang. Es explodirten im Gefechte 7 Protzen und ein Munitionswagen.

Literatur.

Ausführlichere Schilderungen der Schießpulverbereitung.

Graham-Otto, Ausführliches Lehrbuch der anorganischen Chemie, Bd. 2.
Handwörterbuch der reinen und angewandten Chemie, 1. Aufl., Bd. 7.
Karmarsch, Technisches Wörterbuch oder Handbuch der Gewerbekunde, Bd. 3.
Knapp, Lehrbuch der chemischen Technologie, Bd. 2.
Krünitz, Oekonomisch-technologische Encyklopädie, Bd. 142.
Meyer, Vorträge über Artillerie-Technik; dessen Ergänzungen dazu.
Muspratt-Stohmann, Handbuch der chemischen Technologie, Bd. 3 und 4.
Prechtl, Technologische Encyklopädie, Bd. 8, 12, 16.
Timmerhans, Essai d'un traité élémentaire d'artillerie. Poudre à canon.
Wagner, Lehrbuch der chemischen Technologie.

Geschichte.

Marco Polo, Die Reisen des Venezianers Marco Polo im 13. Jahrhundert, von Aug. Bürck.
Meyer, Handbuch der Geschichte der Feuerwaffen-Technik.
Recueil des mémoires sur les Chinois. T. 2, p. 492.
Favé, Etudes sur la passé et l'avenir de l'Artillerie, ouvrage continué à l'aide des notes de l'Empereur. T. 3.
Vegetius Renatus, Epitoma rei militaris, Cap. 18.
Ammianus Marcellinus, Lib. 23, Cap. 4.
Renaud et Favé, Du feu grégois. Paris 1845.
Du Halde, Description géographique, historique etc. de l'Empire de la Chine. T. 2, p. 47.
Appolonius von Thyane. Lib. 2, Cap. 33.

Literatur. 215

A Code of Gentow laws. Ueber die erforberliche Eigenschaft der Obrigkeit, S. 52;
über das Intereffe, S. 8.
Renaud et Favé, Journal asiatique, 4. Serie, p. 310.
Alexander von Humboldt, Kosmos, Bd. 2, S. 257.
Marcus Graecus, Liber ignium ad comburendos hostes.
Albertus Magnus, De mirabilibus mundi, i. f.
Plot, Natural history of Oxford. London 1715.
Roger Baco, De secretis operibus. Cap. 8. Opus majus. p. 474.
Joinville, Histoire du roy Saint Louis. Paris 1668. p. 39.
Malleolotus, De nobilitate et rusticitate. Cap. 30.
Meyer, Handbuch der Geschichte der Feuerwaffen = Technik *).
Archiv für die Offiziere der königl. preuß. Artillerie und Ingenieur=Corps **). Bd. 4,
S. 218; Bd. 5, S. 211; Bd. 20, S. 12; Bd. 58, S. 258; Bd. 63, S. 128.

Materialien.

Botté et Riffault, Traité de l'art de fabriquer la poudre à canon etc.
Ueberfetzt von J. Wolff. 1816, S. 217.
Schwartz, Salpeterprobe: Berzelius, Lehrb. der Chem. 5. Aufl., Bd. 3, S. 127;
Journ. f. prakt. Chem. Bd. 52, S. 303.
Longchamp, Löslichkeitsverhältniffe des Salpeters: Annal. de Chim. et de Phys.
T. 9, p. 9; Dingl. Journ. Bd. 117, S. 452.
Werther, Salpeterproben: Archiv Bd. 29, S. 258; Journ. f. prakt. Chem. Bd. 52,
S. 302.
Kayfer, Desgl.: Archiv. Bd. 32, S. 16.
Toel, Desgl.: Annal. der Chem. u. Pharm. Bd. 100, S. 78; Dingl. Journ. Bd. 142,
S. 284.
Meyer, Desgl.: Militär=Chemie. S. 234.
Abel und Bloxam, Desgl.: Quart. Journ. of the Chem. Society. Vol. 9, p. 97;
Vol. 10, p. 107; Dingl. Journ. Bd. 143, S. 282.
Pelouze, Desgl.: Compt. rend. T. 24, p. 209; Journ. f. prakt. Chem. Bd. 40.
S. 324.
Löwenthal und Lenffen, Desgl.: Zeitschrift für. analyt. Chemie. Bd. 1, S. 329.
Perfoz, Desgl.: Répertoire de Chimie appliquée. 1861, p. 253; Dingl. Journ.
Bd. 161, S. 284.
Reich, Desgl.: Berg= und Hüttenmännische Zeitschrift 1861, Nro. 21; Dingl. Journ.
Bd. 160, S. 357.
Toel und Hoyer, Desgl.: Annal. der Chem. u. Pharm. Bd. 100, S. 81; Dingl.
Journ. Bd. 142, S. 286.
Anthon, Desgl.: Dingl. Journ. Bd. 149, S. 190; auch Dingl. Journ. Bd. 162,
S. 214 (Bolley).
Reinsch, Desgl.: Jahrb. f. Pharm. Bd. 7, S. 19.
Wild, Desgl.: Polyt. Centralbl. 1856, S. 414.
Röllner, Desgl.: Polyt. Notizbl. von Böttger, 1867, Nro. 20; Dingl. Journ.
Bd. 186, S. 334.
Salpeterprobe zu Spandau: Archiv. Bd. 32, S. 16, 189.

---

*) Diefes Werk ift zum größten Theile bei allen weiter unten folgenden geschichtlichen Notizen benutzt. — **) Für die Folge ift diefe Zeitschrift kurz bezeichnet mit: Archiv.

216 Literatur.

Ueber das Läutern des Salpeters: Dingl. Journ. Bd. 39, S. 271; in Dänemark: Archiv Bd. 34, S. 123; in Schweden: Archiv Bd. 1, S. 107; in England: Dingl. Journ. Bd. 125, S. 208; in Ostindien: Archiv Bd. 1, S. 228.
Violette, Ueber die Holzkohlen: Annal. de Chim. et de Phys. 3. Sér. T. 32, p. 304, 346; Journ. f. prakt. Chem. Bd. 54, S. 313, 344; Compt. rend. T. 36, p. 850; Journ. f. prakt. Chem. Bd. 59, S. 332.
Kahl, Ueber die Fabrikation von Pulverkohle: Journ. f. prakt. Chem. Bd. 67, S. 385; Dingl. Journ. Bd. 141, S. 292.
Ueber Cylinderkohle s. auch Dingl. Journ. Bd. 39, S. 278 u. Bd. 73, S. 206.
Selbstentzündung der Kohle: Archiv Bd. 2, S. 220; Annal. de Chim. et de Phys. T. 14, p. 73 (Aubert); Dingl. Journ. Bd. 39, S. 121; Journ. f. prakt. Chem. Bd. 9, S. 101 (Hadfield); Dingl. Journ. Bd. 49, S. 246; Phil. Mag. 1833, August, p. 89 (Davies); Dingl. Journ. Bd. 50, S. 22.
Violette, Verkohlung von Holz durch überhitzten Wasserdampf: Annal. de Chim. et de Phys. 1848, p. 475; Dingl. Journ. Bd. 110, S. 193.
Kahl, Desgl.: Journ. f. prakt. Chem. Bd. 67, S. 398; Dingl. Journ. Bd. 141, S. 297.
Ueber Verkohlung s. auch Journ. f. prakt. Chem. Bd. 8, S. 321; Dingl. Journ. Bd. 91, S. 374; Bd. 92, S. 46; Bd. 95, S. 367.

Die Bereitung des Schießpulvers.

Ueber die Pulverbereitung zu Neiße: Archiv Bd. 18, S. 67; zu Fallingbostel (Hannover): Mittheilungen des Hannov. Gewerbe-Vereins 1865, S. 265; in Dänemark: Archiv Bd. 34, S. 125; in Schweden: Archiv Bd. 1, S. 108; zu Bern: Archiv Bd. 2, S. 148; zu Wetteren: Dingl. Journ. Bd. 117, S. 43; zu Waltham-Abbey: Dingl. Journ. Bd. 125, S. 208; in Ostindien: Archiv Bd. 1, S. 229.
Geschichtliches: Archiv Bd. 4, S. 226.
C. Plinius secundus, Naturalis historia ed. Sillig Lib. 31. cap. 10, §. 111, p. 458.
Vogel jun., Feuchtigkeitsanziehung von gekörntem Pulver: Journ. f. prakt. Chem. Bd. 77, S. 480.
Brodie, Graphitdarstellung: Jahresber. von Liebig u. Kopp, 1855, S. 297; Dingl. Journ. Bd. 139, S. 215.
Löwe, Desgl.: Polyt. Centralbl. 1855, S. 1404.
Die gepreßten Pulversorten: Archiv Bd. 69, S. 53; Bd. 61, S. 143.
Kropatschek, Ueber das österreichische Hinterladungsgewehrsystem kleinen Kalibers mit Werndl-Verschluß.
Vivian Dering Majendie and Orde Brown: Military Breech loading rifles with detailed notes on Snider and Martini-Henry rifles and Boxer ammunition, p. 116.
Prismatisches Pulver: Dingl. Journ. Bd. 202, S. 348.
Kieselpulver: Dingl. Journ. Bd. 196, S. 308; Bd. 202, S. 347.
Cylinderpulver: Polyt. Centralbl. 1871, S. 571.
Verpacken: Dingl. Journ. Bd. 21, S. 557.; Archiv Bd. 15, S. 37, 219; Bd. 21, S. 154; Bd. 37, S. 73.
Piobert, Desgl.: Compt. rend. 1840, No. 8; Dingl. Journ. Bd. 76, S. 467.

Literatur. 217

Fadéieff, Desgl.: Compt. rend. T. 18, p. 1148; Dingl. Journ. Bd. 93, S. 281; Archiv Bd. 19, S. 169.
Gale, Desgl.: Dingl. Journ. Bd. 177, S. 456.
Pulvermagazine: Compt. rend. T. 47, p. 287; Dingl. Journ. Bd. 149, S. 405; Archiv Bd. 34, S. 236.
William Newton, Sicherheitsvorrichtung zum Schutze der Pulvermagazine auf Kriegsschiffen: Dingl. Journ. Bd. 120, S. 405. Pulversonnen in Preußen: Archiv Bd. 15, S. 219.
Transport: Archiv Bd. 34, S. 239; Bd. 43, S. 47; auf amerikanischen Eisenbahnen: Dingl. Journ. Bd. 172, S. 463.

Die Eigenschaften des Schießpulvers.

Farbe, Staubgehalt u. s. w.: Archiv Bd. 25, S. 84; Bd. 34, S. 254; Bd. 45, S. 266; Dingl. Journ. Bd. 39, S. 269.
Specifisches Gewicht: Archiv Bd. 22, S. 159; Bd. 24, S. 221, wo auch die Methoden von Marchand, Kopp, Say und Hoffmann mitgetheilt sind; vergl. auch Werther, Unorgan. Chem. Abthl. 2, S. 86.
Timmerhans, Desgl.: Description des divers procédés de fabrication de la poudre à canon. Bruxelles, p. 218.
Heeren, Desgl.: Mittheilungen des Hannov. Gew.-Vereins 1856, S. 168; Dingl. Journ. Bd. 141, S. 279.
Otto, Desgl.: Archiv Bd. 46, S. 98.
Pouillet, Desgl.: Annales de Chim. et de Phys. 2. Série. T. 20, p. 141; Gilbert's Annal. der Physik. Bd. 73, S. 356.
Feuchtigkeitsgehalt: Archiv Bd. 22, S. 160; Bd. 1, S. 110; Bd. 25, S. 84; Bd. 45, S. 266.
Linck, Analyse des Pulvers: Annal. der Chem. u. Pharm. Bd. 109, S. 53.
Werther, Desgl.: Archiv Bd. 20, S. 100.
Marchand, Desgl.: Journ. f. prakt. Chem. Bd. 13, S. 505; Bd. 32, S. 53; Bd. 38, S. 206.
Becker, Desgl.: Jahrb. des k. k. polyt. Inst. zu Wien. Bd. 17; Journ. f. prakt. Chem. Bd. 32, S. 53.
Uchatius, Desgl.: Berichte der Wiener Akademie der Wissenschaften Bd. 10, S. 748; Dingl. Journ. Bd. 132, S. 371.
Berzelius, Desgl.: Dessen Lehrbuch, 3. Aufl. Bd. 4, S. 92.
Hermbstädt, Desgl.: Dingl. Journ. Bd. 4, S. 382.
Gay-Lussac, Desgl.: Annal. de Chim. et de Phys. T. 16, p. 434; Journ. f. prakt. Chem. Bd. 32, S. 48.
Löwig, Desgl.: Journ. f. prakt. Chem. Bd. 18, S. 128.
Millon, Desgl.: Archiv Bd. 20, S. 109.
Ure, Desgl.: Journ. f. techn. u. ökon. Chem. von Erdmann. Bd. 9, S. 256.
Botté u. Riffault, Desgl.: Traité de l'art de fabriquer la poudre à canon. p. 450; Archiv Bd. 20, S. 94.
Cloëz u. Guignet, Desgl.: Compt. rend. T. 46, p. 1110; Journ. f. prakt. Chem. Bd. 75, S. 175.
Baumé, Desgl.: Dingl. Journ. Bd. 6, S. 16.
Bolley, Desgl.: Schweizer Gewerbeblatt 1842, S. 297; Dingl. Journ. Bd. 86, S. 51.

Bolley, Desgl.: Dessen Handbuch der techn. chem. Untersuchungen, 2. Aufl. S. 229.
Welzien, Desgl.: Annal. d. Chem. u. Pharm. Bd. 90, S. 129; siehe auch Journ. f. prakt. Chem. Bd 63, S. 310.
Entzündlichkeit: Dingl. Journ. Bd. 21, S. 364; Bd. 76, S. 467; Bd. 80, S. 78.
Violette, Desgl.: Compt. rend. T. 36. p. 852; Journ. f. prakt. Chem. Bd. 59, S. 335.
Horsley, Desgl.: Dingl. Journ. Bd. 190, S. 250.
Leygue u. Champion, Desgl.: Compt. rend. T. 73, p. 1478; Dingl. Journ. Bd. 203, S. 303.
Durch Elektricität: Dingl. Journ. Bd. 50, S. 16; Bd. 51, S. 431; Bd. 73, S. 117; Bd. 85, S. 275; Bd. 87, S. 78, 462; Bd. 88, S. 213; Bd. 93, S. 316; Bd. 101, S. 103; Bd. 103, S. 263; Bd. 173, S. 125; Bd. 176, S. 201; Archiv Bd. 9, S. 259; Journ. f. prakt. Chem. Bd. 14, S. 381.
Bianchi, Verbrennung im luftleeren Raume: Compt. rend. T. 55, p. 97; Dingl. Journ. Bd. 169, S. 235.
Heeren, Desgl.: Berichte über die Naturforscher-Versammlung zu Hannover im September 1865, S. 135; Dingl. Journ. Bd. 180, S. 286.
Abel, Desgl.: Chem. News. Vol. 9, p. 206, 218; Wagner's Jahresber. Bd. 11, S. 313.
Piobert, Verbrennungsgeschwindigkeit: Traité d'artillerie, Partie theorique p. 300 (in deutscher Uebersetzung bei Adolph Marcus in Bonn 1842); Archiv Bd. 53, S. 54; s. auch Archiv Bd. 22, S. 160.
Vogel jun., Verbrennungsproducte: Dingl. Journ. Bd. 136, S. 156.
Bunsen u. Schischkoff, Desgl.: Poggend. Annal. Bd. 102, S. 321.
Linck, Desgl.: Annal. d. Chem. u. Pharm. Bd. 109, S. 59; Dingl. Journ. Bd. 152, S. 72.
Károlyi, Desgl.: Poggend. Annal. Bd. 118, S. 552; Dingl. Journ. Bd. 168, S. 158; Bd. 169, S. 432.
Bignotti, Desgl.: De l'analyse des produits de la combustion de la poudre, Paris 1861; Archiv Bd. 63, S. 109.
Craig, Desgl.: Wagner's Jahresber. 1861, S. 232; Dingl. Journ. Bd. 161, S. 462.
Fedorow, Desgl.: Zeitschr. f. Chem. Bd. 12, S. 12; Wagner's Jahresber. Bd. 15, S. 248.
Poleck, Ueber die chemische Zusammensetzung der Minengase: Archiv Bd. 59, S. 172.
Berthelot: Sur la force de la poudre et des matières explosives. Paris 1871.
Thomson, Die völlige Ungültigkeit der von Berthelot berechneten Zahlenwerthe: Berichte der deutschen chemischen Gesellschaft 1872, S. 181.
Rodmann, Gasspannung: Dingl. Journ. Bd. 107, S. 21.
Noble, Desgl.: Dingl. Journ. Bd. 202, S. 344.
de Montluisant u. de Reffye, Desgl.: Compt. rend. T. 74, p. 834; Dingl. Journ. Bd. 204, S. 199; siehe auch Archiv Bd. 71, S. 10.
Triebkraft: Dingl. Journ. Bd. 87, S. 474 (Coxthupe); siehe auch Dingl. Journ. Bd. 104, S. 465; Bd. 111, S. 429; Bd. 168, S. 158; Bd. 169, S. 426.

Die Pulverproben.

Der Probemörser: Archiv Bd. 21, S. 155.
Colson, Eprouvette: Mémorial de l'artillerie T. 3, p. 96.

Melsens, Die dynamometrische Pulverprobe, Archiv Bd. 56, S. 43; Dingl. Journ. Bd. 174, S. 191.
Meyer, Der schwedische Mörser: Archiv Bd. 1, S. 109.
Das ballistische Pendel: Archiv Bd. 21, S. 157.
Wheatstone, Das elektromagnetische Chronoskop: Dingl. Journ. Bd. 114, S. 255; Bd. 132, S. 259.
Martin de Brettes, Elektrischer Chronograph: Dingl. Journ. Bd. 166, S. 118; Bd. 179, S. 37.
Pouillet, Galvanometer: Dingl. Journ. Bd. 179, S. 30.
Navez, Das elektroballistische Pendel: Archiv Bd. 31, S. 155; Bd. 32, S. 176; Bd. 54, S. 30; Dingl. Journ. Bd. 179, S. 35.
Le Boulengé, Mémoire sur un chronographe électro-ballistique. Paris et Liège 1864; Archiv Bd. 56, S. 189; Dingl. Journ. Bd. 179, S. 39.
Le Boulengé, Réponse aux applications émises sur le chronographe le Boulengé dans les recentes publications de M. M. le Colonel Leurs et le Major Navez. Paris et Liège, 1865, p. 67.
Le Boulengé, Etude de ballistique expérimentale. Détermination au moyen de la Clepsydre électrique de la durée des trajectoires. Bruxelles 1868. Archiv Bd. 63, S. 266; Bd. 64, S. 1. Dingl. Journ. Bd. 189, S. 470.
Bashforth, Elektrischer Chronograph: Dingl. Journ. Bd. 183, S. 81.
Noble, Desgl.: Dingl. Journ. Bd. 195, S. 52; Bd. 202, S. 338.
Melsens, Calorimetrischer Apparat: Dingl. Journ. Bd. 174, S. 195.

Allgemeines.

Archiv Bd. 6, S. 196; Bd. 63, S. 87; Militär. Wochenblatt 1872, Beiheft Nro. 10.

Berichtigungen.

Seite 7, Zeile 9 von unten lies: „zambac" statt „zambax".
„ 45, „ 10 „ „ lies: „auf einem kleinen oben mit zwei Schienen versehenen Wagen" statt: „auf einem kleinen Wagen mit zwei Schienen versehenen".
Seite 100, letzte Zeile lies: „keiner weiteren Erwähnung" statt: „einer weiteren Erwähnung".